W0294784

E-Book inside.

Mit folgendem persönlichen Code
können Sie die E-Book-Ausgabe
dieses Buches downloaden.

80181-qzx6p-
56r14-30030

Registrieren Sie sich unter
www.hanser-fachbuch.de/ebookinside
und nutzen Sie das E-Book
auf Ihrem Rechner*, Tablet-PC
und E-Book-Reader.

Der Download dieses Buches als E-Book unterliegt gesetzlichen Bestimmungen bzw. steuerrechtlichen Regelungen, die Sie unter www.hanser-fachbuch.de/ebookinside nachlesen können.

* Systemvoraussetzungen: Internet-Verbindung und Adobe® Reader®

Borgmeier/Grohmann/Gross

Smart Services und Internet der Dinge:
Geschäftsmodelle, Umsetzung und Best Practices

Arndt Borgmeier
Alexander Grohmann
Stefan F. Gross

Smart Services und Internet der Dinge: Geschäftsmodelle, Umsetzung und Best Practices

Industrie 4.0, Internet of Things (IoT),
Machine-to-Machine, Big Data,
Augmented Reality Technologie

HANSER

Die Herausgeber:
Prof. Dr. Arndt Borgmeier, Hochschule Aalen
Dr.-tech. (CUT) Alexander Grohmann, Digital Enabler GmbH
Dipl.-Kfm. Stefan F. Gross, Gross ErfolgsColleg, München

ISBN: 978-3-446-45184-1
eBook-ISBN: 978-3-446-45270-1

Bibliografische Information der Deutschen Nationalbibliothek

Die Deutsche Nationalbibliothek verzeichnet diese Publikation in der Deutschen Nationalbibliografie; detaillierte bibliografische Daten sind im Internet über *http://dnb.d-nb.de abrufbar.*

www.hanser-fachbuch.de
Lektorat: Lisa Hoffmann-Bäuml
Herstellung: Cornelia Rothenaicher
Umschlagrealisation: Stephan Rönigk
Satz: Kösel Media, Krugzell
Druck und Bindung: Druckerei Hubert & Co GmbH und Co KG BuchPartner, Göttingen
Printed in Germany

MIX
Papier aus verantwortungsvollen Quellen
FSC
www.fsc.org
FSC® C016439

Inhalt

TEIL B: Systeme, Methoden und Prinzipien

TEIL E: Best Practices

TEIL F: Lessons Learned: Die erfolgreiche Umsetzung

ANHANG

Vorwort

Sehr geehrte Leserin, sehr geehrter Leser,

die Digitalisierung verändert unser Leben und die Art, wie wir Dinge tun. Bestehende Produkte und Services, Geschäftsprozesse und Geschäftsmodelle, sogar Industrien und deren Interaktion untereinander unterliegen einem Wandel oder werden ersetzt. Wertbasierte Partnerschaften und Koproduktionen sowie Know-how in Big Data bzw. Datenanalytik werden sich als signifikante Wettbewerbsvorteile erweisen und klassische (Entwicklungs-)Vorteile eines Produkts ersetzen.

Der vorliegende Sammelband soll Ihnen in diesem Zusammenhang ein fundierter und weitreichender Ratgeber sein. Er liefert Ihnen einen „State-of-the-Art-Überblick" über die Bereiche Digitalisierung, Industrie 4.0, M2M und IoT und zeigt Ihnen, wie es Unternehmen im digitalen Zeitalter gelingt, profitable Geschäftsmodelle und Smart Services zu entwickeln und umzusetzen. Dabei wird sowohl der B2B- als auch der B2C-Bereich erfasst.

Großen Wert haben wir dabei auf die Verbindung wissenschaftlicher Fundierung und hoher Praxisorientierung gelegt, was in der Einbeziehung einer Vielzahl an Best Practices und konkreter Lösungs- und Handlungsanleitungen zum Ausdruck kommt.

Besonderer Dank gilt dabei selbstverständlich den an diesem Werk beteiligen Autoren und Experten. So umfasst das Werk 16 Beiträge, an denen insgesamt 34 Autorinnen und Autoren mitgewirkt haben, die Herausgeber eingeschlossen. Die Autorinnen und Autoren vertreten 31 unterschiedliche Organisationen, darunter 15 namhafte Service- und Forschungszentren, zwei Lehrstühle als Professoren, fünf Steinbeis-Zentren und viele Unternehmen. Die Bandbreite und Positionierung der Autoren-Community belegt sicher die in diesem Buch gebündelte Wissenschafts- und Praxiskompetenz auf dem Feld der digitalen Transformation und der Smart Services. (Einen Überblick über unsere Community finden Sie am Ende des Buches.)

Ebenfalls ausdrücklich danken möchten wir Frau Farah Lacour, die uns durch das Dokumentenmanagement, die Formatierungsarbeiten und insgesamt intensive

Mithilfe am Manuskript auf professionelle Weise und mit großem Einsatz unterstützt hat.

Beim Studium des vorliegenden Werkes wünschen wir Ihnen eine inspirierende Lektüre und wertvolle Einsichten und Erkenntnisse!

Prof. Dr. Arndt Borgmeier, Dr. Alexander Grohmann, Dipl.-Kfm. Stefan F. Gross

Idee und Aufbau des Buches

Der im Folgenden vorgestellte Aufbau des Buches verfolgt zwei Ziele: Er soll die dem Werk zugrunde liegende Logik sowie die Verknüpfung von Wissenschaft und Praxis verdeutlichen. Und er soll dem Leser die Nutzung des Werkes so einfach wie möglich machen (s. auch Bild 1).

Teil A bildet das Fundament und macht den Leser mit der Thematik Internet der Dinge, Industrie 4.0 und Smart Services vertraut. Dabei wird auch auf erfolgreiche Digitalisierungsprojekte, deren Erfolgsfaktoren und Beispiele von Smart Services im Digitalen Marketing eingegangen.

Teil B beschäftigt sich mit entscheidenden Prinzipien des IoT und der Smart Services. Er reicht von der Beschreibung der Gestaltung datenbasierter Dienstleistungen über deren Lifecycle Management bis hin zu den Voraussetzungen für die Implementierung von Smart Services.

Teil C fokussiert auf das Feld der visuellen Smart Services wie Augmented Reality. Damit verbunden sind Beispiele und Belege aus der Praxis.

In Teil D steht der Mensch als zentraler „Treiber“ der Veränderung im Mittelpunkt. Dabei geht es um die Thematik einer sog. „zukunftsfähigen Führungskultur 4.0“ und um die systematische Nutzung und Weitergabe relevanten Wissens.

Die Kapitel in Teil E enthalten eine breit gefächerte Best-Practice-Sammlung aktueller Projekte und Lösungen und liefern so einen Überblick über erfolgreiche Herangehensweisen und Umsetzungen.

Der abschließende Teil F hat die Aufgabe, im Buch Beschriebenes in Lessons Learned zu konsolidieren und eine eigene Vorgehensweise zur Entwicklung erfolgreicher Smart Services zu beschreiben.

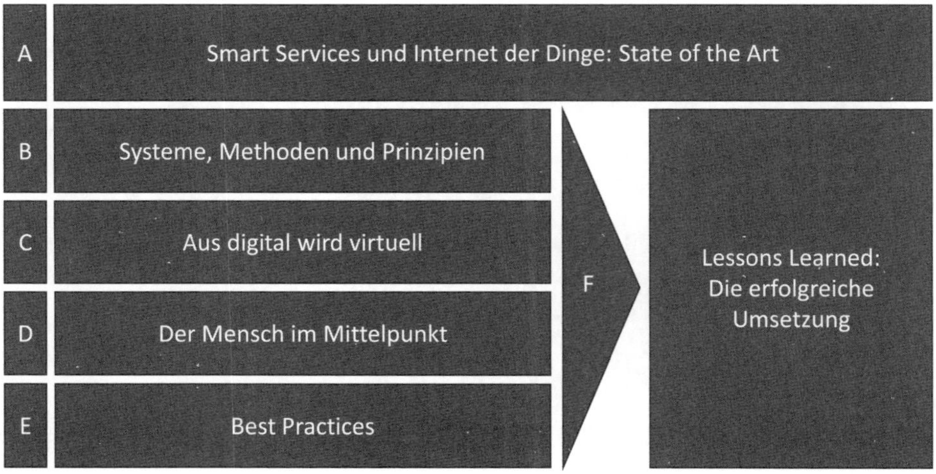

Bild 1 Aufbau des Buches

TEIL A

Smart Services und Internet der Dinge: State of the art

1 Digitale Transformation, das Internet der Dinge und Industrie 4.0

Alexander Grohmann, Arndt Borgmeier, Christina Buchholz, Nathalie Haußmann, Sinem Ilhan

Abstract

Digitalisierung verändert unser Leben und die Art, wie wir Dinge tun. Bestehende Produkte und Services, Geschäftsprozesse und -modelle, sogar Industrien und deren Interaktion miteinander unterliegen einem Wandel oder werden ersetzt (Transformation). Dank der Technologien der digitalen Transformation (IoT, Industrie 4.0) wissen Unternehmen heute, wie ihre Produkte beim Kunden eingesetzt werden – aus B2B wird B2B2C [Gas 16]. *Die Machtverhältnisse zwischen OEM und Zulieferer verschieben sich, Verkaufsmodelle ändern sich disruptiv. Service Engineering, Business Model Innovation oder Know-how in Datenanalytik werden sich als signifikante Wettbewerbsvorteile erweisen, ebenso wie datenbasierte Services, die sogenannten Smart Services. Sie sind Grundlage und erlauben in der Folge die sogenannte wertbasierte Kooperation zwischen Servicegeber und Servicenehmer im Sinne einer Kooperation der beiden Wertschöpfungsprozesse und einer Gewinnpartizipation und Risikoteilung des Wertschöpfungsergebnisses.*

1.1 Das Internet der Dinge als Enabler für die digitale Transformation

1.1.1 Die digitale Transformation

Über 20 Jahre vor der Entwicklung des World Wide Web, also Anfang der 1960er Jahre, gab es die ersten Vernetzungen zwischen Rechnern. Dies sind die Geburtsjahre des Internets, das bisher nicht, wie von Robert Metcalfe 1996 prognostiziert, wie eine spektakuläre Supernova in einem katastrophalen Kollaps unterging, sondern präsent ist wie nie. Wir sind in der „digitalen Realität" [Sch 17] angekommen.

Heute gibt es in Deutschland 55,6 Millionen Internetnutzer. Dies entspricht 79,1 % der Bevölkerung. Im Jahr 1997 waren es gerade einmal 4,1 Millionen Menschen, also 6,5 % der damaligen Bevölkerung in Deutschland [ARD 14]. Dieser Wandel ist unter anderem der digitalen Transformation geschuldet. Diese bezeichnet den grundlegenden Wandel der gesamten Unternehmenswelt durch die Etablierung neuer Technologien auf Basis des Internets mit fundamentalen Auswirkungen auf die gesamte Gesellschaft [Pri 13: 9]. Das Bundeswirtschaftsministerium (BMWi) [BMWi 15] fügt hinzu, dass es um die umfassende Vernetzung aller Bereiche von Wirtschaft und Gesellschaft geht, sowie die Fähigkeit, relevante Informationen zu sammeln, zu analysieren und in Handlungen umzusetzen. Diese Veränderungen, so das BMWi, bringen Vorteile und Chancen, aber sie schaffen auch ganz neue Herausforderungen.

Die digitale Transformation wirkt nach Roland Berger über die vier Kernhebel „Digitale Daten", „Automatisierung", „Vernetzung" und dem „digitalen Kundenzugang" (s. Bild 1.1).

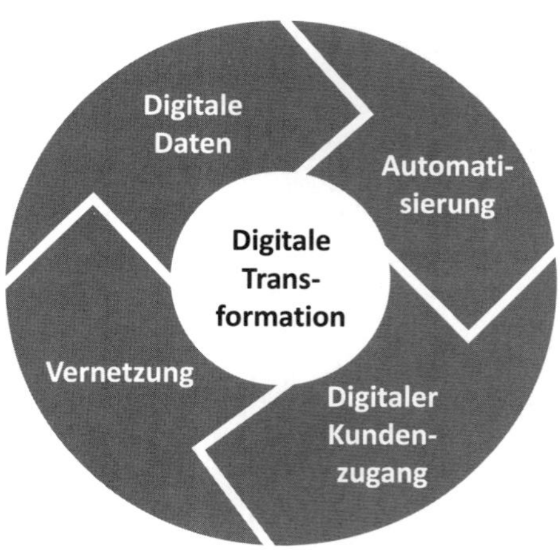

Bild 1.1 Die Hebel der digitalen Transformation (in Anlehnung an [Blo 15: 20])

Diese Kernhebel werden, wie Blocher u. a. [Blo 15: 20]. erklären, von sogenannten Enabler-Technologien ergänzt. Enabler-Technologien sind bspw. Additive Fertigung, Big Data, Cloud Computing, E-Commerce, Autonomes Fahren und auch das Internet der Dinge [Blo 15: 20]. Ohne diese Enabler wäre der Nutzen von Digitalisierung beschränkt.

1.1.2 Das Internet der Dinge

1.1.2.1 Das Internet der Dinge und seine Technologien

Das Internet der Dinge (engl. Internet of Things, kurz IoT) beschreibt die Verbindung eindeutig identifizierbarer physischer „Dinge“ bzw. Objekte mit dem Internet oder einer anderen vergleichbaren virtuellen Struktur (vgl. auch den Begriff der cyber-physischen Systeme), in der der Mensch ergänzt oder ersetzt wird. Der wissenschaftliche Dienst des deutschen Bundestages spricht in diesem Zusammenhang auch vom „Allesnetz“ [Wis 16]. Eine erstmalige Erwähnung des Begriffs geht vermutlich auf Kevin Ashton zurück, der 1999 im Zusammenhang mit einer Studie zu RFID bei Procter & Gamble vom *Internet of Things* sprach [Ash 09].

Heute verbindet der Begriff IoT eine Vielzahl an Technologien, wie Bild 1.2 veranschaulicht [Hau 15].

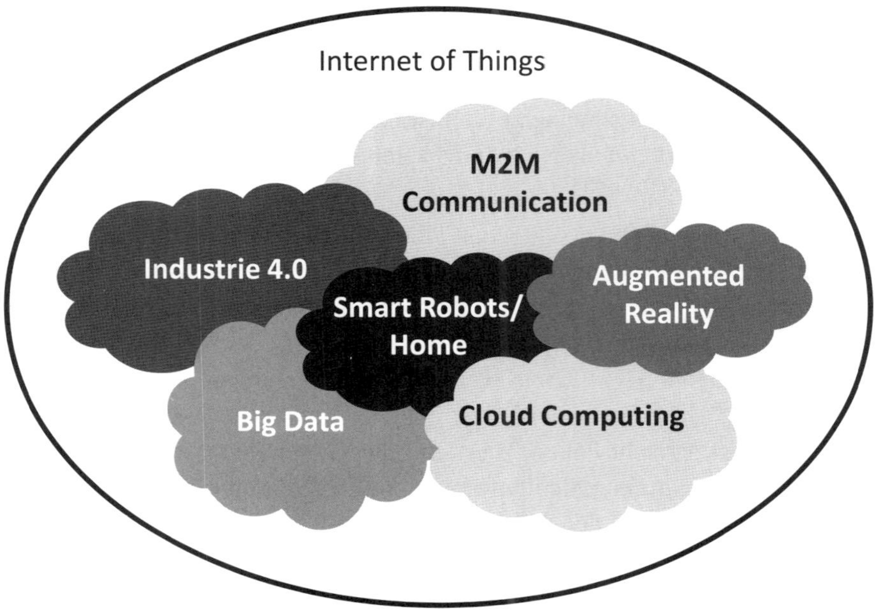

Bild 1.2 Aspekte, die dem IoT zugeordnet sind (aus [Hau 15])

Neben der Machine-to-Machine (M2M) Communication, also der Vernetzung und Kommunikation im zwischenmaschinellen Bereich, beschreibt „Smart Robots/ Home“ die Anwendung im Heimbereich und liefert zunehmend alltagstaugliche Konzepte zur Vernetzung von Gebäudetechnik hin zu einer zentralen Steuerung, auch wenn die „Interoperabilität“ zwischen verschiedenen Smart-Home-Systemen oft noch nicht gegeben ist. Durch die Vernetzung sämtlicher Gegenstände und die dadurch mögliche Überwachung aller Vorgänge kommt es zu einer Ansammlung von Daten, die gespeichert und verarbeitet werden müssen. Das geschieht beispielsweise durch eine Cloud (Cloud Computing), in der große Datenmengen gespeichert werden können, die überall abrufbar sind (vgl. Kapitel 4). Des Weiteren kümmert sich der Aspekt Big Data um die nutzenzentrierte Datenverarbeitung und -aufbereitung (vgl. Kapitel 4). Augmented Reality beschäftigt sich mit der computergestützten Erweiterung der Realitätswahrnehmung, die heutzutage meist mithilfe spezieller Apps erreicht wird (vgl. Kapitel 8). Das IoT findet daneben Anwendung im Industriesektor und wird von dem durch die Bundesregierung geprägten Begriff der „Industrie 4.0“ adressiert [BMWi 15b].

Zusammenfassend kann gesagt werden, dass die Relevanz des IoT und seine zugrunde liegenden Technologien oder Handlungsfelder mit ihrem breit gefächerten Anwendungsbereich von zentraler Rolle für das Voranschreiten der digitalen Transformation sind.

1.1.2.2 Das Internet der Dinge im Gartner Hype Cycle

Der „Hype Cycle“ ist ein jährlich erscheinender Analysebericht des US-Technologieberatungsunternehmens Gartner und Technologietrends sowie deren Reifegrad. Hierbei „durchlaufen“ Technologien den Graphen und durchleben fünf definierte Stufen, bis sie im Markt etabliert sind und somit nicht mehr als Trends, also Hypes, klassifiziert werden [Hül 15].

Im Zeitverlauf lassen sich verschiedene Phasen unterscheiden, die eine Technologie auf ihrem Weg durchläuft. Die erste ist der Innovationsauslöser (Innovation Trigger), es muss sich also um eine völlig neue Technologie handeln, die es davor noch nicht gab und deren Erfolg noch nicht absehbar ist. Nach dem ersten Erscheinen auf dem Gartner Hype Cycle werden die Erwartungen an die Technologie „hochgeschraubt“, bis sie den Gipfel der überzogenen Erwartungen (Peak of Inflated Expectations) erreicht haben. Hier sind die Erwartungen meist unrealistisch und rühren aus dem großen Medienrummel und dem daraus entstehenden Enthusiasmus. Deshalb folgt auf der Zeitachse das Tal der Enttäuschung (Trough of Disillusionment), da die Technologie die viel zu hohen Erwartungen nicht erfüllen kann. Um aus dem Tal herauszukommen und zum Pfad der Erleuchtung (Slope of Enlightenment) zu gelangen, müssen die anfänglichen Kinderkrankheiten überwunden werden. Nach dem Pfad der Erleuchtung, bei dem die Technologie anfängt, sich am Markt zu etablieren, und auch ein realistisches Bild mit den Vorteilen aber auch Grenzen erstellt ist, erreicht die Technologie das Plateau der Produktivität (Plateau of Productivity), wo sie Economy-of-Scale-Effekte nutzen kann. Hier ist sie solide genug, dass sie sich schon in der zweiten oder dritten Generation befindet und es sich nicht mehr nur um einen bloßen Hype handelt [Gar].

Das IoT im aktuellen Hype Cycle erschien zum ersten Mal 2011, mit der Aussicht, innerhalb von fünf bis zehn Jahren das Plateau der Produktivität zu erreichen [Cuc 11].

Im Vergleich zu den Vorjahren sind nun im aktuellen Hype Cycle mehrere Technologien verschwunden, wie etwa das Cloud Computing oder auch Big Data. Eine Technologie verschwindet erst dann aus dem Hype Cycle, wenn sie entweder im Markt etabliert ist oder kein Hype mehr ist. Laut Dumont lässt sich nicht feststellen, welcher der Gründe für diese beschriebene Entwicklung verantwortlich ist. Püttner dagegen hat sich bei dem Analystenhaus Gartner informiert und weiß, dass der Hype Cycle entstehende Technologien listet und Big Data hier als etabliert gilt [Dum 15; Püt 15].

1.1.2.3 Der Nutzen des Internets der Dinge

Die Frage nach den Bereichen des Nutzens des oder der Treiber für das Internet der Dinge beantwortet Cisco etwa mit der Optimierung der Ressourcennutzung, Kostensenkung, Steigerung der Mitarbeiterproduktivität, Erhöhung der Arbeitseffizienz, Optimierung von Lieferketten, Steigerung der Kundenbindung und Erhöhung der Kundenzufriedenheit [Hau 15]. Es muss also nicht nur die Unternehmensstrategie angepasst, sondern auch die bisherigen „mono-organisationalen“ Geschäftsmodelle müssen komplett überdacht und neu definiert werden [Bar 15: 17]

Einer der Hauptnutzen des Internets der Dinge ist zudem die Möglichkeit, mit digital vernetzten Produkten, Services und Lösungen als Hersteller tiefer in die Wertschöpfungsstrukturen seiner Kunden einzudringen, um diesen ihre Arbeit und die Arbeit untereinander zu erleichtern.

Viele Unternehmen agieren jedoch noch sehr traditionell in ihren jeweiligen Branchen. Sie vergessen dabei oft, dass im Zuge der digitalen Transformation immer mehr neue Spieler das Feld betreten, welche etablierte Anbieter durch ihre Innovationskraft und Agilität unter Druck setzen [BMWi 15a: 6].

1.2 Industrie 4.0

1.2.1 Die Industrie 4.0 als Teilbereich des Internets der Dinge

Ein Blick nach Deutschland zeigt, dass der Begriff des Internet of Things nicht sehr verbreitet ist. Gerade einmal 70 von 1000 Befragten gaben an, ihn genauer beschreiben zu können [TNS 16]. Aus industrieller Perspektive ist aber schon einiges passiert: schon vor einem Jahrzehnt hat das Fraunhofer Institut ein Logistiksystem erschaffen, in dem intelligente Geräte ohne menschliche Interaktion miteinander vernetzt sind und selbstständig Erlerntes anwenden [Fra]. In diesem Sinne soll hier, wie im Bild 1.2, Industrie 4.0 als Teil(-Technologie) des Internet der Dinge angesehen werden.

1.2.2 Herleitung und Einordnung

Der Begriff Industrie 4.0 wurde auf der Hannover Messe 2013 der Öffentlichkeit bekannt [BIT 14: 12]. Zuvor tauchte der Name als Zukunftsprojekt im Zusammenhang mit der Hightech-Strategie der Forschungsunion der deutschen Bundesregierung auf [BMBF].

Industrie 4.0 beschreibt die vierte industrielle Revolution, getrieben von Informations- und Kommunikationstechnologien (IKT) und dem IoT. Sie reiht sich in die industriellen Revolutionen seit dem 18. Jahrhundert ein. Mit der Erfindung der Dampfmaschine begann die erste industrielle Revolution und führte zur Mechanisierung von Landwirtschaft und Produktion. Der flächendeckende Zugang zu Elektrizität prägte Ende des 19. Jahrhunderts die zweite industrielle Revolution und ermöglichte somit die Massenproduktion. Fortan wurden Verbrennungsmotoren eingesetzt. Auch die Entwicklung von Telegrafen und Telefonen fand zu dieser Zeit statt. Der Impulsgeber der dritten industriellen Revolution war die Erfindung des Computers und die daraus resultierende Automatisierung der Produktion [BIT 14: 9].

International versteht man unter Industrie 4.0 die Digitalisierung der Industrie, mit dem Ziel einer horizontalen und vertikalen Integration der Wertschöpfungsketten, innerhalb welcher sowohl die Wertschöpfungskette mit Zulieferern und mit Kunden als auch die Kommunikation zwischen Mensch, Maschine und Ressourcen vollkommen automatisiert stattfinden soll. Die Idee von sich selbstständig steuernden und optimierenden Produktionssystemen sowie intelligenten Werkstücken sind wesentlicher Bestandteil der sogenannten Smart Factory. Die technologischen Voraussetzungen hierfür sind die sogenannten cyber-physischen Systeme (CPS) [BMWi 15a: 8].

1.2.3 Momentaner Umsetzungsgrad von Industrie 4.0 in Deutschland

Die *Industrie 4.0 - Readiness Studie* der Impulsstiftung des Verbands Deutscher Maschinen- und Anlagenbau (VDMA) [Lic 15] beschäftigt sich mit der Thematik des Umsetzungsgrades Industrie 4.0 in Deutschland. Dazu wurde ein Modell entwickelt, welches Unternehmen - vorwiegend aus dem Maschinen- und Anlagenbau - ermöglicht, ihren eigenen Umsetzungsgrad (Readiness) von Industrie 4.0 zu untersuchen. Der VDMA legt hierzu sechs Dimensionen fest, anhand derer sich dieser Reifegrad messen lässt. Dazu wurde die Vision der Plattform Industrie 4.0 des Bundesministeriums für Wirtschaft und Energie um zwei weitere Dimensionen erweitert. Neben den Smart Products, der Smart Factory und den Smart Operations sowie Data-driven Services (DdS) spielen die Strategie und Organisation wie auch die Mitarbeiter eine wesentliche Rolle für die erfolgreiche Einführung und Umsetzung von Industrie-4.0-Konzepten [Lic 15: 8]. Diese sechs Dimensionen sind nun Grundlage der Kategorisierung der Unternehmen. Je nach deren Ausprägung erfolgt eine Einteilung der Unternehmen in eine der drei Hauptgruppen Neulinge, Einsteiger oder Pioniere.

Betriebe, die sich bislang überhaupt nicht oder nur sehr wenig mit Industrie 4.0 auseinandergesetzt haben, zählen zu den Neulingen. Mit einem Anteil von 76,5 % der Unternehmen im Maschinen- und Anlagenbau und 89,1 % der Unternehmen des verarbeitenden Gewerbes sind die Neulinge am stärksten vertreten. Nicht ganz ein Fünftel (17,9 %) der befragten Unternehmen im Maschinen- und Anlagenbau gehören zur Gruppe der Einsteiger und bilden damit das zweitgrößte Segment. Bei den Einsteigern handelt es sich um Unternehmen, die bereits erste Schritte in Richtung Industrie 4.0 gewagt haben und sich mit deren Konzepten ernsthaft beschäftigen. Gerade einmal 5,6 % der deutschen Maschinen- und Anlagenbauer und 2,3 % der verarbeitenden Unternehmen sind der Kategorie der Pioniere zuzuordnen. Bei den Pionieren sind in der Regel grundlegende Strategien der Industrie 4.0 bereits umgesetzt; Dabei nehmen die dieser Kategorie zugeordneten Unternehmen gleichzeitig eine leitende Rolle ein und geben Orientierungshilfen für Neulinge (s. Tabelle 1.1) [Lic 15: 24 ff.].

Tabelle 1.1 Gesamtergebnis der Industrie 4.0 - Readiness

		Sechs Dimensionen für den Maschinen- und Anlagenbau						Maschinen- und Anlagenbau	Verarbeitendes Gewerbe
		S+O	SF	SO	SP	DdS	M		
Neulinge	**Stufe 0** Außenstehender	54,8	56,5	38,2	55,3	84,1	29,8	38,9	58,2
	Stufe 1 Anfänger	21,8	20,5	1,5	13,4	5,5	33,5	37,6	30,9
Einsteiger	**Stufe 2** Fortgeschrittener	14,8	18,3	45,3	14,6	5,2	12,2	17,9	8,6

		Sechs Dimensionen für den Maschinen- und Anlagenbau						Maschinen- und Anlagenbau	Verarbeitendes Gewerbe
		S+O	SF	SO	SP	DdS	M		
Pioniere	**Stufe 3** Erfahrener	4,6	3,1	13,9	4,9	3,9	10,3	4,6	1,7
	Stufe 4 Experte	3,7	1,2	0,3	5,5	0,6	8,8	1,0	0,6
	Stufe 5 Exzellenz	0,3	0,3	0,9	6,4	0,6	5,3	0,0	0,0
Durchschnittliche Readiness		**0,8**	**0,7**	**1,4**	**1,1**	**0,3**	**1,5**	**0,9**	**0,6**

Angaben für Readiness-Stufen 0 bis 5 in Prozent; Angabe für durchschnittliche Readiness: Skala 0 bis 5; n= 234 (Maschinen- und Anlagenbau); n = 602 (Verarbeitendes Gewerbe)
Berücksichtigt sind nur Unternehmen mit mehr als 20 Beschäftigten.
S+O = Strategie und Organisation; SF = Smart Factory; SO = Smart Operations; SP = Smart Products; DdS = Data-driven services; M = Mitarbeiter
In Anlehnung an [Lic 15, IW-Zukunftspanel 2015: 26]

1.2.4 Stakeholder

In Anlehnung an die Ausführungen in Abschnitt 1.1.2.3 ist es sinnvoll, die verschiedenen Stakeholder und ihre Interessen zu identifizieren sowie ihre gegenseitigen Abhängigkeiten aufzuzeigen [Hau 16]. Diese sind Politik, Wirtschaft, Gesellschaft und Wissenschaft (s. Bild 1.3).

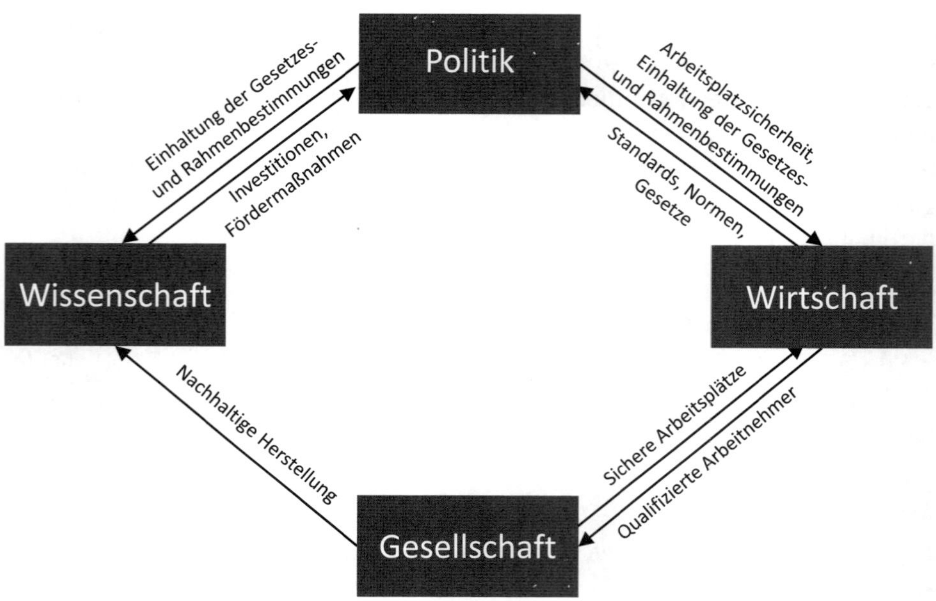

Bild 1.3 Stakeholder im Kontext der Industrie 4.0

Im Nachfolgenden sind die verschiedenen Stakeholder nochmals mit ihren Interessen und Forderungen dargestellt.

Politik

Interessen

- Wettbewerbsfähigkeit Deutschlands im internationalen Vergleich sichern
- Wirtschaftsmacht bleiben
- Wachstum und Wohlstand

Forderungen

- Arbeitsplatzsicherheit (geringe Arbeitslosenquote)
- Einhaltung der Gesetzes- und Rahmenbestimmungen

Wirtschaft – Verbände – Unternehmen

Interessen

- Umsatzsteigerung, beispielsweise durch Ressourceneinsparung
- Effizienzsteigerung
- Innovations- und Technologieführer bleiben
- Marktposition und -anteil international sichern
- Deutschlands Zukunft als Produktionsstandort sichern

Forderungen

- Standards und Normen
- Gesetze, beispielsweise Regelung der Haftung
- qualifizierte Arbeitnehmer
- Ausbau der Bildung in den Fächern Mathematik, Informatik, Naturwissenschaft und Technik

Wissenschaft

Interessen

- Deutschlands Zukunft als Produktionsstandort sichern
- Entwicklung von Verfahren und Methoden

Forderung

- Investitionen und Fördermaßnahmen

Gesellschaft

Interesse

- individuell angepasste Produkte

Forderungen

- nachhaltige Herstellung
- sichere Arbeitsplätze

Die Interessensgruppe Wirtschaft kann noch weiter aufgeschlüsselt werden. Die Interessensschwerpunkte der Unternehmen hängen sowohl von der Größe des Betriebes als auch von der Branche ab. Kleine Unternehmen, dazu zählen Betriebe mit Mitarbeiterzahlen zwischen 20 und 99, sind vor allem daran interessiert, durch die Implementierung von Industrie-4.0-Konzepten höhere Umsätze zu erzielen. Mittlere Unternehmen mit 100 bis 499 Mitarbeitern legen ihren Fokus auf die Effizienzsteigerung im Produktionssystem. Bei Großunternehmen mit 500 Mitarbeitern und mehr sind beide Interessen nahezu gleich stark vertreten. Des Weiteren ist zu beachten, dass das Interesse, die digitale Transformation schnellstmöglich umzusetzen bzw. flächendeckend zu implementieren, bei Unternehmen in Bereich der Antriebstechnik, Robotik und Automation oder Software deutlich höher liegt als in anderen Branchen. Ein Grund dafür ist die Doppelrolle, die diese Unternehmen einnehmen: Sie sind nicht ausschließlich Anwender von Industrie-4.0-Technologien, sondern künftig auch Anbieter für dessen Konzepte [Lic 15: 18].

Eine weitere Möglichkeit, die Interessensgruppe Wirtschaft aufzuschlüsseln, besteht in der Unterteilung in Unternehmerverbände und Gewerkschaften. Unternehmerverbände vertreten die Interessen ihrer Mitglieder mit dem Ziel der Durchsetzung unternehmerischer Forderungen. Dabei liegt der Fokus auf sozialpolitischen und wirtschaftlichen Interessen und sie gelten als Vermittler zwischen den Unternehmen und der Politik. In der Bundesrepublik Deutschland teilen sich die Unternehmerverbände in drei Subverbände auf: Wirtschaftskammern, Arbeitgeberverbände und Wirtschaftsverbände. Die Gewerkschaften sind je nach Branche einzuteilen.

1.2.5 Motivationslage

Einer Befragung von rund 134 Unternehmen zufolge ist die größte Motivation zur Implementierung von Industrie-4.0-Konzepten die Generierung eines Wettbewerbsvorteils. 88,2 % der befragten Unternehmen erwarten demnach, sich durch die digitale Transformation von Konkurrenten im Markt zu unterscheiden und eine *Unique Selling Proposition* einzunehmen. 85 % sind vom Innovationsgeist getrieben, weitere 76,2 % sehen die Notwendigkeit, sich mit Industrie 4.0 zu beschäftigen, um weiterhin die Spitze der Technologieführer zu bilden und die Wettbewerbsfähigkeit für Deutschland als Produktionsstandort aufrechtzuerhalten. Über Dreiviertel (77,1 %) der befragten Unternehmen betrachten den steigenden Wettbewerbsdruck und die sich ändernden Markterfordernisse zwangsläufig als einen Anreiz zur Umsetzung. Darüber hinaus birgt Industrie 4.0 aus unternehmerischer

Sicht sehr hohe Effizienzpotenziale, sowohl im Produktions- als auch im Managementsystem. Ermöglicht werden soll dies unter anderem durch optimierte Koordinationsprozesse und die daraus steigende Flexibilität und Verringerung von Durchlaufzeiten sowie durch eine bessere Transparenz der Lagerbestände und Auftragsabwicklung [Lic 15: 17 f.].

1.2.6 Potenziale der digitalen Transformation

1.2.6.1 Volkswirtschaftliches Potenzial

Betrachtet man Umsatzprognosen und hochgerechnetes volkswirtschaftliches Potenzial, das die Digitalisierung mit sich bringen soll, so liegen die Einschätzungen weit auseinander, welche beispielsweise durch die Erschließung neuer Geschäftsmodelle oder über Umsatzzuwächse durch die Erweiterung des Dienstleistungsportfolios realisiert werden sollen [Lic 15: 18]. Zwei Kennzahlen zur Potenzialbewertung bilden sich heraus: das volkswirtschaftliche Potenzial in Euro und die Anzahl der mit dem Internet verbundenen Geräte in Stück. Auf beide Kennzahlen wird hier eingegangen.

Das Bundeswirtschaftsministerium hat zusammengestellt, wie verschiedene Akteure das wirtschaftliche Potenzial beziffern [BMWi 15: 19]. McKinsey hatte 2013 den mit Abstand positivsten Blick und sieht jährlich 145 Milliarden Euro volkswirtschaftliches Potenzial für Deutschland. Deutlich dahinter liegt die Einschätzung von PwC von 2014 mit 30 Milliarden Euro. Laut dem Bundesverband für Informationswirtschaft, Telekommunikation und neuen Medien e. V. (BITKOM) darf Deutschland jährlich mit 28 Milliarden an volkswirtschaftlichem Potenzial rechnen, bezogen auf die Branchen Maschinen- und Anlagenbau, den Automobilbau, die Elektrotechnik, die Landwirtschaft, die IKT-Technologie und die chemische Industrie [BIT 14: 6]. Roland Berger liefert die konservativste Potenzialabschätzung mit rund 20 Milliarden Euro. Die Abweichungen in den prognostizierten volkswirtschaftlichen Potenzialen ergeben sich aus den unterschiedlichen Annahmen, die jeweils zur Berechnung getroffen wurden.

Zusammenfassend kann jedoch festgehalten werden, dass Industrie 4.0 und Digitalisierung insgesamt einen positiven Trend in Bezug auf das volkswirtschaftliche Potenzial haben wird, welches mitunter eine Motivation zur Implementierung darstellen kann (vgl. hierzu auch Abschnitt 1.2.5).

1.2.6.2 Anzahl der Connected Devices

Eine weitere Kennzahl zur Abschätzung der Entwicklung des Internets der Dinge ist die Anzahl der mit dem Internet verbundenen Geräte (Terminus Connected Devices). Die Entwicklung dieser Kennzahl von 2015 und 2020 haben vier große Institute prognostiziert. Dabei handelt es sich um die Institute Gartner (IT-Analysen-/Marktforschungsinstitut) [Gar 15], Cisco (Netzwerkspezialist der Telekommunikationsbranche) [Eva 11: 3], IDC (Marktforschungs- und Beratungsunternehmen) [IDC] und BI Intelligence (führt Studien im Auftrag von Business Insider durch) [Cam 15] (s. Bild 1.4).

Die Ergebnisse sind sehr unterschiedlich und auf den ersten Blick scheinen die Zahlen sehr weit auseinander zu liegen. Diese Abweichungen hängen mit der Definition der Kennzahl „Connected Devices" der verschiedenen Institute zusammen. Grundsätzlich unterscheiden die Institute Gartner und BI Intelligence zwischen IoT Devices und Mobile Devices wie Tablets, Smartphones und Wearables, was hingegen Cisco und IDC nicht weiter ausführen [Gre 15].

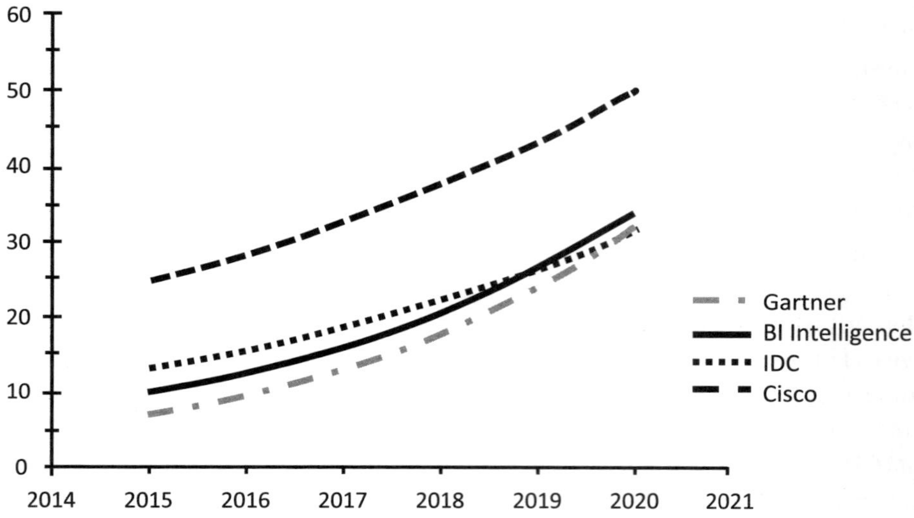

Bild 1.4 Anzahl Connected Devices 2015–2020 (Datenbasis: Zahlen der Institute)

Zusammenfassend ist zu sagen, dass letztlich nicht die exakte Potenzialzahl wichtig ist und entscheidend sein wird. Allen Hochrechnungen und Voraussagen gemeinsam ist die Erwartung enormer Potenziale und damit einhergehender Veränderungen.

1.2.7 Hürden

Legt man die Ergebnisse der VDMA Readiness-Studie (vgl. Tabelle 1.1) zugrunde, ergibt sich daraus die Frage, welche Hürden dazu geführt haben, dass sich derzeit nicht mehr Unternehmen in der Kategorisierung der „Pioniere" wiederfinden.

Die wichtigste Hürde ist wohl die vorherrschende allgemeine Unklarheit über Anwendung und Nutzen, die Industrie 4.0/Digitalisierung tatsächlich bietet. Dabei ist insbesondere der wirtschaftliche Nutzen ungewiss. Zudem behindern fehlendes

Fachwissen und ein Mangel an Fachkräften eine umfassende Umsetzung von Industrie 4.0 [Lic 15: 57 ff.]. Laut Schätzung des BMWi werden die erwarteten Umsatzsteigerungen durch Industrie 4.0 die dafür getätigten Investitionskosten erst nach ungefähr sechs Jahren decken. Daher ist die abwartende Haltung vorerst verständlich und ein möglicher Grund, warum in vielen Branchen in diesem Bereich noch keine Bemühungen zu erkennen sind [BMWi 15: 20].

1.3 Smart Services

1.3.1 Daten als Basis neuer Services

Durch die in den vorausgegangenen Abschnitten beschriebene Vernetzung der Dinge entsteht eine Vielzahl an Daten. Die Fachpresse spricht beispielsweise vom „Gold von morgen", von „Wettbewerbsvorteilen" oder von „Daten als Über-Lebensretter für deutsche Unternehmen".

Die Datenspeicherung, Analyse, Auswertung und Kombination von Daten bildet die Grundlage neuer, datenbasierter Services (vgl. Kapitel 4), die als „Smart Services" bzw. „intelligente Dienste" bezeichnet werden [BMWi; Höl 17]. Erst diese Smart Services können Mehrwert und Wertschöpfung für Unternehmen bieten. Zudem werden komplett neue Wege für altes und neues Geschäftsgeschehen eröffnet [DeM 15]. Diese Smart Services als „Dienstangebote", so das Bundeswirtschaftsministerium [BMWi], werden umso attraktiver und nutzerfreundlicher, je stärker eine übergreifende Vernetzung zwischen ihnen stattfindet. Vor diesem Hintergrund und zur Stärkung der deutschen Wirtschaft sind auch die BMWi-Förderprogramme „Smart Service Welt" und „Smart Service Welt II" zu verstehen.

1.3.2 Transformation von Geschäftsmodellen durch Smart Services

Strategien und Diskussionen zu Geschäftsmodelltransformationen im Sinne einer Transformation vom Produkthersteller zum Service-Provider sind en vogue. Besonders der Maschinen- und Anlagenbau liefert hier Best Practices, wie eine „erfolgsabhängige Geschäftslogik" [Dem 17: 107] etwa durch Predictive Maintenance oder durch Wertschöpfungskooperation zusätzliche Umsatzpotenziale generieren kann.

Eine Einordnung bezüglich der Bedeutung von Services im Maschinen- und Anlagenbau liefert Bild 1.5. Daraus lässt sich folgern, dass die Bedeutung der Services für die Unternehmensperformance einen „kritischen" Punkt erreicht hat. Die Hürde der „investitionsstarken" Anschubfinanzierung scheint überwunden, die Bedeutung der Services nehmen bei linearer Folgeinvestition exponentiell zu.

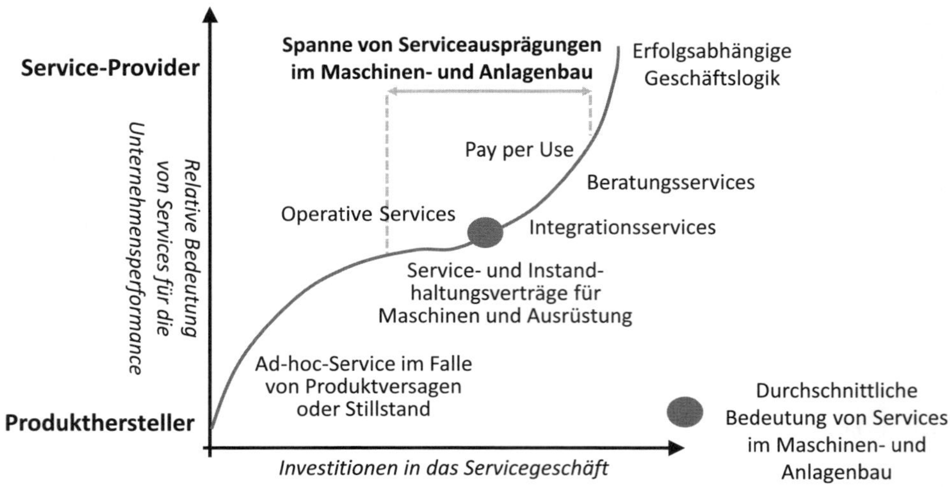

Bild 1.5 Produkthersteller vs. Service Provider (aus: [Dem 17: 107])

Interpretiert man die Grafik im Kontext dahinterliegender Verkaufsmodelle, so kann gesagt werden, dass der klassische sogenannte Applikationsbeitrag in Form eines Produktes (hier Maschine oder Anlage) mit entsprechenden Services, bspw. Instandhaltungsverträgen, durch einen Verfügbarkeitsbeitrag ergänzt wird. Der Produktivitätsbeitrag, bspw. durch Ratschläge zur Prozessoptimierung auf Basis generierter Daten, wird im Durchschnitt nicht gehoben. Ebenso wird die Ebene der limitierten Kundeninteraktion durch den (einmaligen) Verkauf und durch (oftmals zeit- oder nutzungsbasierte) Instandhaltungstermine vom Großteil der Maschinen- und Anlagenbauer nicht verlassen. Ziel kann hier sein, neben den technologischen Vorteilen Wertbeiträge und Nutzen einer erfolgsabhängigen Geschäftslogik zu erzielen. Dies ist die Basis angestrebter sogenannter wertbasierter Partnerschaften [Gro 16].

Daneben soll auf einen weiteren, weniger beachteten Aspekt der Service-Emanzipation durch Digitalisierung hingewiesen werden. Im Kontext von Porters *5 Forces* [Por 14: 72], nach welchen sich Unternehmen gegenüber fünf Kräften innerhalb eines Marktes behaupten müssen, entstehen durch die Digitalisierung und Einführung von Smart Services neue Herausforderungen. Das klassische Maschinenbauunternehmen erreicht durch das Anbieten etwa von Remote Services neben dem Markt des Maschinenbaus so noch weitere Märkte wie den der Servicedienstleister, der Datenanalytiker und der IT-Dienstleister (Aufbau von Domänenwissen). Das Unternehmen transformiert die bestehenden *5 Forces*, woraus sich neue Herausforderungen eröffnen. Aus einem Smart-Services-Projekt wird ein digitales Unternehmens-Transformationsprojekt. Als Beispiel sei das Thema „Mitbewerb“ als eine Kraft angesprochen. Dringt das serviceanbietende Unternehmen (bspw. durch die erwähnten Remote Services als zusätzlichen Portfolio Baustein neben Maschinen) immer tiefer in die (Wertschöpfungs-)prozesse der servicenehmenden

Unternehmen (Kunden) ein, hat der Servicegeber nach hinreichender Zeit genug Domänenwissen aufgebaut, um es neuen Mitbewerbern ebenso schwierig zu machen, den Servicenehmer an-/abzuwerben, wie es dem Kunden schwierig wird, seinen Servicegeber zu wechseln.

1.4 Zukunftsszenarien für das Internet der Dinge in Deutschland

1.4.1 Negatives Zukunftsszenario: Deutschland 2020

Die Industrieunternehmen in Deutschland haben die Chancen der digitalen Transformation, also der Anwendung der Technologie des Internets der Dinge, nicht genutzt. Welche Konsequenzen hat dies im Jahr 2020?

Im Jahr 2015 formulierte die EU das Ziel, bis 2020 den Anteil der EU-Industrieproduktion an der EU-Bruttowertschöpfung auf 20 % zu steigern. Da die Unternehmen den Nutzen der Digitalisierung nicht heben konnten, gibt es nun, im Jahr 2020, einen Bruttowertschöpfungsverlust von 600 Milliarden Euro. Dies entspricht einem Verlust von 10 % Industrieanteil [BMWi 15a: 4]. Dieser ist im Wesentlichen darauf zurückzuführen, dass Geschäftsmodellinnovationen und Umorganisation von Geschäftsmodellen und Wertschöpfungsketten ausgeblieben oder nicht intensiv weitergetrieben wurden. Die teilweise patriarchalisch hierarchische Ordnung in den Konzernen (und auch im Mittelstand) war damit nicht einverstanden gewesen, die Bereitschaft, sich auf etwas Neues einzulassen und damit mögliche einhergehende Netzwerkeffekte (s. Abschnitt 1.3.1) blieben aus [Pri 13: 28].

Die Innovationskraft, die Deutschland jahrelang als Vorreiter auf der internationalen Ebene gehalten hat, wurde laut einer PAC-Erhebung von 2015 nur von wenigen CEOs als wichtige Herausforderung erachtet. Hingegen standen Kostenreduktion und Effizienzsteigerung an oberster Stelle auf der Umsetzungsagenda [PAC 15: 3]. Durch diese 2020 als „falsche“ Fokussierung einzuordnende Tatsache haben viele Traditionsunternehmen den Anschluss an den internationalen Wettbewerb verloren. Ein weiteres Problem, welches zu den hohen Einbußen führte, war der Umstand, dass die Digitalisierung nur als ein „IT-relevantes Thema“ [PAC 15: 4] angesehen wurde; eine Einbindung in Strategien oder die Erstellung digitaler Roadmaps blieben aus. International hat sich der Digitalisierungsgrad der Wertschöpfungsketten vervierfacht [Koc 14: 15], viele deutsche Unternehmen wurden daher abgehängt [BMWi 15a: 16].

Die große Angst des Menschen, dass es zur vollständigen Automatisierung kommt und menschliche Arbeit obsolet wird, hat sich bewahrheitet. Der Automatisierungsgrad in den produzierenden Branchen erreicht nahezu 100 %, der Mensch ist nur noch steuerndes Organ. Viele Tätigkeiten und Berufsbilder sind nicht mehr präsent. Auf der einen Seite nimmt die Nachfrage nach hoch qualifizierten Fachkräften stark zu, auf der anderen Seite sinkt der Bedarf an Routine-Berufen [Wol 15: 49]. In einer Studie des Weltwirtschaftsforums über die Zukunft der Jobs wurde 2016 die These postuliert, dass vor allem in Deutschland der Arbeitsplatzabbau größer als die Arbeitsplatzschaffung sein werde [Wel 16]. So sollen bis 2020 mehr als fünf Millionen Jobs wegfallen.

Dieser Aspekt ist nicht neu: Bereits 1930 formulierte der Makroökonom John Maynard Keynes in seinem Aufsatz „Economic Possibilities for our Grandchildren" mehrere Thesen über die Industrie- und Wirtschaftswelt in 100 Jahren [Rie 14]. Neben der präzisen Vorhersage der Steigerung der Wirtschaftsleistung oder des Vermögens lag er mit seiner Prognose für die Arbeitswelt komplett daneben. Er prognostizierte eine maximale wöchentliche Arbeitszeit von maximal 15 Stunden. 1982 formulierte der Soziologe Ralf Dahrendorf die These, dass „[d]ie innere Dynamik der Arbeitsgesellschaft selbst [dazu] führt [...], dass ihr die Arbeit ausgeht" [Dah 82: 3].

1.4.2 Positives Zukunftsszenario: Deutschland 2025

Wir befinden uns im Jahr 2025, ein Vertriebsmitarbeiter ist mit der Erstellung von Angeboten beschäftigt. Nebenbei bearbeitet er noch eingehende Anrufe oder E-Mails und feilt etwas an der Präsentation für das nächste Kundengespräch in einer halben Stunde. Klingt nach einem gewöhnlichen Büroalltag. Der einzige Unterschied: Der Vertriebler sitzt in seinem Geschäftswagen und ist auf dem Weg zum Kunden. Während der dreistündigen Autofahrt konnte er sein komplettes Tagesgeschäft abarbeiten. Dank der raschen und erfolgreichen Umsetzung der Technologie des autonomen Fahrens gelingt es dem Auto heutzutage, sich selbst zu steuern. Das Fahrzeug ist bereits sehr weit individualisiert und verfügt zusätzlich über ein Dienstleistungsangebot. Beispielsweise kennt es den Musikgeschmack seines Besitzers oder weiß durch die Vernetzung mit seinem Terminplaner, wann das nächste Meeting ansteht, um seinen Insassen automatisch zur richtigen Zeit an den gewünschten Zielort zu bringen. Dies sind nur ein paar der Funktionen der Autos von heute.

Die deutsche Industrie hat die Chancen der Digitalisierung rechtzeitig erkannt und an deren Umsetzung gearbeitet. Auch die Politik kam ihren Verpflichtungen nach; das in Kraft tretende Gesetz gegen die Störerhaftung im Herbst 2016 war der Startschuss für weitere Regelungen, Normen und Standards. Mit deren Hilfe legten viele Unternehmen ihre noch abwartende Haltung gegenüber intensiver Digitalisierung ab. Sie investierten hohe Summen in Forschung, Konzeption, Weiterbildungsmaßnahmen und Schulungen für ihre Mitarbeiter.

Allen Erwartungen zum Trotz konnten glücklicherweise die Arbeitsplätze gesichert werden, wobei sich die Aufgabenfelder geändert haben. Die routinemäßige Bandarbeit beispielsweise wird heutzutage weitestgehend von Robotern ausgeführt, die dem Menschen die Arbeit erleichtern. Nach den ersten schweren Jahren konnten bereits 2021 erste Umsatzsteigerungen verzeichnet werden, die bis heute anhalten.

Die Wirtschaft hierzulande läuft auf Hochtouren, auch in diesem Jahr ist es den Deutschen wieder möglich, ihren Titel als Exportweltmeister zu verteidigen. Die Unternehmen konnten durch den Einsatz von Big Data hervorragende, datenbasierte Dienstleistungen anbieten und dadurch neue Geschäftsmodelle etablieren. Mithilfe der Echtzeit-Vernetzung und der gewonnenen Daten hat man eine höhere Kundenzufriedenheit erreicht und auch die Produktion profitiert davon. Sie ist flexibler geworden und kann selbst Einzelfertigung kostenneutral realisieren. Weitere Erfolge für die Produktion sind unter anderen geringere Fehlerraten, eine höhere Auslastung und die gesteigerte Effizienz [BMBF 13a].

■ 1.5 Fazit

Die digitale Transformation ist wesentlicher Treiber disruptiver Veränderungen in der Unternehmenswelt und unserer Gesellschaft. Diese Transformation basiert auf darunterliegenden Enabler-Technologien wie dem Internet der Dinge, der Vernetzung oder Big Data. Hochrechnungen in Bezug auf das Potenzial dieser Technologien versprechen enorme Chancen, deren Nutzen gehoben und deren Hürden abgebaut werden müssen. Ansätze dafür, bspw. in Form von Förderprogrammen oder Best Practices von sogenannten Pionier-Unternehmen (die in Sachen Digitalisierung schon sehr weit sind), sind vorhanden.

Durch das Internet der Dinge entstehen Daten, die gesammelt, analysiert und kombiniert die Grundlage neuer, datenbasierter Services, der Smart Services, bilden. Wie diese Smart Services konzipiert, entwickelt und wertschöpfend etabliert werden können, darum geht es in diesem Buch.

Der nachfolgende Artikel bildet eine Conclusio aus der Best Practice Erfahrung erfolgreicher Digitalisierungsprojekte in der herstellenden Industrie. Die Darstellung besonderer Herausforderungen und kritischer Erfolgsfaktoren runden das Thema ab.

1.6 Literatur

[ARD 14] ARD/ZDF: Onlinenutzung. Onlinestudie 2014. URL: *http://www.ard-zdf-onlinestudie.de/index.php?id=504* (Zugriff am 30.4.2016).

[Ash 09] Ashton, Kevin: That Internet of Things Thing, in: RFID Journal vom 22.7.2009.

[Bar 15] Barbian, Matthias u.a.: Industrie 4.0. Geschäftsmodelle und Umsetzung für den Mittelstand. Vortrag vom 15.10.2015.

[Bil 16] Billerbeck, Jens D.; Bönsch, Regine: Ohne Sicherheit keine Industrie 4.0. VDI-Nachrichten vom 22.4.2016. URL: *http://www.vdi-nachrichten.com/Technik-Gesellschaft/Ohne-Sicherheit-Industrie-40* (Zugriff am 14.2.2017).

[BIT 14] BITKOM, Fraunhofer IAO: Industrie 4.0. Volkswirtschaftliches Potential für Deutschland. URL: *https://www.bitkom.org/noindex/Publikationen/2014/Studien/Studie-Industrie-4-0-Volkswirtschaftliches-Potenzial-fuer-Deutschland/Studie-Industrie-40.pdf* (Zugriff am 13.2.2017).

[Blo 15] Bloching, Björn u.a.: Die Digitale Transformation der Industrie. Roland Berger Strategy Consultants für den Bundesverband der Deutschen Industrie e.V., Berlin. URL: *http://bdi.eu/media/user_upload/Digitale_Transformation.pdf* (Zugriff am 13.2.2017).

[BMBF] Bundesministerium für Bildung und Forschung: Zukunftsprojekt Industrie 4.0 (o.J.). URL: *https://www.bmbf.de/de/zukunftsprojekt-industrie-4-0-848.html* (Zugriff am 5.10.2016).

[BMBF 13] Bundesministerium für Bildung und Forschung: Zukunftsbild „Industrie 4.0“. Studie 10/2013. URL: *https://www.bmbf.de/pub/Zukunftsbild_Industrie_4.0.pdf* (Zugriff am 13.2.2017).

[BMBF 13a] Bundesministerium für Bildung und Forschung: Deutschlands Zukunft als Produktionsstandort sichern. Umsetzungsempfehlungen für das Zukunftsprojekt Industrie 4.0. Abschlussbericht des Arbeitskreises Industrie 4.0. Studie 4/2013. URL: *https://www.bmbf.de/files/Umsetzungsempfehlungen_Industrie4_0.pdf* (Zugriff am 13.2.2017).

[BMWi] Bundesministerium für Wirtschaft und Energie: Smart Service Welt. Online-Artikel (o.J.). URL: *http://www.bmwi.de/DE/Themen/Digitale-Welt/Digitale-Technologien/smart-service-welt.html* (Zugriff am 10.1.2017)

[BMWi 15] Bundesministerium für Wirtschaft und Energie: Industrie 4.0. Volks- und betriebswirtschaftliche Faktoren für den Standort Deutschland. Studie 3/2015. URL: *http://www.bmwi.de/Redaktion/DE/Publikationen/Industrie/industrie-4-0-volks-und%20betriebswirtschaftliche-faktoren-deutschland.pdf?__blob=publicationFile&v=1* (Zugriff am 13.2.2017).

[BMWi 15a] Bundesministerium für Wirtschaft und Energie. Industrie 4.0 und Digitale Wirtschaft – Impulse für Wachstum, Beschäftigung und Innovation. Broschüre 4/2015. URL: *https://www.bmwi.de/Redaktion/DE/Downloads/I/industrie-4-0-und-digitale-wirtschaft.pdf?__blob=publicationFile&v=3* (Zugriff am 13.2.2017).

[BMWi 15b] Bundesministerium für Wirtschaft und Energie (2015). Memorandum der Plattform Industrie 4.0. Broschüre 10/2015. URL: *https://www.bmwi.de/Redaktion/DE/Publikationen/Industrie/memorandum-plattform-industrie-4-0.pdf?__blob=publicationFile&v=13* (Zugriff am 13.2.2017).

[Bun] Bundesregierung und Unternehmerverbände: Online-Artikel (o.J.). URL: *https://www.bundesregierung.de/Content/DE/Magazine/MagazinWirtschaftFinanzen/061/t6-sprachrohr-der-wirtschaft.html* (Zugriff am 7.5.2016).

[Cam 15] Camhi, Jonathan: BI Intelligence projects. 34 billion devices will be connected by 2020. Online-Artikel 2015. URL: *http://www.businessinsider.com/bi-intelligence-34-billion-connected-devices-2020-2015-11?IR=T* (Zugriff am 09.05.2016).

[Cis] Cisco IoE: Internet of Everything. Online-Artikel (o.J.). URL: *http://ioeassessment.cisco.com/de* (Zugriff am 09.05.2016).

[Cis a] Cisco: Produkte und Services. Online-Artikel (o. J.). URL: *http://www.cisco.com/c/de_de/products/index.html* (Zugriff am 8. 5. 2016).

[Cuc 11] Cuccureddu, Gianluigi: Gartner's Hype Cycle 2011. Social Analytics and Activity Xtreams Reach „the Peak". 8/2011. URL: *http://www.businessinsider.com/gartners-hype-cycle-2011-social-analytics-and-activity-streams-reach-the-peak-2011-8?IR=T* (Zugriff am 2. 5. 2016).

[Dah 82] Dahrendorf, Ralf: Die Arbeitsgesellschaft ist am Ende, in: Die Zeit vom 26.11.1982. URL: *http://www.zeit.de/1982/48/die-arbeitgesellschaft-ist-am-ende* (Zugriff am 9. 5. 2016).

[DGB 07] DGB: Interessenvertretung. Online-Artikel 8/2007. URL: *http://www.dgb.de/themen/* ++co++91c1a004-feeb-11df-463e-00188b4dc422 (Zugriff am 31. 5. 2016).

[DeM 215] De Mauro, Andrea; Greco, Marco; Grimaldi, Michele: What is Big Data? A Consensual Definition and a Review of Key Research Topics, in: AIP Conference Proceedings, 1644 (2015), S. 97 - 104.

[Dem 17] Demont, Anja; Paulus-Rohmer, Dominik: Industrie 4.0. Geschäftsmodelle systematisch entwickeln, in: [Sch 17], S. 107 - 126.

[Dum 15] Dumont, Andreas: Die Tops und Flops des Gartner Hype Cycle. Online-Artikel 11/2015. URL: *http://www.com-magazin.de/praxis/business-it/tops-flops-gartner-hype-cycle-1018979.html* (Zugriff am 20. 05. 2016).

[Eva 11] Evans, Dave: The Internet of Things. How the Next Evolution of the Internet is Changing Everything. Studie 4/2011. URL: *http://www.cisco.com/c/dam/en_us/about/ac79/docs/innov/IoT_IBSG_0411FINAL.pdf* (Zugriff am 13. 2. 2017).

[Fra] Fraunhofer Institut für Materialfluss und Logistik: Rasantes Wachstum. Das Internet der Dinge skaliert exponentiell. Online-Artikel (o.J). URL: *http://www.internet-der-dinge.de/* (Zugriff am 1. 5. 2016).

[Gar] Gartner: Gartner Hype Cycle. Online-Artikel (o. J.). URL: *http://www.gartner.com/technology/research/methodologies/hype-cycle.jsp* (Zugriff am 6. 5. 2016).

[Gar 15] Gartner News: Gartner Says 6.4 Billion Connected „Things" Will Be in Use in 2016, up 30 Percent From 2015. Online-Artikel 11/2015. URL: *http://www.gartner.com/newsroom/id/3165317* (Zugriff am 8. 5. 2016).

[Gas 16] Gassmann, Oliver u. a.: Digitale Transformation. München 2016.

[Gre 15] Greenough, John: The Internet Of Everything: 2015 [Slide Deck]. Online-Artikel 4/2015. URL: *http://www.businessinsider.com/internet-of-everything-2015-bi-2014-12?IR=T* (Zugriff am 8. 5. 2016).

[Gro 16] Grohmann, Alexander; Borgmeier, Arndt: Win-win der Servicepartner, in: Instandhaltung (3/2016), S. 14 - 15.

[Hau 15] Hauptfleisch, Klaus: Geschäftsideen für das Internet of Things. Online-Artikel 5/2015. URL: *http://www.computerwoche.de/a/geschaeftsideen-fuer-das-internet-of-things-iot,3093645* (Zugriff am 29. 4. 2016).

[Hau 16] Haussmann, Nathalie; Ilhan, Sinem: Studienarbeit zum Internet der Dinge, Hochschule Aalen (Sommersemester 2015).

[Hel] Helm, Daniel von der: Entwicklung des Internet. Online-Artikel (o. J.). URL: *http://dvdh.de/internet/entwicklung-des-internet.html* (Zugriff am 21. 6. 2016).

[Höl 17] Hölzle, Katharina u. a. (2017): Big Data und technologiegetriebene Geschäftsmodellinnovation, S. 356, in: [Sch 17], S. 356 - 374.

[Hül 15] Hülsbömer, Simon: Gartner Trends im Reality Check. Online-Artikel 12/2015. URL: *http://www.computerwoche.de/a/gartner-trends-im-reality-check,3070089* (Zugriff am 05. 05. 2015).

[IDC] IDC: The Internet of Things. Data from Embedded Systems Will Account for 10 % of the Digital Universe by 2020. Online-Artikel (o. J.). URL: *http://www.emc.com/leadership/digital-universe/2014iview/internet-of-things.htm* (Zugriff am 9. 5. 2016)

[Koc 14] Koch, Volkmar, u. a.: Industrie 4.0. Chancen und Herausforderungen der vierten industriellen Revolution. Studie 2014. URL: *http://www.strategyand.pwc.com/media/file/Industrie-4-0.pdf* (Zugriff am 14. 2. 2017).

[Lic 15] Lichtblau, Karl; Stich, Volker u. a.: Industrie 4.0. Readiness. VDMA Studie 10/2015.

[Mem 15] Memoori: Big Data out, Internet of Things in. Gartner's Hype Cycle of Emerging Technologies. Online-Artikel 8/2015. URL: *http://www.memoori.com/big-data-internet-things-gartners-hype-cycle-emerging-technologies/* (Zugriff am 20. 5. 2016).

[PAC 15] PAC: Digitale Transformation in Deutschland. Wachsendes Bewusstsein, viele Projekte, aber wenig Strategie. Studie 2015.

[Por 14] Porter, Michael; Heppelmann, Jim: How smart, connected products are transforming competition, in: Harvard Business Review: The Internet of Everything, November 2014, S. 64 – 88.

[Pri 13] PricewaterhouseCoopers: Digitale Transformation. Der größte Wandel seit der industriellen Revolution. Studie 11/2013. URL: *https://www.pwc-wissen.de/pwc/de/shop/publikationen/Digitale*+Transformation+-+2013/?card=12996 (Zugriff am 14. 2. 2017).

[Püt 15] Pütter, Christiane: Der neue Gartner Hype Cycle 2015. Online-Artikel 9/2015. URL: *http://www.cio.de/a/der-neue-gartner-hype-cycle-2015,3246794* (Zugriff am 20. 5. 2016).

[Rie 14] Rief, Norbert (2014): Die 15-Stunden-Woche. Was wurde aus Keynes' Vision? Online-Artikel 3/2014. URL: *http://diepresse.com/home/wirtschaft/international/1572380/Die-15StundenWoche_Was-wurde-aus-Keynes-Vision* (Zugriff am 12. 5. 2016).

[Sch 17] Schallmo, Daniel u. a. (Hrsg.): Digitale Transformation von Geschäftsmodellen. Grundlagen, Instrumente und Best Practices. Wiesbaden 2017.

[Sim] Simon, Hermann u. a.: Netzwerkeffekte. Online-Artikel (o. J.). URL: *http://wirtschaftslexikon.gabler.de/Archiv/17568/netzwerkeffekte-v8.html* (Zugriff am 14. 5. 2016).

[TNS 15] TNS Infratest: Digitale Begriffe für Bundesbürger noch immer Neuland. Online-Artikel 2/2016. URL: *http://www.tns-infratest.com/presse/presseinformation.asp?prID=3474* (Zugriff am 3. 5. 2016).

[Wel 16] Weltwirtschaftsforum: The Future of Jobs. Studie 1/2016. URL (Grafik): *http://reports.weforum.org/future-of-jobs-2016/shareable-infographics/* (Zugriff am 14. 5. 2016).

[Wir 15] Wirtschaftslexikon24: Unternehmensverbände. Online-Artikel 2015. URL: *http://www.wirtschaftslexikon24.com/d/unternehmensverb%C3%A4nde/unternehmensverb%C3%A4nde.htm* (Zugriff am 31. 5. 2016).

[Wis 16] Wissenschaftliche Dienste des Deutschen Bundestages: Aktueller Begriff: Industrie 4.0. 9/2016. URL: *https://www.bundestag.de/blob/474528/cae2bfac57f1bf797c8a6e13394b5e70/industrie-4-0-data.pdf* (Zugriff am 14. 2. 2017).

[Wol 15] Wolter, Marc Ingo u. a.: Industrie 4.0 und die Folgen für Arbeitsmarkt und Wirtschaft. Szenario-Rechnungen im Rahmen der BIBB-IAB-Qualifikations- und Berufsfeldprojektionen. Studie des Instituts für Arbeitsmarkts- und Berufsforschung 8/2015. URL: *http://doku.iab.de/forschungsbericht/2015/fb0815.pdf* (Zugriff am 14. 2. 2017).

2 Smart Products und Smart Services entwickeln – Herausforderungen & Erfolgsfaktoren

Alexander Grohmann, Michael Jungmann, Roman Wambacher

Abstract

Im vorliegenden Artikel sollen relevante Aspekte und Erfolgsfaktoren für die Entwicklung von digitalen Produkten und Diensten, also Smart Products und Smart Services, im industriellen Umfeld (mit meist bestehendem nicht-digitalem Produktportfolio) erörtert werden.

Beispiele aus diesem Bereich sind:

- *BEREITSTELLUNG von Kundenplattformen zur Produktnutzung, -dokumentation und Serviceabwicklung*
- *UNTERSTÜTZUNG von Prozessen im After Sales durch Remote-Diagnose bis hin zu Predictive Maintenance*
- *REALISIERUNG von neuen (und ohne Smart Products nicht realisierbaren) Diensten und Geschäftsmodellen wie Pay-as-you-go oder Verfügbarkeitsgarantien*
- *UNTERSTÜTZUNG von Vertriebsprozessen im Feld (bei Kunden)*
- *PROZESSUNTERSTÜTZUNG für Betreiber und/oder Eigner von Geräten und Anlagen wie z. B. Automatisierung von Einsatzplanung, Bereitstellung und Abrechnung von Leistungen von Maschinen*

2.1 Herausforderungen & Erfolgsfaktoren

Ein typisches Zeichen für neue, sich entwickelnde Geschäfts- und Technologiefelder ist, dass verschiedene und teilweise sehr unterschiedliche Definitionen von Begrifflichkeiten existieren. Genau dies ist aktuell in der Begrifflichkeit der „Digitalen Transformation“ zu erkennen [Wol 13; Hof 15; Hof 15a; Col 15]. Inhalte und Abgrenzungen sind in ihrer Anfangsphase einem starken Wandel unterworfen.

In der täglichen Projektarbeit hat sich für uns herauskristallisiert, dass der Begriff „Digitale Transformation“ folgende inhaltliche Bereiche enthält:

- Smart Organisation
- Smart Product
- Smart Service
- Smart Factory

Unabhängig von der konkreten Anwendung hat sich gezeigt, dass Projekte im genannten Umfeld der Smart Products und Smart Services immer sehr ähnlichen Herausforderungen gegenüberstehen. Diese Herausforderungen zu erkennen und zu beherrschen, entscheidet über den Erfolg oder Misserfolg der Umsetzung – also der Transformation des Dump Product in ein Smart Product – ebenso wie den des Produktes oder Dienstes im Markt beim Kunden. Diese Herausforderungen lassen sich in folgende Kategorien einteilen:

- Paradigmenwechsel beim Leistungsangebot
- Umsetzungsstrategie
- Bedarf an neuen Kompetenzen in den Bereichen, die im Unternehmen bisher nicht vorhanden sind
- unterschiedliche Lebenszyklen herkömmlicher Produkte, der digitalen Produkte sowie der benötigten Technologien
- klassische hierarchische Organisationsstruktur und Prozesse passen nicht (gut) zu notwendigen bereichsübergreifenden Projektstrukturen und eignen sich nicht für digitale Produkte
- Amortisation der Investition

2.1.1 Paradigmenwechsel beim Leistungsangebot

In den letzten Jahrzehnten haben sich viele Unternehmen sehr erfolgreich mit der Produktion und dem Verkauf von Produkten befasst, die ihre Kunden zur Lösung von Problemen eingesetzt haben. Dies war der beste Ansatz, um Kunden bei der Lösung ihrer Aufgaben zu unterstützen.

Heute, bedingt durch die Weiterentwicklung von Technologien, insbesondere durch die Digitalisierung von Prozessen und Produkten, also durch die digitale Transformation, ist es dem Hersteller möglich, immer tiefer in Wertschöpfungsprozesse seiner Kunden einzudringen. Herstellerleistungen sind damit tiefer als vorher in das Umfeld seiner Kunden integriert. Eine wesentliche Voraussetzung dafür ist das notwendige Detailwissen, um innerhalb der aktuellen Wertschöpfungsprozesse der Kunden jene Bereiche identifizieren zu können, an denen ein höherer Wertbeitrag durch eigene Leistungen möglich ist. Hier wird erkennbar, dass ein Paradigmenwechsel stattfindet: vom Verkäufer von Produkten hin zum Anbieter von Diensten – Smart Services – für Kunden. Man spricht von Partnerschaften, sogar wertbasierten Partnerschaften [Gro 16].

Dieser Paradigmenwechsel kann nicht nur durch Anbieten eines einzelnen, isolierten digitalen Produktes erreicht werden, welches man einmal entwickelt und danach am Markt anbietet – vielmehr ergibt sich die Notwendigkeit, in Portfolios zu denken.

Ein zusätzlicher Aspekt ist, dass ein digitales Produkt nicht mit Markteintritt fertig und das Projekt abgeschlossen ist, sondern der Servicegeber von einer ständigen Notwendigkeit zur Weiterentwicklung der Dienste ausgehen muss. Die Erstellung und Vermarktung digitaler Lösungen erfordern ein Umdenken in Bezug auf Produktlebenszyklen – anstelle von Jahren handelt es sich um Zeiträume von Monaten und Wochen. Diese schnelle Reaktionsmöglichkeit stellt einerseits eine große Herausforderung für „klassische“ Unternehmensorganisationen dar, bietet aber andererseits eine einmalige Chance zur Erhöhung der Kundenzufriedenheit.

Als wichtigster Erfolgsfaktor muss hierbei genannt werden, dass das Top-Management den Paradigmenwechsel erkennt, von der Notwendigkeit zur Transformation überzeugt ist und diese vollumfänglich treibt bzw. unterstützt.

2.1.2 Umsetzungsstrategie

Das eigene Produktportfolio in Richtung von Smart Products und/oder Smart Services zu verändern, ist eine sehr tiefgreifende und umfassende Entscheidung. Die dabei zu beachtenden Themen reichen von der

- notwendigen Anpassung von Produkten und Produktlinien (um Smart Services zu ermöglichen)
- über die Abbildung von Lebenszyklen von der Produktion bis Außerbetriebnahme und
- der Entwicklung und Bereitstellung, dem Betrieb, Support und der Pflege von Diensten in unternehmenseigenen Prozessen und Werkzeugen
- bis zur Veränderung von bestehenden Organisationen und Prozessen.

Durch die Verlängerung der „Sichtbarkeit“ des Produktes für den Hersteller innerhalb des Produktlebenszyklus und die Tatsache, dass Produkte mit dem Unternehmen und/oder untereinander interagieren, ergibt sich eine stark erhöhte Komplexität, die es zu handhaben gilt. Hinzu kommt, dass digitale Produkte nie „fertig“ sind, sondern permanenter Veränderung und Weiterentwicklung unterliegen – in viel höherem Ausmaß, als dies bei herkömmlichen Produkten der Fall ist. Dies verdeutlicht den mit digitaler Transformation im Unternehmen verbundenen Aufwand und lässt folgern, dass die Konzeption und Umsetzung von digitalen Strategien nicht „nebenbei“ erfolgen kann.

Ein wesentlicher Erfolgsfaktor der Digitalisierungsstrategie in Unternehmen ist, dass vom Management erkannt, akzeptiert und unterstützt wird, dass es sich um langfristige, strategische Initiativen handelt. Diese umfassen auch die langfristige Bereitstellung von unternehmensinternen Ressourcen und finanziellen Mitteln. Vom Rollout bis zum kommerziellen Erfolg im Markt benötigen Produkte häufig mehrere Jahre, entsprechendes Durchhaltevermögen ist die Voraussetzung. Bei der Konzeption der Strategie sollte daher darauf geachtet werden, dass sich der kommerzielle Erfolg aus verschiedenen Elementen zusammensetzt. Auch interne, kurzfristig und indirekt wirksame Beiträge, wie bspw. die Reduktion von Service- oder Gewährleistungskosten, sind in den Business Case mit einzubeziehen. Eine bewährte Vorgehensweise zur Beherrschung der Herausforderungen der Komplexität und Langfristigkeit ist dabei der Leitsatz: „Think big, start small, be fast“.

Als Voraussetzung für die nachfolgenden Schritte gilt zu definieren, welche Ziele und mit welchen Mitteln das Unternehmen die digitale Strategie umsetzen möchte. Die Umsetzung selbst sollte anhand von konkreten, überschaubaren Anwendungsfällen in Angriff genommen werden – mit möglichst schlanken (und noch nicht perfekten) Durchstichen, die (im Sinne eines agilen Prozesses) es allen internen und externen Beteiligten ermöglichen, einen schnellen, schlanken Lern- und Feedbackprozess zu etablieren. Dies ermöglicht einerseits hohe Geschwindigkeit und andererseits Steuer- und Korrekturmöglichkeit.

2.1.3 Neue Kompetenzen

Die Transformation hin zu digitalen Diensten und intelligenten Produkten stellt auch in Bezug auf die dafür entlang der gesamten Wertschöpfungskette benötigten Kompetenzen eine Herausforderung dar. Neben den bisher schon bestehenden und auch weiterhin notwendigen fachlichen Kompetenzen, den Kernkompetenzen der Unternehmen, werden verschiedenste Kompetenzen in der Dimension der Digitalisierungs- und IoT-Technologie benötigt. Erst die Kombination beider Kompetenzen ermöglicht es, das Zielbild der digitalen Strategie des Unternehmens zu erreichen (s. Bild 2.1).

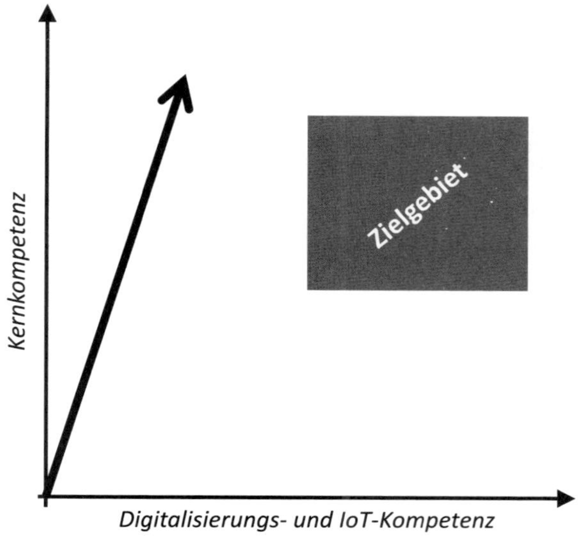

Bild 2.1 Digitalisierungskompetenz

Daraus ergeben sich eine Reihe neuer Rollen, die es zu besetzen gilt: Business Analysten um Smart Services zielsicher zu definieren, Architekten der Informationslandschaft, Technologiestrategen, Kompetenzen zur Umsetzung von Softwareprojekten mit verschiedensten IT-Technologien bis hin zur Integration der intelligenten Produkte sowie Know-how im Betrieb der neuen Technologien.

Smart-Service-Projekte besitzen immer einen hochgradig integrativen Charakter über die After-Sales-Grenzen und zum Teil auch über Organisationsgrenzen hinaus. Es müssen Experten und Entscheidungsträger von Produktmanagement, Rechtsabteilung, Produktentwicklung, IT und Organisationsentwicklung, Produktion, Service und Vertrieb zusammenarbeiten. Entscheidend für das Engagement und den Erfolg ist übergreifendes Denken und soziale Kompetenz des Projektleiters sowie seine sehr gute Vernetzung innerhalb des Unternehmens.

Auch in weniger offensichtlichen Bereichen wird zusätzliches Fachwissen benötigt:

- Schaffung der vertraglichen Rahmenbedingungen zwischen Unternehmen, Ländergesellschaften, Händlern und Betreibern unter Berücksichtigung des Datenschutzes (der international unterschiedlich ausgeprägt ist)
- Support für Nutzer – in mehreren Sprachen und ggf. über Zeitzonen hinweg

Um den Paradigmenwechsel vom reinen Produkt hin zum Lösungspartner zu unterstützen, werden auch im Vertrieb von intelligenten und vernetzten Produkten analytische und beratende Fähigkeiten benötigt. Die Herausforderung dabei ist, verschiedene Umgebungen und Rahmenbedingungen einschätzen und den Betreiber auch in komplexen Fragestellungen beraten zu können. Nicht alle benötigten Kompetenzen können, sollen oder müssen innerhalb des Unternehmens aufgebaut bzw. installiert werden.

Es ist wichtig, sich mit den Fragen der kurz- und mittelfristigen Abdeckung von benötigten Kompetenzen auseinanderzusetzen und eine Strategie zu entwickeln:

- Was wird als Kernkompetenz angesehen und soll im Unternehmen installiert bzw. aufgebaut werden? Mit welchen Mitteln kann dieser Aufbau erfolgen?
- Welche Kompetenzen sollen (z. B. aufgrund des raschen technologischen Wandels) extern verbleiben?
- In welchen Bereichen versucht man strategische Partnerschaften zu etablieren?
- Wo setzt man auf Entwicklung von strategischen Lieferanten?

2.1.4 Lebenszyklen von Technologien und Produkten

Digitale Produkte sind u. a. dadurch gekennzeichnet, dass für deren Realisierung eine hohe Anzahl von Technologien kombiniert werden muss. Weiter besitzen diese Technologien einen, verglichen mit der herkömmlichen Produktentwicklung, deutlich kürzeren Lebenszyklus – mit dem Risiko der Abkündigung, während das Gesamtsystem sich noch in der Nutzungsphase befindet.

Während im Maschinen- und Anlagenbau Produktzyklen von sieben bis 15 Jahren häufig anzutreffen sind, liegt bspw. das Generationsintervall komplexer Halbleiter bei zwei bis drei Jahren. Auch im Mainstream-Softwarebereich sind Supportzeiträume von vier bis fünf Jahren anzutreffen. Dies birgt mehrere Herausforderungen. Die definierte Strategie muss in der Lage sein, die verschiedenen Lebenszyklen von (herkömmlichem) Produkt und Smart Services aufeinander abzustimmen und in Einklang zu bringen. Ein Teil davon ist die Lösung der Frage, wie mit Sunset-Szenarien während der Produktnutzungsdauer umgegangen werden kann. Hierzu bestehen verschiedene Ansätze wie z. B. modulare Gestaltung der Produkte, Plattformen, kompatibler Ersatz, Ausphasen von Services oder Migration.

Des Weiteren müssen Wege etabliert werden, um die Smart Services den rasch wandelnden Bedarfen und neu entstehenden Möglichkeiten (Technologien) in geeigneter Geschwindigkeit anzupassen. Der Lebenszyklus von Technologien sowie deren Bereitstellung innerhalb der eigenen Produkte sollte damit folgende Aspekte klären:

- Arten der Beschaffung der (heute benötigten) Exzellenz in allen Technologiebereichen
- Time to Market (Integration von Technologien in die Produkte)
- Vorgehen zum Ausphasen von (nicht mehr relevanten) Technologien und Partnern

2.1.5 Unternehmensorganisation und -prozesse

Wie bereits in Abschnitt 2.1.3 erwähnt, berühren Smart-Service-Prozesse viele Bereiche des Unternehmens. Dies gilt nicht nur für die Projektdurchführung, sondern auch für den operativen Betrieb. Im Regelfall müssen neue Prozesse angepasst, erweitert oder definiert werden. Neben der großen Anzahl der involvierten Abteilungen trägt auch die große Anzahl an zu bearbeitenden Themen zur Komplexität bei. Ein Erfolgsfaktor, um die Komplexität zu beherrschen und sicherzustellen, dass die richtigen Entscheidungen getroffen werden, kann die Strategie einer mittel- und langfristigen Organisationsentwicklung sein. Ähnlich wie bei den Technologien gilt es hier folgende Fragen zu beantworten:

- Welche Prozesse sind oder werden Kernkompetenzen?
- Welche Prozesse sollen aus Gründen der effizienten Abwicklung intern abgebildet werden?
- Welche Prozesse lassen sich externalisieren (z. B. Zahlungsabwicklung)?

Ein Phänomen, dem man in kleineren oder mittelständischen Unternehmen oft begegnet, ist, dass Verantwortlichkeiten zugeordnet und Ressourcen „geschaffen" werden – ohne die betroffenen Mitarbeiter von ihren bisherigen Aufgaben zu entbinden. Die Bereitstellung von verfügbaren Ressourcen für die Projekte innerhalb der Organisation ist (und dies gilt selbstverständlich nicht nur für Projekte im Bereich Smart Services) entscheidend. Der Projektleiter in seiner zentralen Position muss die Chance haben, seine Verantwortung wahrzunehmen und das Projekt zu treiben.

Die integrative Natur von Digitalisierungsprojekten erfordert auch beim Projekt-Setup Maßnahmen, die die erfolgreiche Durchführung sichern: Um zu verhindern, dass (Verantwortungs-)Lücken zwischen Organisationseinheiten entstehen, ist es ratsam, einer geeigneten Person mit viel Projektmanagementerfahrung die Gesamtverantwortung zu übertragen – die Verteilung der Verantwortung auf oberster Ebene ist dagegen nicht ratsam. Im Zuge von Smart-Services-Projekten sind viele abteilungsübergreifend wirksame Entscheidungen zu treffen. Das Projekt-Setup sollte dies durch kurze und effektive Entscheidungswege unterstützen. Eine Lösung ist, die Abteilung bzw. die Projektleitung als Stabsstelle bei der Geschäftsführung anzusiedeln. Um sicherzustellen, dass sich alle betroffenen und beteiligten Abteilungen mit dem Thema identifizieren und die geschaffene Lösung gemeinsam mittragen, hat es sich als sinnvoll herausgestellt, die Einheiten bereits zum Projektstart zu involvieren und auch Verantwortungen innerhalb der Fachbereiche zu verteilen. Damit lässt sich das „Not invented here"-Problem reduzieren – in den meisten Fällen unterstützt dies auch die interne Vernetzung auf persönlicher Ebene.

2.1.5.1 Vertriebsorganisation

Die Vertriebsorganisation steht mit der Einführung von Smart Products und Smart Services ebenfalls vor großen Herausforderungen.

Der klassische Vertrieb hat in der Vergangenheit potenziellen Kunden die Vorzüge einer Maschine oder Anlage erläutert. Den Gegenstand der Verkaufsgespräche konnte man angreifen, bewerten und verstehen. Man hatte jahrelange Erfahrung damit. Das Einkommen des Vertriebsmitarbeiters war zumeist ein Anteil am (vergleichsweise) großen Umsatz, den das Unternehmen mit dem Verkauf tätigte.

Neue Geschäftsmodelle im B2B-Umfeld bieten den interessanten Aspekt, zumeist laufende Umsätze mit einem Kunden und einer Maschine oder Anlage zu generieren – haben aber meist folgende Herausforderungen: Das digitale Produkt ist komplex, neu und beratungsintensiv. Unter Umständen gibt es zusätzliche Ansprechpartner beim Kunden – wie die IT-Abteilung. Das dafür notwendige Know-how muss erst erarbeitet werden, es besteht große Unsicherheit bzgl. dem neuen „Produkt“ und darüber, welche Zusagen bzgl. des Nutzens gemacht werden können. Gleichzeitig erzielt das digitale Produkt auf den ersten Blick geringere Umsätze, die sich erst in der Zukunft summieren.

Das größte Risiko für den kommerziellen Erfolg ist, dass die Vertriebsorganisation die Smart Services nicht annimmt und sie ohne Überzeugung in den Markt trägt. Dies ist ein typisches Schicksal von für Kunden sinnvollen, innovativen digitalen Produkten.

Ein zentraler Erfolgsfaktor ist also die Anpassung der Vertriebsorganisation – zum Beispiel indem man eine parallele Vertriebsorganisation mit IT-affinen Experten aufbaut oder die bestehende Vertriebsorganisation von zentraler Stelle aus unterstützt.

2.1.5.2 After Sales oder Kundendienst

Bei Smart Services mit hybriden Amortisationsbetrachtungen spielt die Kundendienstorganisation eine zentrale Rolle.

Einerseits kann durch Smart Service die Servicequalität erhöht werden (z. B. höhere Qualität der Erstanalyse ohne vorherige Anfahrt), andererseits sollen diese Dienste durch die interne Nutzung dazu beitragen, die Kosten für das Unternehmen während der Gewährleistung und für den Kunden zu senken. Voraussetzung für die Realisierung der vorgenannten Möglichkeiten ist neben einer ausreichend hohen Durchdringungsrate mit Technologie im Feld, dass die bereitgestellten Werkzeuge in die Standardprozesse des Kundendienstes Einzug halten und damit angewandt werden.

Als Teil des Angebotes von Smart Services muss auch das Supportkonzept betrachtet werden. In Abhängigkeit von der Rollout-Planung ist ein Supportkonzept mit den Aspekten zeitliche Verfügbarkeit, Sprache, Eskalation und Reaktionszeiten für verschiedene Klassen von Anfragen auszuarbeiten und in der Serviceorganisation zu implementieren.

In Bezug auf die prozessualen Anpassungen im After Sales sei ein Beispiel gegeben: Hat sich früher der Serviceerbringungsprozess am Grad des mit dem Kunden abgeschlossenen Servicevertrag orientiert, kann heute in Form von Smart Services eine Maschine auch über eine Verfügbarkeitsgarantie verkauft werden. Die Anforderungen an den Serviceprozess ändern sich dadurch dramatisch, hängt doch der Umsatzeingang nun an der Verfügbarkeit der Maschine beim Kunden, die der Service durch Condition Monitoring, Onlinedienste und auch prädikativen vor-Ort-Einsätzen erhalten muss. Der Serviceprozess wird zum Kernprozess im Unternehmen.

2.1.5.3 Verwaltung

Mit der Einführung von Smart Services bleiben Produkte für Hersteller, Vertriebs- und Serviceorganisationen (häufig erstmals) systematisch über lange Zeiträume sicht- und greifbar. Dies bedingt, dass plötzlich Prozesse zur Handhabung und Dokumentation an Stellen benötigt werden, wo bisher mangels „Produkt“ kein Bedarf (und daher auch keine Lösung) vorhanden war. Es wird notwendig, einen (sinnvoll reduzierten) Lebenszyklus der Produkte zu definieren und in den Prozessen und Tools des Unternehmens abzubilden.

Der Lebenszyklus umfasst dabei interne Prozesse (Erfassung in der Produktion, Nachrüstungen, Tauschprozesse, Auslieferung) wie zumeist auch externe Prozesse (z. B. Verkauf zwischen Kunden). Dies stellt das verwaltungstechnische Fundament für die Realisierung von Smart Services dar.

Neue Geschäftsmodelle basieren zum Teil auf bedarfsgesteuerter und/oder intervallbasierter Bereitstellung und Abrechnung von Leistungen – im Gegensatz zum Verkauf von Produkten müssen hier bspw. Nutzer, Verträge und deren Abonnements über die Laufzeit verwaltet werden, zyklisch Rechnungen ausgestellt und Zahlungen durchgeführt und ggf. die Nutzung von Diensten bei Beendigung gesperrt werden. Eine effiziente Handhabung dieser Prozesse ist (auch trotz der zumeist geringeren Beträge und Margen) unumgänglich und ein kommerzieller Erfolgsfaktor.

2.1.5.4 Wandel der Organisation

Die Anpassung der internen Organisationen und Prozesse dauert in der Regel deutlich länger als die Entwicklung und (technische) Bereitstellung von Smart Services. Damit wird ein früher, idealerweise parallel zur eigentlichen Entwicklung gestarteter Prozess zur Erweiterung und Anpassung der bisherigen Organisation zu einem wesentlichen Erfolgsfaktor. Es ist für alle beteiligten Bereiche hilfreich, sich mit möglichen Abläufen und dabei erkannten Fragen und Lücken auseinanderzusetzen und Lösungsansätze zu erarbeiten. Dies bedeutet nicht, dass man alle Prozesse zu Beginn fertig ausdefinieren oder gar automatisieren muss – ein bewährter Ansatz ist, kurzfristige, ggf. manuelle Lösungen sowie mittelfristige automatisierte Prozesse zu entwerfen. Dies ermöglicht eine zeitnahe Umsetzung, Erprobung und Anpassung, bevor man große Investitionen in die Automatisierung tätigt.

2.1.6 Amortisation der Investition

Bei der Frage der Amortisation von Digitalisierungsprojekten bilden sich in der Praxis zwei gegensätzliche Herangehensweisen heraus. Für einen Teil der zumeist inhabergeführten mittelständischen Unternehmen ist die Digitalisierung unumgängliches Mittel zum einen zur Sicherung ihrer Existenz am Markt, zum anderen zur Ausbildung oder Stabilisierung ihrer Technologie- oder Innovationsführerschaft. Damit ist die dafür nötige Investition nicht amortisationsgetrieben und oftmals durch viele kleine, die Digitalisierung begleitende Projekte geprägt. Für den anderen Teil der Unternehmen lässt sich die übliche Vorgehensweise, also die Berechnung des Return on Investment und der daraus abgeleiteten Entscheidung auf Basis eines Business Case für oder gegen die Investition konstatieren.

Der kommerzielle Erfolg von Digitalisierungsprojekten, speziell der Entwicklung von Smart Products und Smart Services, hängt von vielen Faktoren ab. Prinzipiell kann gesagt werden, dass sich die Investition in Digitalisierung im Unternehmen genau dann trägt, wenn interne Effizienzen gehoben und durch den Verkauf von Smart Products oder Smart Services Ertragszuwächse erzielt werden können. Eine Amortisation ist durch diesen Ansatz innerhalb von zwei bis drei Jahren realistisch.

■ 2.2 Methodik zur Entwicklung von Smart Services

Die technischen Innovationen der letzten Jahre bieten ein enormes Potenzial und ermöglichen in vielen Bereichen erst jene Produkte und Dienste, um die es sich in diesem Buch handelt. Smarte Produkte und Dienste erfordern in vielen Bereichen des Unternehmens neue Denkweisen und Prozesse – es handelt sich nicht einfach um ein weiteres „herkömmliches" Produkt in der bestehenden Produktpalette des Unternehmens. Damit ist auch nachvollziehbar, dass eine technisch getriebene Produktumsetzung zu kurz greift und eine umfassendere Methodik zur Anwendung kommen muss. Die folgende Methodik ist aus der Projektpraxis der letzten zehn Jahre entstanden.

2.2.1 Gestaltung von Products und Smart Services

Technische Innovation ermöglicht und unterstützt die Realisierung neuer Produkte und Dienste, darf aber im B2B-Umfeld nicht der führende Treiber der Produktdefinition sein. Das zukünftige Produkt muss gerade im professionellen Umfeld einen gut darstellbaren und deutlich erkennbaren Beitrag dazu leisten, eine real bestehende Herausforderung zu lösen (bzw. lösen zu helfen) oder neue Chancen für die Betreiber bzw. Eigner der herkömmlichen Produkte zu bieten. Dies scheint auf den ersten Blick eine Selbstverständlichkeit zu sein, ist es in der Praxis häufig aber nicht. Es werden Annahmen zur Validierung von Konzepten gemacht, die sich in Ermangelung belastbarer Kenntnisse über die Prozesse und Rahmenbedingungen der zukünftigen Nutzer später als nicht haltbar herausstellen – und den kommerziellen Erfolg des Produktes massiv gefährden können.

Um ein digitales Produkt konzipieren zu können, ist es notwendig, das Arbeitsumfeld und die (gelebten) Prozesse der Nutzer und betroffenen Gruppen („Stakeholder") zu kennen. Es hat sich als sehr lohnenswert herausgestellt, Interviews mit verschiedenen *friendly customers* zu führen, um die konkreten Herausforderungen und Chancen in deren Umfeld verstehen zu lernen. Dabei sollte bei der Auswahl der Interviewpartner darauf geachtet werden, dass sich eine repräsentative Zusammensetzung aus der Zielgruppe ergibt, um Heterogenität erkennen und im Konzept durch Clustern von Leistungen berücksichtigen zu können. Eine weitere Herausforderung besteht darin, die echten Kompetenzträger bei den zukünftigen Kunden zu identifizieren und sie in die Evaluierungen einzubinden. Es ist sehr lohnend, neben den obligatorischen Produktmanagement-Experten auch Business Analysten, die auch fachfremd sein können, in die Interviews einzubinden, um der Gefahr von Betriebsblindheit entgegenzuwirken.

Im Anschluss werden die eigenen Produktideen und die ermittelten Herausforderungen in Einklang gebracht und ein Konzept für das digitale Produkt oder den Service erarbeitet. Idealerweise umfasst dies neben der Leistungsbeschreibung des Dienstes auch die Beschreibung darüber, wie genau das Produkt verschiedenen Stakeholdern hilft und warum es dadurch für diese unentbehrlich sein wird. Eine kritische Betrachtung des Konzeptes (auch mit dem Kunden) ist an dieser Stelle unerlässlich. Es soll damit verhindert werden, dass die eigenen Wünsche und Ideen die Realität verdecken bzw. ersetzen. An dieser Stelle besteht der größte Hebel, um den Erfolg des Produktes zu gestalten – oder mittels teurer Zusatzinvestitionen korrigieren zu müssen.

Ein wesentlicher Teil der Definition des digitalen Produktes oder Dienstes ist auch die Konzeption des Geschäftsmodells, der Vermarktungs- und Supportstrategie. Es ist zu erwarten, dass die bestehende Organisation und die vorhandenen Vertriebs- und Unterstützungsprozesse angepasst, erweitert, geändert oder durch neue ergänzt werden müssen. Um den Anpassungsbedarf erkennen zu können, scheint es sinnvoll, die zukünftigen Kern- und Hilfsprozesse zu Produktion, Vertrieb, Support und Verwaltung des digitalen Produktes zu skizzieren und gegen die etablierten Prozesse und Werkzeuge zu spiegeln. Dabei sollten auch Prozesse, die auf den ersten Blick am Rand zu liegen scheinen, Beachtung finden. Beispiele sind hier Produktion, Liefer- und Logistikprozesse (wenn relevant auch unter Berücksichtigung von Ländergesellschaften und Händlerstrukturen) sowie Verwaltungs- und Abrechnungsprozesse.

2.2.2 Organisationsentwicklung

Da die Anpassung der Organisationsstruktur und der Unternehmensprozesse länger dauert als die Bereitstellung von technischen Lösungen, sollte (abhängig vom geplanten Time to Market) parallel mit der Entwicklung der Lösung auch die Organisationsentwicklung gestartet werden.

2.2.3 Vertriebsentwicklung

Die Entwicklung der Vertriebsorganisationen ist eine Aufgabe, die im Vergleich zur Umsetzung der Lösung selbst viel Zeit benötigt.

In diesem Fall ist ein stufenweises Rollout in einzelnen Ländern sinnvoll, in denen dann Experten des Herstellers die lokale Vertriebsorganisation mit Kompetenz und Ressourcen unterstützen. Ein wertvoller Nebeneffekt ist das direkte Markt-Feedback, das in weiterer Folge in die Anpassung der Prozesse und der Produkte einfließen muss.

2.2.4 Lösungsumsetzung

Für die technische Umsetzung von digitalen Lösungen bestehen – je nach Organisationskultur, Ressourcen und Reifegrad in den benötigten Technologien – verschiedene Ansätze, von der Umsetzung inhouse über interne Projektleitung und externe Dienstleistungen zur Umsetzung bis hin zur vollständigen Vergabe an einen Generaldienstleister mit anschließendem Know-how-Transfer und Übergabe.

Häufig wird die Umsetzung in Form eines (Technik-)Proof of Concept (PoC) begonnen. Im Fall von Projekten mit Forschungscharakter ist dieser Ansatz valide und wertvoll. Im Umfeld von Smart Services jedoch konsumieren derartige „Versuchsballons“ Geld und vor allem Zeit – da die Ergebnisse oft nicht in ein serientaugliches Produkt überführt werden können und „weggeworfen“ werden. Die eigentlichen Risiken können durch einen derartigen PoC nicht erkannt bzw. adressiert werden – häufig dient die Umsetzung eines PoC eher einem Anbieter, um sein Produkt näher und fester beim potenziellen Kunden zu verankern.

In jedem Fall ist danach zu streben, dass eine konkrete Anwendung die Umsetzung treiben muss. Eine Vorab-Investition in eine „neutrale" Anwendungs-Plattform wird in jedem Fall dazu führen, dass zu dem Zeitpunkt, zu dem die erste „echte" Anwendung auf der Plattform implementiert wird, erneute größere Investitionen zur Anpassung der Plattform notwendig sein werden. Die Auswahl und Implementierung einer Plattform als Basis für Anwendungen kann und soll natürlich im Zuge der Umsetzung des ersten Smart Service (unter Berücksichtigung der entsprechenden Vision) erfolgen.

2.2.5 Markteintritt und Feedback

Im Anschluss an die erste Umsetzungsphase sollte (wie bei jeder Produktentwicklung) ein Pilotbetrieb mit einer die Zielgruppen repräsentierenden Menge von *friendly customers* stehen. Im Vordergrund steht dabei nicht nur der Nachweis, dass die Lösung technisch funktioniert – vielmehr geht es darum, die Lösung im Arbeitsalltag der Ziel-Nutzergruppen auf Eignung zu prüfen. Das systematische, zyklische Einholen von Feedback dieser Nutzergruppen ist dabei (gerade weil digitale Produkte sehr abstrakt sind) ein sehr wichtiges Element – nicht nur für die erste Version der Smart Services, sondern auch als *Speicher* für die Weiterentwicklung des Produktportfolios. Die Berücksichtigung der „wichtigsten" Rückinformationen im Produkt vor dem Marktstart reduziert die Notwendigkeit für kurzfristige Anpassungen während des ersten Rollouts.

2.3 Zusammenfassung

2.3.1 Beeinflussbare und nicht-beeinflussbare Erfolgsfaktoren bei der Digitalisierung

Zusammenfassend ist festzustellen, dass Digitalisierungsprojekte, hier die Entwicklung von Smart Products und Smart Services, die Unternehmen vor vielfältige und komplexe Herausforderungen stellen. Um für die verschiedenen Herausforderungen die geeigneten Formen der Bearbeitung zu finden, macht eine Klassifikation in beeinflussbare, also unternehmensinterne und nicht beeinflussbare, also unternehmensexterne Herausforderungen Sinn.

Herausforderungen, die es für ein erfolgreiches Smart Product oder einen erfolgreichen Smart Service zu meistern gilt, sind innerhalb der Unternehmensgrenzen durch die im Unternehmen arbeitenden Personen offensichtlich beeinflussbar, Herausforderungen außerhalb der Unternehmensgrenzen dagegen nicht oder nur indirekt.

Unternehmensinterne Erfolgsfaktoren, wie bspw. der Bedarf an neuen (digitalen) Kompetenzen, organisationale Anpassungen in Unternehmensbereichen oder die Umsetzungsstrategie sind alleinig von Unternehmensentscheidern und Aktivitäten innerhalb des Unternehmens beeinflussbar und damit steuerbar. Hier ist sicherlich als eine der ersten Herausforderungen auf dem Weg zum smarten Unternehmen die in Abschnitt 2.1.3 beschriebene Thematik zu nennen: der Aufbau von digitaler Kompetenz neben der eigentlichen Kernkompetenz des Unternehmens. Dabei gilt stets zu beachten, die eigentliche Kernkompetenz des Unternehmens zu wahren und weiter auszubauen. Digitale Produkte und Services gewinnen zwar zunehmend an Aufmerksamkeit im Markt und den Medien, erzielen jedoch realistischerweise erst nach ein bis zwei Jahren in Form von Umsatzzuwächsen oder nutzbaren Serviceeffizienzen die entsprechende Bedeutung im Unternehmen.

Im Gegensatz zur internen Sicht ist der Paradigmenwechsel vom Produktverkauf hin zum erfolgreichen Verkauf von Smart Services kunden- und branchenabhängig, also durch unternehmensexterne Erfolgsfaktoren definiert. Dies kann bspw. die Innovationsbereitschaft (respektive die Zahlungsbereitschaft für Innovationen) der Kunden sein.

2.3.2 Der Produktlebenszyklus als weitere Einflussgröße auf den Erfolg der Digitalisierung

Ein weiterer Aspekt in Hinblick auf die Höhe der notwendigen Investitionen sowie des zeitlichen Einsetzens des Erfolges von Smart Products und Smart Services ist, ob sich das Unternehmen in einer Branche befindet, deren Produkte langen Produktlebenszyklen unterliegen, oder nicht. Denn es macht einen großen Unterschied in Bezug auf den monetären und personellen Aufwand, ob der Markt mit neuen digitalen Produkten ausgestattet werden kann oder bereits im Markt befindliche Produkte (installierte Basis) umgerüstet werden müssen.

Weiterhin sollte beachtet werden, dass Branchen in welchen bereits Smart Services verfügbar sind, einfacher bedienbar sind als Branchen, in denen Smart Products oder Smart Services ein Novum darstellen. In Letzteren fallen dem betreffenden Unternehmen dann gleich zwei Aufgaben zu: Die Einführung seiner Smart Services und die Erklärung darüber, was denn Smart Services eigentlich sind. Hier ist extremer Einsatz der Vertriebs-, Service- und Produktmanagementmannschaft gefragt.

2.3.3 Fazit

Zusammenfassend lässt sich sagen, dass Digitalisierung nicht jedes Problem im Unternehmen lösen kann. Probleme, welche durch Digitalisierungsbestrebungen im Unternehmen behoben und damit lohnenswert und wertschöpfend sind, können dann allerdings in vielerlei Hinsicht Positives beitragen. Gut designte Smart Products und Smart Services tragen positiv zum kontinuierlichen Umsatz- und Ertragseingang bei, sie verschlanken und beschleunigen Prozesse, steigern deren Effizienz, erhöhen den Kontakt zum Kunden, erhöhen Wechselbarrieren bestehender Kunden hin zu anderen Marktteilnehmern und steigern die Wettbewerbsfähigkeit von Unternehmen.

Im vorangegangenen Artikel wurden Best Practices aus dem Projektalltag beschrieben und eine Methodik vorgestellt, wie Digitalisierung im industriellen Umfeld erfolgreich angegangen werden kann. Nachfolgend wird auf die wesentlichen Treiber der Digitalisierung und die Potenziale der Technologieansätze eingegangen. Am Beispiel des „Digitalen Marketing" wird abschließend gezeigt, wie Smart Services zunehmend an Bedeutung gewinnen und nutzbringend eingesetzt werden können.

■ 2.4 Literatur

[Col 15] Cole, Tim: Digitale Transformation. München 2015.

[Gro 16] Grohmann, Alexander; Borgmeier, Arndt: Win-win der Servicepartner, in: Instandhaltung (3/2016), S. 14 – 15.

[Hof 15] Hoffmeister, Christian; Borcke, Yorck von: Think New! 22 Erfolgsstrategien im digitalen Business. München 2015.

[Hof 15a] Hoffmeister, Christian: Digital Business Modelling. Digitale Geschäftsmodelle entwickeln und strategisch verankern. München 2015.

[Wol 13] Wolan, Michael: Digitale Innovation: Schneller. Wirtschaftlicher. Nachhaltiger. Göttingen 2013.

3 Digitalisierung und Smart Service World im Marketing

Ralf-Christian Härting

Abstract

Die Besonderheit von Smart Products und Smart Services besteht darin, dass Produkte im Zeitalter von Industrie 4.0 und Digitalisierung mit IT-Systemen vernetzt sind. Dies ermöglicht es, Daten zu sammeln, zu speichern und sie mit kundenorientierten Dienstleistungen zu vernetzen. In diesem Kapitel werden zunächst die wesentlichen Treiber wie Big Data, Cloud Computing, Mobile Computing und Internet of Things erläutert. Im zweiten Teil wird dargestellt, welche Potenziale der Einsatz dieser Technologieansätze beinhaltet. Dazu werden eine Literaturrecherche und aktuelle Forschungsergebnisse des Competence Centers für betriebliche Informationssysteme an der Hochschule Aalen herangezogen. Im dritten Teil werden Smart Services, insbesondere internetbasierte Dienste, am Beispiel Marketing veranschaulicht. Durch diese neuen Ansätze können weitere Wettbewerbsvorteile erreicht, die Kundenbindung erhöht und neue Märkte erschlossen werden.

3.1 Digitalisierung, Smart Products und Konzepte

Digitalisierung und Industrie 4.0 sind Oberbegriffe für mehrere technologische Entwicklungen. Sie umfassen sowohl Produkte als auch Prozesse. Insbesondere Industrie 4.0 weist Gemeinsamkeiten mit den sogenannten cyber-physischen Systemen auf (Lee 2008). Bei diesen geht es um die Zusammenführung digitaler und physischer Tätigkeiten. In der Produktion bedeutet das, dass physische Arbeitsschritte mit computergestützten Prozessen einhergehen. In cyber-physischen Systemen kommen Rechen- und Speicherkapazitäten, Mechanik und Elektronik zusammen. Das Internet dient ihnen als Kommunikationsbasis.

Als „Smart Products" werden solche Produkte bezeichnet, die in der Lage sind, Berechnungen durchzuführen, Daten zu speichern und mit ihrer Umgebung zu interagieren und zu kommunizieren [Müh 08]. Erste Ansätze konnten Produkte in die Lage versetzen, einander mit Hilfe von RFID [Ash 09] zu identifizieren. Die Fähigkeiten von Smart Products haben sich kontinuierlich weiterentwickelt. Heute stellen Smart Products nicht nur Informationen über ihre Identität, sondern auch über ihre Eigenschaften, ihren Status und ihre Vergangenheit zur Verfügung. Smart Products können darüber Auskunft geben, in welcher Phase ihres Lebenszyklus sie sich befinden. Sie wissen über die Produktionsstufen Bescheid, die sie bereits durchlaufen haben, und sie können auch zukünftige Arbeitsschritte festlegen. Dabei geht es zunehmend auch um Services, wie z.B. um bevorstehende Wartungsarbeiten [Mic 09]. So ermöglichen es beispielsweise Sensoren physische Einwirkungen auf das Produkt zu erfassen. Mit Kameras ausgerüstete Roboter, die visuelle Informationen über das Produkt und seine Umgebung in Echtzeit liefern, können dann entsprechende Reparaturen durchführen.

Digitalisierung und Industrie 4.0 basieren auf mehreren Konzepten, hinter denen zahlreiche neue innovative Technologien und Dienste stehen [Här 16]. Die wichtigsten Konzepte sind „Mobile Computing", „Cloud Computing", „Big Data" und „Internet der Dinge" [Här 14; Sch 15]. Die Bedeutung von Cloud Computing und Mobile Computing besteht weniger darin, skalierbare Rechenkapazitäten zur Verfügung zu stellen, sondern vielmehr im Angebot von Smart Services, auf die über das Internet weltweit zugegriffen werden kann. Auf diese Weise können Unterstützungsdienste leicht integriert und genutzt werden. Die Integration von Diensten fördert auch die Zusammenarbeit aller Beteiligten entlang der Wertschöpfungskette. Dies führt dazu, dass anstelle von Transaktionen zunehmend Beziehungen in den Vordergrund rücken. Cloud Computing bildet auch die Grundlage für die Gestaltung neuer Geschäftsprozesse. Produkte mit eingebauten Cloud-Computing-Fähigkeiten können im praktischen Einsatz Daten zur Verfügung stellen, die Aufschluss über Verbesserungsmöglichkeiten geben. Bild 3.1 zeigt die Begrifflichkeiten, die mit Digitalisierung und Industrie 4.0 in Verbindung gebracht werden. Alle Stufen der Wertschöpfung in Unternehmen und zwischen Transaktionspartnern sind vollständig integriert. Über das Internet und Social Software [Bau 14; Här 15] sind Nutzer und Lieferanten an der Produktentwicklung beteiligt. In der Nutzungsphase ist das Produkt vernetzt und mit Cloud-Diensten verbunden. Das Produkt bleibt während seines gesamten Lebenszyklus mit dem Internet verbunden und sammelt Daten. Indem also das Internet der Dinge und Big-Data-Konzepte genutzt werden, kann eine Feedback-Schleife zur Produktion eingerichtet werden [Lee 14].

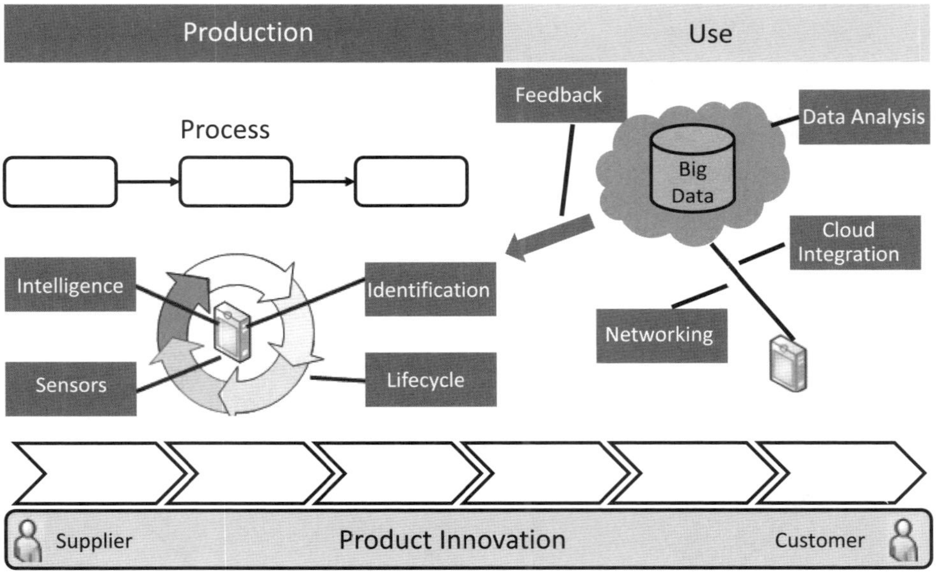

Bild 3.1 Vernetzte digitale und physische Prozesse entlang des gesamten Produktlebenszyklus [Sch 15]

Digitalisierung und Industrie 4.0 bedeuten also nicht nur die Bereitstellung von Informationen, sondern auch die (Teil-)Abbildung von Wertschöpfungsprozessen in elektronischer Form. In Erweiterung zu Industrie 4.0 kommen im Begriffsverständnis von Digitalisierung noch folgende Aspekte hinzu:

- Neue Digitalisierungsansätze finden sich branchenübergreifend, also auch im Dienstleistungssektor.
- Die Digitalisierung ist Treiber für die Entwicklung neuer Geschäftsmodelle mit innovativen Produkten [Til 10].

Insbesondere der zweite Aspekt führt zu einem weiteren Begriff der Smart Services [BMWi 17]. Ausgehend von den bereits genannten Technologien und Konzepten (Big Data etc.) ergeben sich für Anbieter neue Dienste und Anwendungen. Durch Software-basierte Analyse- und Interpretationswerkzeuge können aus Smart Products gewonnene Daten veredelt werden (Smart Data), die wieder neue Geschäftsmodelle ermöglichen.

Eine Betrachtung des Begriffes der Digitalisierung muss über Technologien, Dienste und Anwendungen hinaus auch Akteure sowie Rahmenfaktoren aus dem sozialen und rechtlichen Umfeld einbeziehen. Um alle Faktoren möglichst vollständig zu berücksichtigen, kann die Digitalisierung aus ganzheitlicher, systemischer Perspektive betrachtet werden [Här 16]. Bild 3.2 verdeutlicht den Systemgedanken der Digitalisierung und gibt einen ersten Überblick über relevante Technologien, Dienste und deren Applikationen für Smart Products und Smart Services.

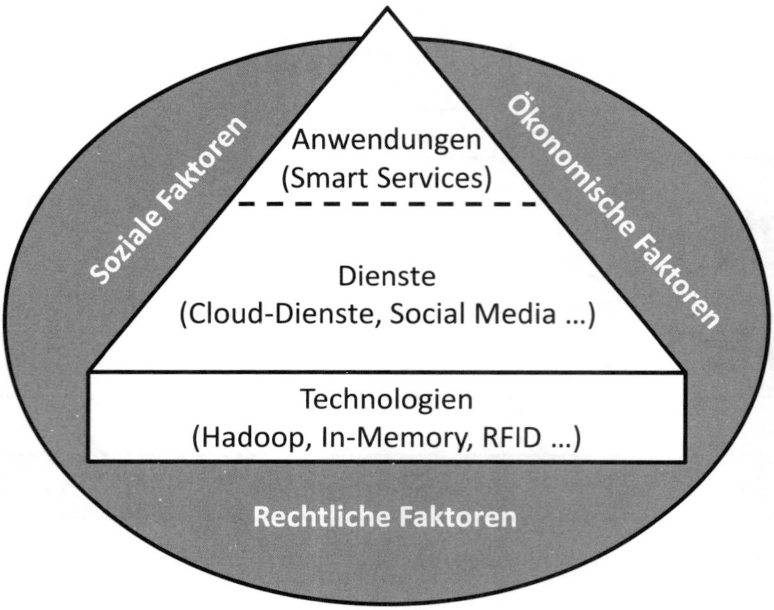

Bild 3.2 Bausteine von Digitalisierung und Industrie 4.0

■ 3.2 Potenziale von Digitalisierung und Smart Products

Digitalisierung beschreibt nach [Kag 15] die kontinuierliche Konvergenz der realen und virtuellen Welt und kann als Haupttreiber von Innovationen und Veränderungen in allen Sektoren unserer Wirtschaft angesehen werden. Digitalisierung hat dabei auch Einfluss auf bisherige analoge bzw. manuelle oder digital implementierte Arbeitsbereiche [Kuh 05]. Beispiele hierfür sind Veränderungen hin zu einer „digitalen" Fabrik oder neue Ansätze der Arbeitsprozessüberwachung und IT-Organisation (Brettreich-Teichmann, Grötecke 2016).

Neben dem wirtschaftlichen Bezug gibt es auch neue kulturelle und soziale Aspekte der Digitalisierung. So werden Kulturgüter wie Bücher und Archive digitalisiert, um diese für die Zukunft längerfristig bewahren und vervielfältigen zu können [Web 14]. Auch Aus- und Weiterbildungsangebote [Arn 15] sowie die öffentliche Verwaltung unter dem Schlagwort „E-Government" setzen auf digitalisierte Zugänge zu ihren Stakeholdern [Chu 10].

Zu den wirtschaftlichen, aber auch gesellschaftlichen Potenzialen der Digitalisierung, insbesondere von Industrie 4.0, sind bereits zahlreiche Fachbeiträge und Studien erschienen [z.B. Agi 15; Bau 14; Bay 16; Här 15; HBR 15; Sch 15a]. Verweise auf weitere Studien zu den Themen Digitalisierung und Industrie 4.0 finden sich bei [Här 16] und [Här 15].

Hervorzuheben sind die Ergebnisse einer Studie, die sich mit der Bedeutung der Digitalisierung im Mittelstand auseinandersetzt. Es handelt sich um eine Studie des Competence Centers für betriebliche Informationssysteme an der Hochschule Aalen. Zentrale Forschungsfragen fokussieren sich hier auf Nutzenpotenziale für Unternehmen insbesondere aus dem Mittelstand. Die Studie ergab, dass insbesondere Technologien wie Big Data und Cloud Computing zentrale Treiber von Industrie 4.0 sind und erheblichen Einfluss auf Geschäftsprozesse nehmen. So schätzt die Mehrheit von 133 befragten Experten die Nutzenpotenziale von Industrie 4.0 in Unternehmen im Allgemeinen als hoch ein [Här 15]. Zu einem interessanten Ergebnis führte auch die Frage nach dem Einfluss von Mass Customization [Här 15]. Hier zeigt sich, dass eine flexible Produktion von individuellen Produkten einen starken positiven Einfluss auf die wahrgenommenen Nutzenpotenziale von Industrie 4.0-Technologien hat. (Zunahme kundenindividueller Wünsche) Diesen Zusammenhang belegen zahlreiche Beispiele aus der Praxis, wie aus Tabelle 3.1 ersichtlich wird.

Tabelle 3.1 Praxisbeispiele für Digitalisierung und Industrie 4.0

Beispiel	Würth Group	Trumpf GmbH & Co. KG	Adidas
Quelle	[Wür 16]	[Tru 16]	[Sch 16]
Maßnahme	Stärkung des elektronischen Kundenkontaktes durch interaktive Ratschläge und Anwendungsbeispiele	Industrielle Fertigung soll innerhalb der nächsten fünf Jahre komplett digitalisiert werden	Schuhfertigung mit Industrie-4.0-Technologien in der „Speedfactory"
Ziel	Online-Umsatz weiter erhöhen, Steigerung in 2015 (zu 2014) lag bereits bei ca. 17 %	Produktivitätssteigerungen von bis zu 30 % möglich	Einsparung von Transportkosten durch Produktionsverlagerung von Asien nach Deutschland
Strategie und Potenzial	Anteil der Online-Kanäle soll bis Ende 2020 von 12 % auf 20 % gesteigert werden	Reduktion von Fehlerquoten und Materialkosten in der Produktion	Effiziente Produktion individueller Produkte in Höchstgeschwindigkeit

Gemäß einer Untersuchung des Instituts für Mittelstandsforschung profitieren alle betrieblichen Funktionsbereiche von der Digitalisierung [Sch 15a]. Wie das Beispiel der Würth Group zeigt, ist besonders auch der Marketing-Bereich von neuen Digitalisierungsansätzen betroffen. Dies soll im Folgenden näher erläutert werden.

■ 3.3 Smart Service World am Beispiel Digital Marketing

Digitalisierung und in erster Linie Smart Services eröffnen Unternehmen zahlreiche neue Ansätze im Digitalen Marketing. Der Anteil des Digitalen Marketing von 10 % am deutschen Werbemarkt, über alle Mediengattungen gerechnet [Sta 16], wird sich dadurch nochmals steigern. Viele Unternehmen setzen daher zunehmend auf innovative Ansätze des Digitalen Marketing. Neben hochwertigem Content und modernem „Responsive Design" müssen Unternehmen für eine gute Sichtbarkeit immer mehr Faktoren und Dienste berücksichtigen. So werden z. B. im Hinblick auf die zunehmende Verbreitung des Internets, vor allem über mobile Endgeräte, und die verstärkte Nutzung von Technologien wie RFID oder In-Memory-Datenhaltung neue internetbasierte Dienste wie Programmatic Advertising oder Google Trends immer wichtiger. Durch diese neuen Ansätze können weitere Wettbewerbsvorteile erreicht, die Kundenbindung erhöht und neue Märkte erschlossen werden. Gerade technologieorientierte Unternehmen aus Handel und Dienstleistungen haben hier sehr gute Voraussetzungen, weil sie in der Regel kurze Entscheidungswege haben und mit einer ausgeprägten Innovationsbereitschaft den neuen Technologien, Diensten und Smart-Service-Anwendungen aufgeschlossen gegenüberstehen. Im Folgenden seien einige beispielhafte Google Dienste und neue Ansätze des Digitalen Marketing erläutert.

3.3.1 Innovative Google-Dienste

Digitales Marketing kann auch als Google-Marketing bezeichnet werden. Mit Marktanteilen [Sta 16b] von bis zu 80 % sind Dienste wie Google-Search oder Google-Adwords global marktbeherrschende Services für das Digitale Marketing. Viele dieser Dienste wurden von der Google Inc. im Rahmen der sogenannten Google Labs entwickelt. Obwohl diese Google Experimentierplattform offiziell geschlossen wurde, sind daraus viele innovative Dienste entstanden, die die Möglichkeiten neuer Technologien und Ansätze der Digitalisierung nutzen. Beispiele für diese Dienste sind Knowledge Graph, Google Now oder Google Trends.

Google hat mit dem Knowledge Graph als neue Funktion seine Dienste um eine semantische Datenbank erweitert [Sin 12]. Am Beispiel des Suchbegriffs „Hochschule Aalen“, dargestellt im Bild 3.3, soll nachfolgend die Funktionsweise erläutert werden.

Bild 3.3 Beispiel für Google Knowledge Graph (Screenshot Google-Suche „Wo ist die Hochschule Aalen?“)

Während auf der linken Seite Suchergebnisse angezeigt werden, findet sich auf der rechten Seite eine Art Kurzbiographie mit relevanten Fakten. Neben einfachen Suchbegriffen sind auch Satzsuchen möglich, wie z. B.: Wo ist die Hochschule Aalen?

Unterhalb der Kurzbiographien findet sich meist der Verweis auf den verwendeten Wikipedia-Artikel als Quelle [Gra 15]. Für Suchanfragen zu Firmen werden als Informationsquelle deren Angaben auf dem Google+-Profil verwendet, sofern vorhanden. Auch inhaltsstarke Webportale können als Quelle für den Knowledge Graph dienen [Rus]. Knowledge Graphs bietet folgende Unterkategorien:

- Knowledge Panel: Wird nach Personen, Marken, Institutionen oder Unternehmen gesucht, werden gesondert Adresse und relevante Informationen wie z. B. Öffnungszeiten angezeigt.
- Antwortboxen: Wird eine Frage eingegeben, erscheint ein weiteres Feld mit dem zugeordneten Inhalt unter der Suchleiste. Beispielfrage: Wo ist die Hochschule Aalen? Antwort: Beethovenstraße 1, 73430 Aalen.

Google Now ist ein weiterer Dienst, der neue Digitalisierungsansätze nutzt. Der Service ist die Ergänzung der mobilen Google-Suchapplikation (App Google Search) und arbeitet auf Basis des maschinellen Lernmodells Google Prediction API. Der Dienst ist mit einer Spracherkennung gekoppelt, welche seit 2012 verfügbar ist. Google Now merkt sich wiederholtes Suchverhalten und zeigt zu passenden Anfragen hierfür relevante Informationen in Form von Karten [Mar 15: 1 ff.]. Je öfter Google Now genutzt wird, desto besser passt es sich den Gewohnheiten an und liefert zielgruppengerechte Informationen. Google Now lässt sich personalisieren, d.h., es gibt eine Vielzahl von Möglichkeiten, um die Applikation (App) den persönlichen Vorlieben und Gewohnheiten anzupassen [Ken 14]. Neben den wiederholten Suchzugriffen greift Google Now auch auf Daten der GPS-Nutzung zu, auf Kalendereinträge oder E-Mails auf den mobilen Geräten. Personalisierungsstrategien durch Google Now bieten vor allem für kleinere und mittlere Unternehmen neue Chancen im Digitalen Marketing. Dazu bedarf es jedoch durchdachter Schritte der Vorbereitung, um bei Inhalten von Google Now aufzutauchen. Damit sollte auch die Optimierung weiterer Google-Dienste (z.B. Google Places, Google+, Google Plus Local) verbunden sein. Unternehmen müssen potentielle Kunden verstehen, deren bevorzugt genutzte Kanäle kennen und auf den entsprechenden Plattformen mit der richtigen Botschaft vertreten sein.

Es gibt noch eine Vielzahl weiterer Dienste, die auf den früheren Google Labs basieren. Einer dieser Dienste ist Google Trends. Er gibt darüber Auskunft, welche Suchbegriffe von Google-Nutzern wie oft eingegeben werden. Die Ergebnisse werden grafisch dargestellt und im Verhältnis zum gesamten Suchvolumen angegeben.

In Kombination mit Geomarketing eröffnet Google Trends neue Möglichkeiten, abgewanderte oder vorhandene Kunden anzusprechen [Bit 14]. So können durch Google Trends generierte Geo-Daten zu einer verbesserten Bewertung der Aussagekraft und den damit einhergehenden Handlungsempfehlungen von Kaufkraftkennzahlen beitragen. Eine Untersuchung am Competence Center für betriebliche Informationssysteme (B.I.M) an der Hochschule Aalen zeigte beispielweise, dass ein Zusammenhang zwischen den Absatzpotenzialen von Produkten bzw. Marken in spezifischen Preissegmenten und dem Kaufkraftindex pro Einwohner besteht [Bit 14]. Da sich durch die Analyse von Suchanfragen aus Google Trends lediglich makrogeografische Geo-Daten generieren lassen, beschränkt sich der Einsatz von Google Trends auf die Absatzplanung und die Wettbewerbsanalyse. Für den Fall, dass Google die Visualisierungsmöglichkeiten in Google Trends ausbaut, können weitere geomarketingspezifische Anwendungsgebiete entstehen. Zudem können Geo-Daten über neue Digitalisierungsansätze wie z.B. Big Data tiefergehend analysiert und zur gezielteren Ansprache von Kunden eingesetzt werden.

3.3.2 Programmatic Advertising und Dynamic Pricing

Bei Programmatic Advertising handelt es sich um einen weiteren Schritt im Marketing, der sich aus neuen Technologien und Ansätzen der Digitalisierung ergeben hat. Der Begriff des Programmatic Advertising bedeutet, dass Online-Werbung zukünftig automatisiert und in Echtzeit gebucht und personalisiert bzw. optimiert wird. Bei den technologischen Hintergründen des Programmatic Advertisings bietet sich die Betrachtung des Programmatic-Advertising-Ökosystems an (Bild 3.4).

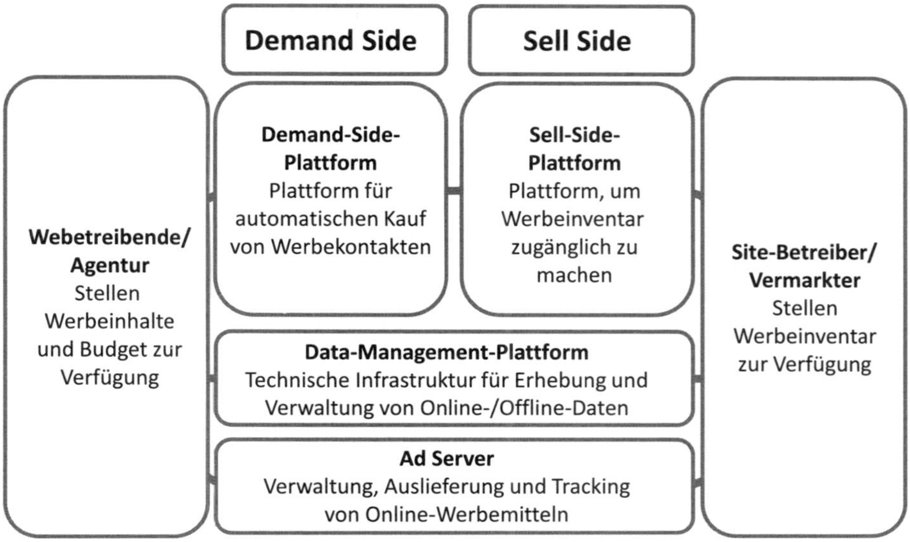

Bild 3.4 Programmatic Advertising Ökosystem (in Anlehnung an BVDW 2016)

Beim Programmatic Advertising werden Online-Anzeigen über Demand-Side-Plattformen und deren automatisierte Algorithmen gebucht, geliefert und optimiert. [Nag 15]. Die Data-Management-Plattform stellt hierfür die technische Infrastruktur dar. Sie ermöglicht das Verwalten und Erheben der benötigten Daten in Echtzeit. Auf der Angebotsseite der Werbetreibenden bzw. Vermarkter wird wiederum die technologische Grundlage für den Handel mit den Anzeigen gelegt. Die Werbetreibenden stellen hierbei ihr Werbeinventar für die programmatische Werbung zur Verfügung.

Praxisbeispiele zeigen, dass Unternehmen mit hohen E-Commerce-Volumina häufig Wettbewerbsvorteile durch Wissen und Funktionalität hinsichtlich automatisierter Marketing- und Verkaufsdienste besitzen. Solche Funktionalitäten bestehen z. B. in ausgeklügelten Filtern [Kof], die die Verkäufer bzw. Berater bei der Auswahl von Produkten ersetzen. Der Kunde wählt sich damit sein Wunschprodukt. Weitere Beispiele sind Konfiguratoren, mit denen sich ein Kunde sein Produkt individuell zusammenstellt [Kof] und auch in einer 360-Grad-Ansicht ansehen kann.

Ferner gibt es Systeme des Price Feed Management, worüber Preissuchmaschinen und Marktplätze mit individuellen Steuerungen bedient werden können. Ein Produkt kann auf der einen Plattform nur Marketing- und Vertriebskosten verursachen, während es auf einer anderen Plattform rentabel ist. Ein automatisiertes Price Feed Management kann hier zu einer optimierten Leistung in Webshops oder anderen Marktplätzen beitragen. Repricing kann für einen besseren Absatz sorgen, denn automatisierte Steuerung bedingt eine schnellere Anpassung. Hier besteht allerdings die Gefahr einer Preisabwärtsspirale.

Dynamic Pricing und Revenue Management im Allgemeinen bieten Unternehmen verschiedene Möglichkeiten der individuellen Preisgestaltung. Das Hauptaugenmerk liegt dabei auf der Preisdifferenzierung [Gön 09]. Anbieter können durch die Festlegung unterschiedlicher Preise die Nachfrage nach einem Produkt steuern und umgekehrt auch flexibel auf Änderungen der Nachfrage reagieren [Söl 07]. Das Dynamic Pricing berücksichtigt dabei Faktoren wie Zeit, Zahlungsbereitschaft, Marktpreis, Lagerbestand und Konkurrenzpreis. Daraus ergeben sich verschiedenste Preisstrategien, wie bspw. personalisierte Preise, Preissenkungen, Coupons oder Preissenkungen im Rahmen von Räumungsverkäufen [Tal 05].

Aufgrund steigender Nutzerzahlen im Internet bietet sich der Einsatz des Dynamic Pricing vor allem im E-Commerce an [Hin 08]. Mithilfe digitaler Technologien und Ansätze wie Big Data und Cloud Computing können trotz großer Datenvolumina optimale Preise bestimmt werden. Insbesondere Big-Data-Applikationen stellen den Unternehmen dabei leistungsfähige Werkzeuge [Här 14] zur Verfügung, mit denen Datenmanagement sowie dynamische und modellgestützte Analysen (Data Mining) durchgeführt werden können.

Eine Studie an der Hochschule Aalen zu den Nutzenpotenzialen von Dynamic Pricing zeigte [Här 16], dass es zwei wichtige Einflussfaktoren für den optimalen Nutzen des Dynamic Pricing gibt. Zum einen sind ausreichende Kundeninformationen notwendig, die mithilfe digitaler Technologie ermittelt werden können. Zum anderen ist ein kundenindividueller Preis für den Erfolg des Dynamic Pricing maßgeblich.

■ 3.4 Ökonomische Bewertung

Aus Unternehmenssicht können mit neuen Ansätzen der Smart Service World weitere Wettbewerbsvorteile erreicht, die Kundenbindung erhöht und neue Märkte erschlossen werden. Gerade technologieorientierte Unternehmen des Mittelstandes aus Handel und Dienstleistungen haben dafür sehr gute Voraussetzungen, weil sie in der Regel kurze Entscheidungswege haben und mit einer ausgeprägten Innovationsbereitschaft den neuen Technologien und Diensten aufgeschlossen gegenüberstehen. Deutlich wird diese Entwicklung besonders auch im Bereich des Digitalen Marketings. Zunehmend werden Prozesse automatisiert und durch Algorithmen intelligent gesteuert. Beispiele hierfür sind Werbeplatzierungen (Display Ads), welche in Echtzeit parallel zum laufenden TV-Spot geschaltet werden, oder Ansätze des Dynamic Pricing.

Nicht nur den Unternehmen bietet die Smart-Service-World Vorteile. Durch digitale Anwendungen und durch die interaktive Einbeziehung in vorgelagerte Wertschöpfungsprozesse entstehen auch den Kunden Nutzenpotenziale. Es bestehen aber auch Risiken. Diese betreffen vor allem Datensicherheit und Datenschutz. Hier gilt es, sich den Herausforderungen zu stellen und leistungsfähige Sicherheitsdienste zu entwickeln, welche die Zukunft einer Smart Service World auch aus Konsumentensicht sicherer gestalten können.

Hinweis

Dieser Beitrag entstand am „Competence Center für betriebliche Informationssysteme im Mittelstand“ an der Hochschule Aalen. Besonders danke ich unserem studentischen Mitarbeiter Herrn Michael Dittert für die umfangreiche Unterstützung bei Formatierungs- und Korrekturarbeiten.

Das vorangegangene Kapitel beschäftigte sich anfangs mit den Chancen, Risiken, Erwartungen etc. der Industrie 4.0 und beleuchtete anschließend die Herausforderungen, vor welchen Unternehmen bei der Durchführung von Digitalisierungsprojekten stehen. Dabei wurden notwendige Änderungen, welche bei der Einführung bzw. Weiterentwicklung zu Smart Products und Smart Services in den unterschiedlichen Unternehmensbereichen durchgeführt werden müssen, dargestellt. Der Beitrag „Digitalisierung und Smart Service World“ stellte schließlich die sich aus der Digitalisierung ergebenen Chancen für Unternehmen insbesondere im Hinblick auf das digitale Marketing dar und ging dabei auf Methoden wie das Dynamic Pricing oder das Revenue Management ein.

Um nun zusätzlich ein klares Konzept für die Entwicklung erfolgreicher Dienstleistungen generieren zu können, zeigt der folgende Artikel sechs Schritte auf, mit deren Umsetzung Unternehmen in Zeiten des Internets der Dinge wesentlich ertragreicher agieren können.

■ 3.5 Literatur

[Agi 15] Agiplan GmbH, Fraunhofer IML, ZENIT GmbH im Auftrag des Bundesministerium für Wirtschaft und Energie (Hrsg.): Erschließen der Potenziale der Anwendung von „Industrie 4.0“ im Mittelstand. Studie 6/2015. URL: *http://www.bmwi.de/Redaktion/DE/Publikationen/Studien/erschliessen-der-potenziale-der-anwendung-von-industrie-4-0-im-mittelstand.html* (Zugriff am 5.4.2017).

[Arn 15] Arnold, Patricia u.a.: Digitalisierung von Hochschulbildung. E-Learning-Strategie(n) noch up to date?, in: Zeitschrift für Hochschulentwicklung 10 (2015) 2, S. 51 - 69.

[Ash 09] Ashton, Kevin: That „Internet of Things“ Thing, in: RFiD Journal 22 (2009), S. 97 - 114.

[Bau 14] Bauer, Wilhelm u.a.: Industrie 4.0. Volkswirtschaftliches Potenzial für Deutschland. Studie 4/2014. URL: *https://www.bitkom.org/Bitkom/Publikationen/Industrie-40-Volkswirtschaftliches-Potenzial-fuer-Deutschland.html* (Zugriff am 5.4.2017).

[Bay 16] Bayme vbm, Universität Bremen: Industrie 4.0 Studie. Auswirkungen auf Aus- und Weiterbildung in der M+E Industrie, Bremen 2016.

[Bit 14] Bitterich, Bernd u. a.: Google Trends im Geomarketing – als Hebel für ein analytisches CRM. Aalen 2014.

[Bob 13] Boberach, Michael u. a.: Zukunftspfade Digitales Deutschland 2020. Studie 10/2013. URL: *https://www.bmi.bund.de/SharedDocs/Downloads/DE/Broschueren/2013/Studie%20 Digitales%20Deutschland.pdf* (Zugriff am 5.4.2017).

[Bre 16] Brettreich-Teichmann, Werner; Grötecke, Jens: Wohin treibt die Digitalisierung die IT-Organisation?, in: HMD Praxis der Wirtschaftsinformatik 53 (2016) 1, S. 1 f.

[BMWi 17] Bundesministerium für Wirtschaft und Energie (BMWi) (Hrsg.): Smart-Service-Welt – Internetbasierte Dienste für die Wirtschaft. Studie 1/2017. URL: *http://www.bmwi.de/Redaktion/DE/Publikationen/Digitale-Welt/smart-service-welt-internetbasierte-dienste-fuer-die-wirtschaft.html* (Zugriff am 5.4.2017).

[BVDW 18] Bundesverband Digitale Wirtschaft (BVDW) e. V.: Programmatic Advertising Ökosystem: *http://www.bvdw.org/fileadmin/medien/infografiken/programmatic_advertising_infografik_bvdw.pdf* (Letzter Zugriff am 10.07.2016)

[Chu 10] Chun, Soon Ae u. a.: Government 2.0. Making Connections between Citizens, Data and Government, in: Information Polity 15 (2010) 1, S. 1–9.

[Gön 09] Gönsch, Jochen u. a.: Dynamic Pricing. Ein State of the Art, in: Zeitschrift für Betriebswirtschaft, Ergänzungsheft 3 ‚Operations Research in der Betriebswirtschaft' (2009), S. 1–40.

[Gra 15] Graap, Andreas: Wikipedia und Co.: So entsteht der Google Knowledge Graph. Studie 2015. URL: *http://blog.hubspot.de/marketing/wikipedia-und-co-so-entsteht-der-googleknowledge-graph* (Zugriff am 7.3.2016).

[Här 14] Härting, Ralf-Christian (Hrsg.): Big Data. Daten strategisch nutzen! Tagungsband, 7. Transfertag. Norderstedt 2014.

[Här 15] Härting, Ralf-Christian u. a.: Nutzenpotenziale von Industrie 4.0. Einblicke in aktuelle Studienergebnisse. Norderstedt 2015.

[Här 16] Härting, Ralf-Christian (Hrsg.): Industrie 4.0 und Digitalisierung. Innovative Geschäftsmodelle wagen! Tagungsband, 8. Transfertag. Norderstedt 2016.

[HBR 15] HBR Analytic Services (Hrsg), The Digital Transformation of Business. Studie 2015. URL: *https://hbr.org/resources/pdfs/comm/microsoft/the_digital_transformation_of_business.pdf* (Zugriff am 5.4.2017)

[Hin 08] Hinz, Oliver: Interaktive Preismechanismen in dynamischen Märkten. Hamburg 2008.

[Kag 15] Kagermann, Henning: Change Through Digitization. Value Creation in the Age of Industry 4.0., in: Albach, Horst u. a. (Hrsg.): Management of Permanent Change. Wiesbaden 2015, S. 23–45.

[Ken 14] Kennedy, Chris, Google Nexus 7. o. O. 2014.

[Kof] Koffer-direkt, Trolleys und Koffer, *http://www.koffer-direkt.de/reisegepaeck/trolleys* (Zugriff am 26.4.2016).

[Kuh 15] Kuhlmann, Martin, Schumann, Michael: Digitalisierung fordert Demokratisierung der Arbeitswelt heraus, in: Hoffmann, Reiner (Hrsg.): Arbeit der Zukunft. Möglichkeiten nutzen – Grenzen setzen. Frankfurt a. M. 2015, S. 122–140.

[Lee 08] Lee, Edward A.: Cyber physical Systems. Design Challenges. 11th IEEE International Symposium on Object/Component/Service-Oriented Real-Time Distributed Computing (ISORC). o. O. 2008, S. 363–369.

[Lee 14] Lee, Jay u. a.: Service Innovation and Smart Analytics for Industry 4.0 and Big Data Environment, in: Procedia CIRP 16 (2014), S. 3–8.

[Mar 15] Markelo, Steve: Google Now. A Guide For Beginners. o. O. 2015.

[Mic 09] Miche, Markus u. a.: Core Services for Smart Products. 3rd European Workshop on Smart Products. Studie 2009. URL: *http://atlas.tk.informatik.tu-darmstadt.de/Publications/2009/CoreServicesForSmartProducts.pdf* (Zugriff am 5.4.2017).

[Müh 08] Mühlhäuser Max: Smart Products. An Introduction, in: Mühlhäuser Max u. a. (Hrsg.), Constructing Ambient Intelligence. Berlin/Heidelberg 2008, S. 158 – 164.

[Nag 15] Nagel, Robert: Programmatic Advertising (Teil 1): Was heißt eigentlich „programmatisch"? Online-Artikel 8/2015. URL: *http://www.mds.eu/blog/programmatic-advertising-teil-1-was-heisst-programmatisch/* (Zugriff am 10. 3. 2016).

[Rus] Rus, Alexander: Google Knowledge Graph Optimierung für Unternehmen. Online-Artikel. URL: *http://www.onlinemarketing-praxis.de/suchmaschinenoptimierung/google-knowledge-graph-optimierung-fuer-unternehmen* (Zugriff am 7. 3. 2016).

[Sch 15] Schmidt, Rainer u. a.: Industry 4.0 – Potentials for Creating Smart Products. Empirical Research Results, in: Abramowicz, Witold (Hrsg.), Business Information Systems – 18th International Conference on Business Information Systems. o. O. 2015, S. 16 – 27.

[Sch 15a] Schröder, Christian u. a.: Bedeutung der Digitalisierung im Mittelstand. Bonn 2015.

[Sch 16] Schuhe aus der Hochgeschwindigkeitsfabrik, in: Frankfurter Allgemeine Zeitung vom 27. 5. 2016.

[Sin 12] Singhal, Amit: Introducing the Knowledge Graph. Things, not Strings. Online-Artikel 5/2012. URL: *https://googleblog.blogspot.de/2012/05/introducing-knowledge-graph-things-not.html* (Zugriff am 7. 3. 2016).

[Söl 07] Sölter, Marc: Hotelvertrieb, Yield-Management und Dynamic Pricing in der Hotellerie. Norderstedt 2007.

[Sta 16] Statista: Marktanteile einzelner Mediengattungen im Werbemarkt in Deutschland von Januar bis März 2016. Online-Artikel 2016. URL: *http://de.statista.com/statistik/daten/studie/189855/umfrage/marktanteile-dermediengattungen-im-werbemarkt/* (Zugriff am 26. 4. 2016).

[Sta 16a] Statista: Marktanteile führender Suchmaschinen in Deutschland in den Jahren 2014 bis 2016. Online-Artikel 2016. URL: *http://de.statista.com/statistik/daten/studie/167841/umfrage/marktanteile-ausgewaehlter-suchmaschinen-in-deutschland/* (Zugriff am 26. 4. 2016).

[Tal 05] Talluri, Kalyan T.; van Ryzin, Garrett J.: The Theory and Practice of Revenue Management. New York 2005.

[Til 10] Tilson, David u. a.: Research Commentary: Digital Infrastructures. The Missing IS Research Agenda, in: Information Systems Research (ISR), 21 (2010) 4, S. 748 – 759.

[Tru 16] Trumpf will Werke in fünf Jahren digitalisieren, in: Handelsblatt vom 19. 4. 2016.

[Web 14] Weber, Albert: Die Digitalisierung des Kulturerbes der Deutschen aus dem östlichen Europa. Präsentation 6/2014. URL: *https://opus4.kobv.de/opus4-bib-info/frontdoor/index/index/docId/1579* (Zugriff am 5. 4. 2017).

[Wür 16] Würth braucht 1800 weitere Verkäufer. Digitalisierung ist für den Händler nur ein Teil des Erfolgsrezepts, in: Frankfurter Allgemeine Zeitung vom 11. 5. 2016, S. 019.

TEIL B
Systeme, Methoden und Prinzipien

4 Sechs Prinzipien für datenbasierte Dienstleistungen der Industrie

Tobias Harland, Marco Husmann, Philipp Jussen, Achim Kampker, Volker Stich

Abstract

Erfolgreiche Serviceinnovation im Zeitalter industrieller, datenbasierter Dienstleistungen unterscheidet sich deutlich von bisherigen Ansätzen der klassischen Dienstleistungsentwicklung. Diese Erkenntnis konnte aus einem breit angelegten Benchmarking in der deutschen Industrie gewonnen werden. Die Benchmarking-Studie identifizierte besonders erfolgreiche Unternehmen, deren Methoden und Ansätze zur Gestaltung innovativer Dienstleistungen in Form von Fallstudien im Detail untersucht wurden. Als Kernergebnis ergeben sich sechs Prinzipien, die erfolgreiche Service-Innovation für datenbasierte Dienstleistungen auszeichnen.

4.1 Problemstellung aus Theorie und Praxis

Die Investitionsgüterindustrie wird im Zeitalter von Industrie 4.0 und Smart Services mit einem Wandel der Grundordnung ihrer Branche konfrontiert. Die zunehmende Digitalisierung und Vernetzung ermöglichen völlig neue Leistungsangebote und Geschäftsmodelle speziell im Service, die das Potenzial mit sich bringen, traditionelle Anbieter massiv unter Druck zu setzen. Eine Strategie zur Wettbewerbspositionierung ist die gezielte Differenzierung durch industrielle Dienstleistungen [Sch 16: 12 f.; Geb 12: 126]. Durch die gezielte Entwicklung des Dienstleistungsgeschäfts können traditionelle Investitionsgüterunternehmen neue Wachstums- und Ertragspotenziale ausschöpfen und sich die neuen technologischen Möglichkeiten positiv zunutze machen.

Allerdings verfügen bislang nur wenige Unternehmen über die notwendigen Kompetenzen, wenn es um die methodische Entwicklung von Dienstleistungen geht [J&M 10]. Aktuelle Studien beziffern die Erfolgsquote der Service-Innovationen und zeigen, dass 43 Prozent aller neu entwickelten industriellen Dienstleistungen ein Jahr nach ihrer Einführung am Markt scheitern [Cas 13: 979]. Demnach misslingt es Industrieunternehmen trotz massiver Investitionen in Forschung und Entwicklung, die Akzeptanz ihrer Kunden für viele der neuentwickelten Dienstleistungen zu gewinnen [Sto 15: 5 ff.; Kin 13: 1066 ff.]. Die Gründe dafür liegen u. a. im unzureichenden Abgleich mit den Anforderungen des Marktes bereits in der Entwicklungsphase [Kue 13: 534 ff.] sowie in der hohen Varianz der Leistungserbringung von Services [Dot 13: 260 ff.]. Als Beispiel für solche gescheiterten Dienstleistungsentwicklungen im B2C-Segment lassen sich die Entwicklung mobiler WAP-Dienste Mitte der 2000er Jahre sowie die Ansätze zu ausgewählten datenbasierten Dienstleistungen wie Condition Monitoring im B2B-Segment anführen [Bru 06: 228].

Um diese Hürden abzubauen, widmen sich seit Mitte der 1990er Jahre unterschiedliche Forschungsdisziplinen der strukturierten Neuentwicklung von Dienstleistungen, u. a. die Disziplinen Service Engineering sowie Service Innovation [Sch 16: 169 f.; Fäh 07; Bec: 26 f.]. Zusammenfassend kann Service Innovation sowohl als Prozess als auch als Ergebnis verstanden werden, denn der Begriff beschreibt die Suche und Selektion von neuen Dienstleistungsideen sowie ihre Implementierung und Evaluierung im Umsetzungskontext [Rei: 5]. Bisher gestaltet sich die Umsetzung in der Praxis trotz zunehmender Forschungsaktivität im Bereich Service Innovation weiterhin schwierig und ein messbarer Nutzen für Unternehmen ließ sich in den letzten Jahren kaum nachweisen [Sto 13: 836 ff.]. Bislang haben sich nur wenige Arbeiten mit den Besonderheiten bei der Entwicklung industrieller, datenbasierter Dienstleistungen wissenschaftlich auseinandergesetzt [aca 16: 8; Bul 15: 2 ff.; Bar 15: 143 ff.; Ank 16: 1276; Nyl 15: 60 ff.].

Daher sind die Ursachen für den Misserfolg in der Dienstleistungsentwicklung oftmals noch nicht ausreichend präzise erforscht worden. Es finden sich erste Anhaltspunkte in unzureichendem Fachwissen sowie nicht vorhandenen Planungsprozessen von Serviceinnovationen [Bru 06: 228]. Zum tiefergehenden Verständnis der bisherigen Entwicklungsproblematik wurden beim Start der Benchmarking-Studie gemeinsam mit Praxispartnern Probleme und Hürden in der Entwicklung neuer Dienstleistungen identifiziert. Die genannten Praxisprobleme wurden dabei in die vier Phasen der Dienstleistungsentwicklung eingegliedert [Sch 16: 94 f.; Rei 08: 6 ff.; Lei 12: 107 ff.].

- *Ideenphase*: Es wurde deutlich, dass für Industrieunternehmer in der ersten Phase der Serviceinnovation besonders die präzise Identifikation der Kundenbedürfnisse eine Herausforderung darstellt. Ferner ist die Integration der Innovationsprozesse und Methoden eine Herausforderung für die Praktiker. Zugleich stellen die operative Einbindung des Ökosystems in den Innovationsprozess (z. B. Kunden, Partner etc.) und die Einbindung neuer Leistungen in das bestehende Serviceportfolio oftmals eine Hürde dar.
- *Konzeptionsphase*: In die Konzeptions- und Umsetzungsphase fällt bei vielen Unternehmen die Entwicklung von Cloud-basierten Geschäftsmodellen für datenbasierte Dienstleistungen.
- *Umsetzungsphase*: Gemäß neuartigen Vorgehensmodellen, wie den Minimum Viable Products in der Produktentwicklung [Rie 11: 68 ff.], fällt vielen Unternehmen die prototypische Umsetzung neuer Serviceleistungen schwer. Eine Herausforderung stellt weiterhin der Aufbau von relevanten Ressourcen, z. B. Kompetenzen in der Analyse von Maschinendaten, dar.
- *Marktphase*: Marktseitig liegen die Praxisprobleme oftmals in der zielgerichteten Vermarktung von datenbasierten Services (Preissetzung, Markteinführungsstrategie etc.) sowie in der iterativen Weiterentwicklung bzw. in der Messung von Innovationserfolg.

4.2 Vorgehensweise und Methodik

Dieses Kapitel nimmt Bezug auf eine Benchmarking-Studie des FIR (Forschungsinstitut für Rationalisierung) an der RWTH Aachen [Kam]. Der Schwerpunkt des Benchmarkings lag dabei auf der systematischen Entwicklung innovativer, datenbasierter Dienstleistungen im industriellen Sektor, primär im Maschinen- und Anlagenbau.

Die für die Praxis relevanten Fragestellungen wurden in mehreren Stufen untersucht. Zu den Untersuchungsmethoden zählten u. a. die empirische Erhebung sowie der fallstudienbasierte Ansatz nach Eisenhardt [Eis 89: 532 ff.]. Gemeinsam mit Industriepartnern aus unterschiedlichen Branchen identifizierte das Konsortium aus 96 teilnehmenden Unternehmen insgesamt sechs Erfolgsprinzipien und Best Practices im Bereich Serviceinnovation sowie ein Vorgehensmodell zur Entwicklung industrieller, datenbasierter Dienstleistungen.

4.3 Sechs Prinzipien erfolgreicher Dienstleistungsentwicklung

Auf Basis des mehrstufigen Vorgehens der Benchmarking-Studie können sechs Prinzipien abgeleitet werden, die eine erfolgreiche Gestaltung von industriellen, datenbasierten Dienstleistungen unterstützen. Die Erkenntnisse wurden zum einen mit bestehender Fachliteratur und zum anderen mit den Industriepartnern der Studie aus unterschiedlichen Branchen verglichen. Mithilfe der sechs Prinzipien werden im nachfolgenden Abschnitt besonders erfolgreiche Ansätze zur Gestaltung von industriellen Dienstleistungen beschrieben und mit Beispielen aus den Fallstudien verdeutlicht.

Prinzip 1: Kunden beteiligen, um eine kundenzentrierte Value Proposition zu entwickeln

Erfolgreiche Serviceinnovatoren interagieren auf vielfältige Art und Weise mit den Kunden, um deren teilweise latenten Bedürfnisse und Anforderungen zu identifizieren und für sich zu nutzen. Dadurch sind diese Unternehmen in der Lage, aktuelle Trends und Entwicklungen frühzeitig zu erkennen. Sie können ihr bestehendes Produkt- und Serviceportfolio mit aktuellen Marktanforderungen vergleichen und zielgerichteter Neuentwicklungen im Service anstoßen als ihre Marktbegleiter. Indem der Kunde in den Serviceentwicklungsprozess integriert wird, weisen neue Leistungsangebote eine deutlich höhere Marktakzeptanz auf als Angebote, die nach klassischen Paradigmen oder ohne einen bewussten Serviceentwicklungsprozess erarbeitet wurden.

Bei der Ermittlung von Kundenbedürfnissen setzen die erfolgreichen Unternehmen der Benchmarking-Studie, die sogenannten Top-Performer, signifikant häufiger und intensiver auf unterschiedliche Ansätze und Methoden der Kundeneinbindung (s. Bild 4.1). Es zeigt sich, dass die Top-Performer ihre Bestandskunden sowie potenzielle Neukunden beim Prozess der Ideengenerierung besonders proaktiv einbinden, z. B. durch Workshops, Fokusgruppen oder den Lead-User-Ansatz. Darüber hinaus nutzen sie neue Methoden wie Design Thinking. Im Gegensatz dazu verlassen sich die Follower-Unternehmen bislang meist auf das reaktive Beschwerdemanagement als eine der primären Quellen für die Ableitung der Kundenbedürfnisse.

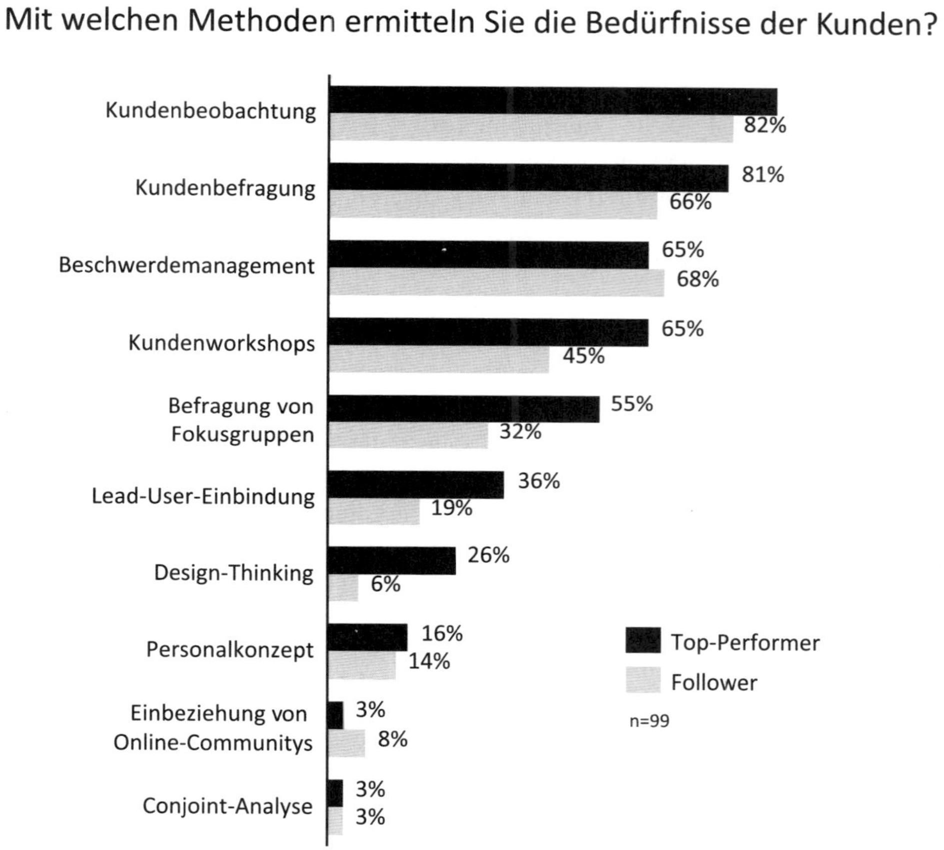

Bild 4.1 Methodennutzung bei der Identifikation von Kundenbedürfnissen

Konkret umgesetzt bedeutet das zum Beispiel, dass die Mitarbeiter eines Unternehmens den Kunden und Nutzer der Produkte weltweit vor Ort im operativen Alltag begleiten, um so einen möglichst unverfälschten und unmittelbaren Einblick in die Arbeitsweise, die Prozesse und den Umgang des Kunden mit den eigenen Produkten zu erhalten. Kunden werden somit gezielt und frühzeitig in den Innovationsprozess eingebunden, indem eine Kombination der direkten, bilateralen Kundenbefragung sowie Kundenbeobachtung angewendet wird. Das Unternehmen beobachtet dabei nicht nur mögliche Probleme, sondern diskutiert und bewertet bereits vor Ort erste Lösungsansätze mit den Kunden. Durch die unmittelbare Nähe zum operativen Anwender kann das Unternehmen Bedürfnisse identifizieren, welche bislang nicht in anonym versandten Befragungen auftauchten, und

Kunden frühzeitig in die Pilotierung einbinden. Das so generierte hohe Applikationswissen hat die Erfolgsquote der Unternehmen bei der Entwicklung neuer produktzentrierter und datenbasierter Dienstleistungen deutlich gesteigert.

Prinzip 2: Nutzung vielfältiger Quellen, um neue Ideen zu generieren

Neben der frühzeitigen Einbindung von Kunden zeigen die Ergebnisse des Benchmarkings, dass erfolgreiche Unternehmen auf eine Vielzahl weiterer interner und externer Quellen bei der Generierung von neuen Serviceideen setzen. Signifikante Unterschiede zwischen erfolgreichen und weniger erfolgreichen Unternehmen zeigen sich auf Seiten der externen Quellen besonders bei der aktiven Einbindung von Technologietrends, der Integration von Social-Media-Anwendungen sowie bei Bedürfnisanalysen im Ökosystem (s. Bild 4.2). Ein Beispiel für eine derartige Bedürfnisanalyse findet sich in institutionalisierten Dialogen mit unterschiedlichen Stakeholdern. Das Abhalten regelmäßiger Workshops mit Kooperationspartnern, Lieferanten, Start-ups, Kunden und weiteren relevanten Stakeholdern kann eine vielversprechende Quelle für neue Serviceideen darstellen. Speziell im Umfeld datenbasierter Dienstleistungen binden Unternehmen zunehmend mehr Stakeholder in die Leistungserbringung ein, z. B. beim Betrieb einer webbasierten Serviceplattform. Für einen formalisierten Austausch sollten Methoden wie das Value-Proposition-Design [Ost 14: 74 ff.] oder User-Story-Mapping eingesetzt werden, um einen strukturierten Austausch zu ermöglichen und jedem Partner Möglichkeiten zur Weiterentwicklung aufzuzeigen.

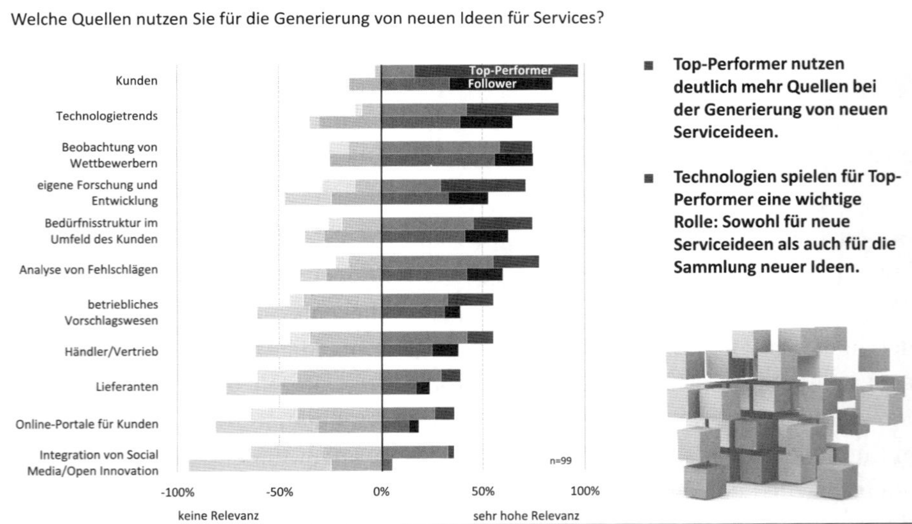

Bild 4.2 Quellen bei der Generierung neuer Serviceideen

Neben externen Quellen wie Kunden oder Technologietrends sind interne Quellen ein integraler Bestandteil der Ideengenerierung. Neben der eigenen Forschung und Entwicklung spielen für Top-Performer insbesondere die Analyse von Fehlschlägen sowie das betriebliche Vorschlagswesen eine deutlich höhere Rolle als bei den Followern. Ebenso können Instrumente zur Förderung von Open Innovation hervorgehoben werden, beispielsweise Crowd-Ideation-Ansätze. Erfolgreiche Unternehmen nutzen gezielt Collaboration-Tools, wie bspw. Community-Lösungen, um ihre Mitarbeiter mitsamt dem Umfeld (Partner, Kunden etc.) aktiv in den Prozess der Ideengenerierung einzubeziehen. Konkret umgesetzt sind sogenannte Innovation Sessions eine Möglichkeit, den Prozess der Ideengenerierung über eine webbasierte Community zu steuern. Diese Sessions werden für eine vorab definierte Zeitperiode mit einem bestimmten Schwerpunkt initiiert und es wird weltweit für eine aktive Teilnahme unterschiedlicher Fachabteilungen und Regionen geworben. Derartige Crowd-Ideation-Ansätze stoßen regelmäßig auf eine große Resonanz bei Mitarbeitern, Kunden und weiteren Partnern, wenn es um die Entwicklung von neuen Dienstleistungen geht.

Prinzip 3: Risikominimierung durch kollektiven Bewertungsprozess

Ein weiteres Prinzip erfolgreicher Serviceinnovation stellt der kollektive Bewertungsprozess von Ideen für neue Dienstleistungen dar. Viele Unternehmen verschwenden unnötig viele Ressourcen für die Konzeptionierung und Entwicklung von wenig potenzialträchtigen Dienstleistungsinnovationen. Ein frühzeitiger, kollektiver und transparenter Bewertungsprozess kann dieser Ressourcenverschwendung entgegenwirken.

Es zeigt sich, dass erfolgreiche Unternehmen signifikant häufiger und bereits frühzeitig im Innovationsprozess strukturierte Methoden zur Bewertung von Ideen nutzen (s. Bild 4.3). Insbesondere quantitative Bewertungsmethoden, wie beispielsweise die Erstellung von Businessplänen/Investitionsrechnung sowie Nutzwertanalysen, finden bei Top-Performern erheblich häufiger Anwendung als bei Followern, um Ideen von Anfang an bewertbar zu machen. Unterstützend dazu werden oftmals regelmäßig stattfindende Portfolio-Planungsgremien in die Entscheidungsfindung integriert. Zusätzlich beziehen Top-Performer im Vergleich zu Followern mehr als doppelt so häufig externe Experten in den Bewertungsprozess mit ein. Fachwissen wird gezielt herangezogen, um Umsetzbarkeit und Aufwand von innovativen Serviceideen realistisch für das eigene Unternehmen einschätzen zu können.

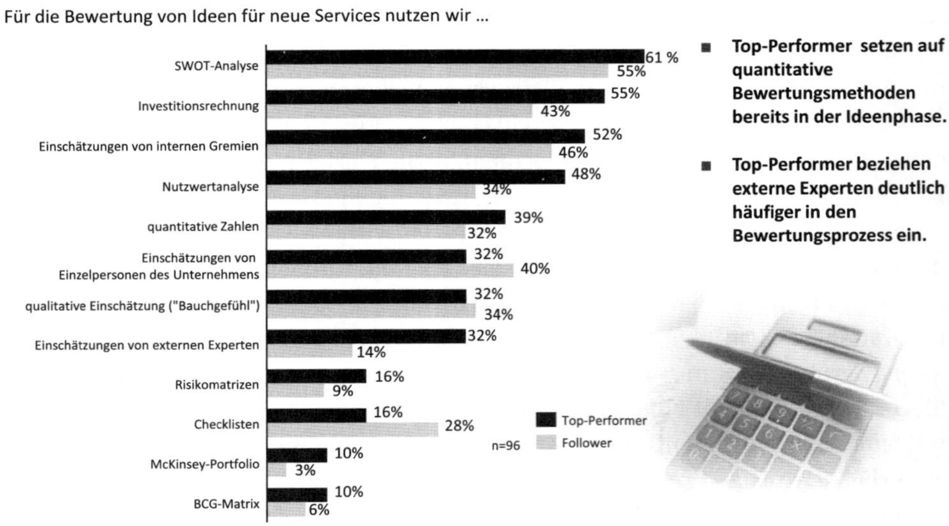

Bild 4.3 Methoden zur Bewertung von Ideen für neue Dienstleistungen

Neben externen Experten setzen viele der erfolgreichen Unternehmen auf die Einbindung von internen Mitarbeitern in den Bewertungsprozess. In der konkreten Umsetzung kann dies beispielsweise bedeuten, dass Ideenbotschafter aktiv in den Bewertungsprozess einbezogen werden und Ideen durch verschiedene Bewertungsgremien bis zur Umsetzung begleiten. Dabei werden Ideen anfangs nur anhand ihres Marktpotenzials bewertet. Der Ideenbotschafter organisiert zudem Pilotkunden, die die Konzeptionierung der Idee unterstützen. Gegebenenfalls werden während einer zweiten Phase der Ideenbewertung Spezialisten hinzugezogen, die die Quantifizierung der Konzepte mithilfe von Business Cases unterstützen.

Weitere Beispiele aus dem industriellen Service beziehen nicht nur einzelne Botschafter in den Bewertungsprozess mit ein, sondern involvieren alle Mitarbeiter des Unternehmens im Bewertungsprozess mittels Crowdfunding-Ansätzen. Hierzu werden alle eingegangenen Ideen für neue Dienstleistungen transparent auf einer webbasierten Community-Plattform zur Verfügung gestellt. Angelehnt an den Gedanken eines Venture-Capital-Modells, welches für partielle Kapitalbeteiligung steht, kann jeder Mitarbeiter ein fiktives Budget auf einzelne Serviceideen verteilen. Sobald eine Idee ein festgelegtes Budgetlimit erreicht, folgt die nächste Stufe des Bewertungsprozesses. Indem Mitarbeiter ihre Ideen in den Innovationsprozess einbringen können und aktiv in die Bewertung einbezogen werden, kann die Quote an erfolgreichen Dienstleistungsinnovationen gesteigert und gleichzeitig ein hohes Commitment der Mitarbeiter für die Umsetzung erreicht werden.

Prinzip 4: Validierung von Konzepten im Markt mit Minimum Viable Services

Nachdem die Ideenbewertung durchgeführt wurde, werden besonders potenzialträchtige Ideen in die Konzeptions- und Umsetzungsphase überführt. Vor allem mit der Konzeptionierung datenbasierter Dienstleistungen sind viele Herausforderungen für die Industrieunternehmen verbunden. Eine Vielzahl an Ideen aus der Entwicklung kommt oft nicht über die Stufe des theoretischen Konzepts hinaus, obwohl speziell die Entwicklung datenbasierter Dienstleistungen einem hohen Markt- und Zeitdruck unterliegt [Rie 11: 75 ff.; Kin 13: 1065 ff.].

Aufgrund der begrenzten Ressourcen und der hohen Anforderungen an eine geringe Entwicklungszeit setzen erfolgreiche Unternehmen verstärkt auf neue frühzeitige Konzeptionierungen von Dienstleistungen. Sogenannte Minimum Viable Services bilden zunächst die reinen Kernfunktionalitäten der Dienstleistung ab, um möglichst frühzeitig einen Mehrwert bei der Problemlösung von relevanten Kunden zu erzeugen. Es wird in der ersten Umsetzungsphase bewusst auf ein vollumfängliches Funktionsspektrum verzichtet [Rie 11: 68 ff.].

Dadurch sind Minimum Viable Services bereits erheblich früher im Feld einsetzbar und erlauben kontinuierliche und iterative Anpassungen an die realen Kundenbedürfnisse. Durch das frühzeitige Testen von Services in der Praxis können die Entwicklungszeiten und -aufwände signifikant verkürzt und die Dienstleistungen anhand des Nutzer-/Kundenfeedbacks systematisch adaptiert werden. Top-Performer binden auf diese Weise bereits frühzeitig ihre Kunden bzw. Lead User in die Entwicklung von Dienstleistungen ein (s. Bild 4.4).

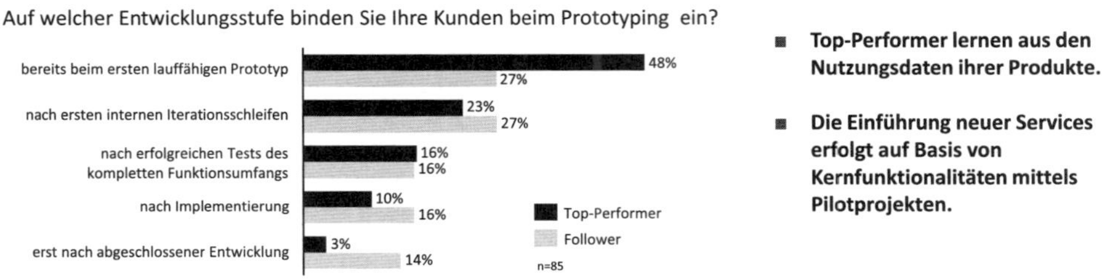

Bild 4.4 Einbindung von Kunden bei der Konzeptionierung

Beispiele der erfolgreichen Unternehmen zeigen, dass es gelingt, den Ansatz des frühzeitigen Testens von Dienstleistungen zu institutionalisieren. Gemeinsam mit Anwendungspartnern und Kunden können bereits in einem sehr frühen Stadium des Entwicklungsprozesses erste Anwendertests der produktbegleitenden Dienstleistungen in einem eigens vorgehaltenen Test-Center durchgeführt werden, um iterativ einen marktreifen Service entwickeln zu können. Um die Entwicklungsgeschwindigkeit zu erhöhen, stellen erfolgreiche Unternehmen oftmals einen Grundstock an festen Innovationsbudgets für die Dienstleistungsentwicklung zur Verfügung. Eine weitere Umsetzungsmöglichkeit für eine schnelle Umsetzung von

Service-Prototypen kann die organisatorische Verankerung der IT-Serviceentwicklung in der operativen Serviceabteilung sein. Durch die dezentrale IT-Entwicklung im Service kann ein mögliches frühzeitiges Testen und Validieren mit den internen Anspruchsgruppen der Serviceleistung sichergestellt werden, z. B. mobile Applikationen für die Datenanalyse in der technischen Instandhaltung. Besonders bei der Entwicklung von datenbasierten Dienstleistungen kann dadurch sowohl die Akzeptanz als auch die Entwicklungsgeschwindigkeit deutlich gesteigert werden.

Prinzip 5: Systematisches Lernen, basierend auf Erfahrungen am Markt

Erfolgreiche Serviceinnovatoren lernen kontinuierlich aus Daten und Fehlern und passen ihre Services auf Basis der Erfahrungen am Markt regelmäßig an. Die Ergebnisse zeigen, dass erfolgreiche Serviceunternehmen vorhandene Daten signifikant häufiger zur Entwicklung neuer Dienstleistungen bzw. zur Weiterentwicklung vorhandener Dienstleistungen nutzen (s. Bild 4.5). Durch die zunehmende Vernetzung von Maschinen und Anlagen stehen Anbietern von Dienstleistungen zunehmend mehr Informationen zur Verfügung, z. B. Nutzungsdaten der Produkte. Top-Performern gelingt es deutlich besser, diese Daten zu sammeln, zu analysieren und für die Weiterentwicklung des Serviceportfolios nutzbar zu machen.

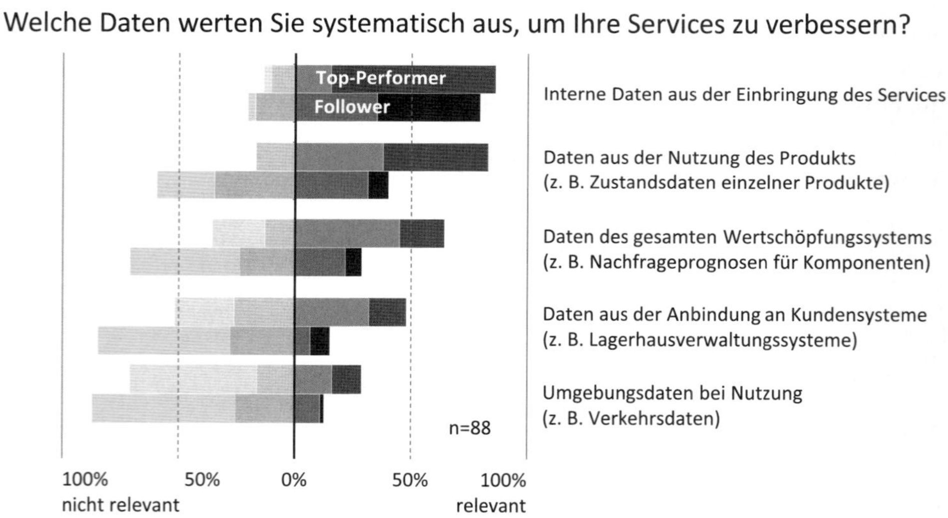

Bild 4.5 Systematisches Lernen aus Daten

Als Beispiel für einen Top-Performer aus der Benchmarking-Studie dient ein Maschinen- und Anlagenbauer, welcher systematisch Daten seiner Maschinen beim Kunden für die Weiterentwicklung seines Produkt- und Serviceportfolios nutzt. Beim Neustart jeder Maschine werden vordefinierte Datenpakete an den Top-Performer gesendet. Die Produkt- und die Serviceentwicklung nutzen die Daten zur

Entwicklung neuer Leistungen wie z. B. Peer-Group-Benchmarking für Verbrauchsstoffe. Die Kunden werden transparent und gezielt über die Mehrwerte des Teilens von Daten informiert und erhalten auf Wunsch zusätzliche Mehrwertdienstleistungen, z. B. in Form neuer Features. Vermehrt setzen diese Unternehmen auf ein Release-Management für datenbasierte Dienstleistungen, mit dessen Hilfe die Umsetzung der erkannten Verbesserungspotenziale am Markt systematisiert wird.

Neben dem Lernen aus Daten ist bei den erfolgreichen Unternehmen ein offener Umgang mit Fehlern deutlich ausgeprägter als bei den Followern. Gemäß dem Lean-Gedanken einer offenen Fehlerkultur werden Fehler sowie Verbesserungsmöglichkeiten im Serviceprozess konsequent erfasst und dokumentiert. Die Anzahl der erfassten Kennzahlen ist bei Top-Performern höher als bei den Followern und auch die Zyklen sind signifikant höher. Auch aus kleinsten Fehlern werden zumeist Verbesserungsmaßnahmen abgeleitet, die wiederum konsequent auf Erfolg überprüft werden. Damit Fehler jeglicher Art auch unternehmensweit aufgespürt werden können, beziehen Top-Performer in ihren kontinuierlichen Verbesserungsprozess (KVP) oftmals alle Unternehmensebenen mit ein.

Prinzip 6: Formalisierter iterativer Innovationsprozess

Erfolgreiche Serviceinnovation braucht einen strukturierten Prozess. Ein eindeutiges Ergebnis der Benchmarking-Studie ist, dass ein formalisierter und iterativer Prozess die Basis für ein Management der unternehmerischen Innovationsinitiativen bildet.

Nahezu alle erfolgreichen Unternehmen im Bereich der Serviceinnovation setzen zumindest Elemente eines formalisierten Serviceinnovationsprozesses ein (s. Bild 4.6). Demnach erfolgt die Entwicklung von industriellen Dienstleistungen sehr systematisch, strukturiert und transparent, um Ideen bis zur Marktreife zu bringen. Mehr als zwei Drittel der Follower haben einen solchen Prozess bislang nicht eingeführt.

Bereits 2006 ging Bruhn auf die enorme Bedeutung des Innovationsprozesses für die Dienstleistungsentwicklung ein [Bru 06: 228 f.]. Dabei setzt ein Großteil der Unternehmen aktuell auf den Stage-Gate-Prozess als primären Innovationsprozess [Coo 90: 45 ff.]. Während agile Innovationsmethoden, wie SCRUM, noch keine Anwendung in der Breite finden, werden sie zunehmend bei der Entwicklung datenbasierter Dienstleistungen eingebunden und haben sich bei den Top-Performern als klarer Erfolgsfaktor erwiesen. Teilweise wird der Serviceinnovationsprozess durch mittel- bis langfristig ausgelegte Technologieprodukt-Service-Roadmaps unterstützt. Aus den Erfahrungen der fünf Best-Practice-Unternehmen sollten allgemeingültige und transparente Bewertungskriterien etabliert werden, um das Potenzial neuer Serviceideen frühzeitig einordnen zu können und den beteiligten Akteuren verständlich zu machen.

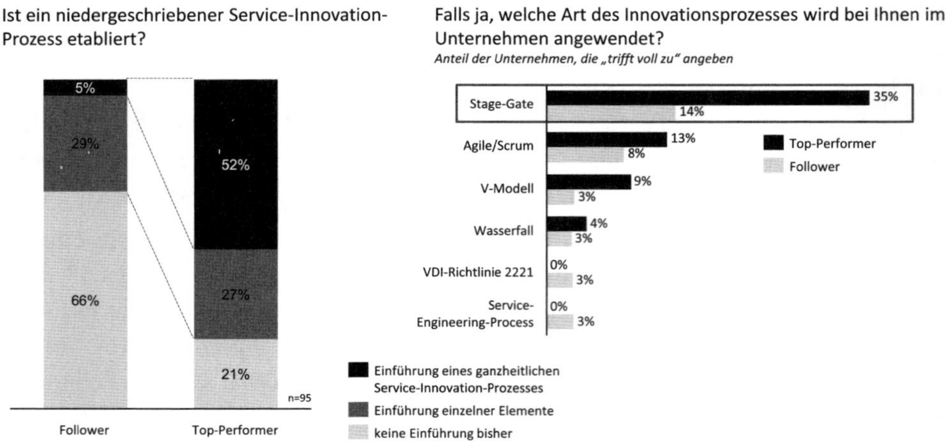

Bild 4.6 Formalisierter Innovationsprozess für die Serviceentwicklung

4.4 FIR-Service-Innovation-Zyklus zur Entwicklung industrieller, datenbasierter Dienstleistungen

Das FIR-Service-Innovation-Modell (s. Bild 4.7) erlaubt ein konsistentes Vorgehen von der ersten Idee bis zum Markt und greift hierbei die sechs Prinzipien zur erfolgreichen Gestaltung von industriellen Dienstleistungen auf. Das Vorgehensmodell erläutert die einzelnen Schritte bei der Entwicklung industrieller Dienstleistungen und teilt den Innovationsprozess (s. Bild 4.1–4.6) in vier Phasen auf: I. Idee – Mehrwert entwickeln (Ideengenerierung und -selektion), II. Konzept – Geschäftsmodell detaillieren (Konzept- und Geschäftsmodellentwicklung), III. Umsetzung: Aufbau der Leistungsfähigkeit (praktische Umsetzung und Implementierung) sowie IV. Begleitung: Mehrwert weiterentwickeln (Markteinführung und Evaluation). Angelehnt an bestehende Innovationsprozesse des Service-Engineerings [Jas 98: 35 ff.; Bul 15: 1 ff.; Lei 12: 96 ff.; PAS 08] sowie an Prozesse der Serviceinnovation [Rei 08: 6 ff.], berücksichtigt der Service-Innovation-Zyklus besonders die Entwicklung datenbasierter Dienstleistungsangebote.

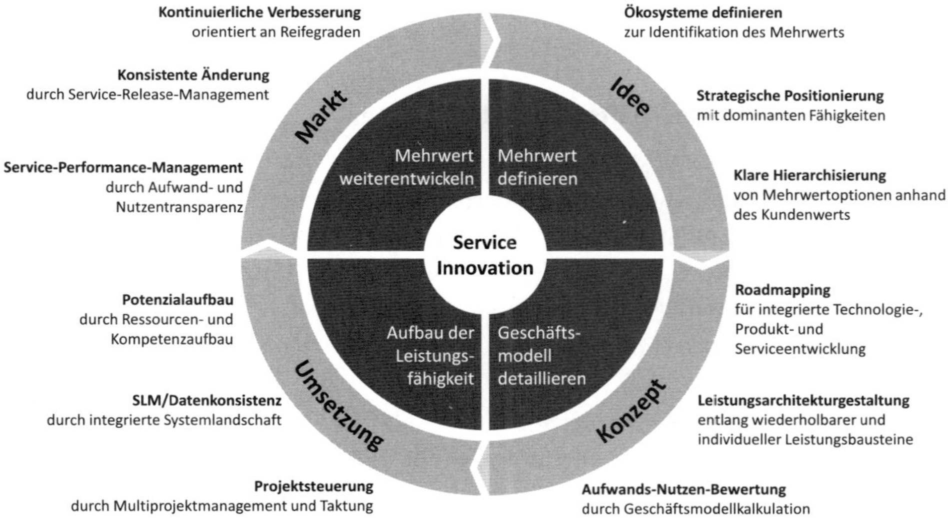

Bild 4.7 FIR-Service-Innovation-Zyklus

I Phase: Idee – Mehrwert generieren

- *Ökosysteme definieren zur Identifikation des Mehrwerts*

  Ein erfolgreicher Innovationsprozess für industrielle Dienstleistungen startet mit einer umfassenden Definition aktueller und zukünftiger Bedürfnisse und Probleme des Ökosystems. Die Identifikation des Mehrwerts für Kunden ist entscheidend für den Markterfolg von neuen Dienstleistungen, um nicht an den Bedürfnissen des Marktes vorbei zu entwickeln. Den Blickwinkel auf das gesamte Ökosystem zu erweitern, bildet die Grundlage für die Entwicklung völlig neuer Geschäftsmodelle, die auf einer Einbindung bzw. Optimierung gesamter Wertschöpfungsnetzwerke basieren.

- *Strategische Positionierung mit dominanten Fähigkeiten*

  Auf Basis der Analyse des Ökosystems ist eine klare Positionierung mit den angebotenen Leistungen und Geschäftsmodellen vorzunehmen, die die erkannten Bedürfnisse zielgerichtet adressiert. Die Ressourcen des Unternehmens sind an den notwendigen Fähigkeiten zur Adressierung der identifizierten Bedürfnisse auszurichten.

- *Klare Hierarchisierung von Mehrwertoptionen anhand des Kundenwerts:*

  Die Bewertung neuer Serviceideen und -konzepte sollte transparent für alle beteiligten Akteure durchgeführt und proaktiv kommuniziert werden. Zudem sollte eine Bewertung mehrstufig, d.h. in verschiedenen Phasen des Innovationsprozesses, vorgenommen werden. Ebenso sollten unterschiedliche in- und externe Akteure (z.B. fachliche Experten) in die Bewertung einbezogen werden. Die Bewertung sollte sich grundsätzlich am zukünftigen Beitrag der neuen Dienstleistung am Kundenwert orientieren.

II Phase: Konzept – Geschäftsmodell detaillieren

- *Roadmapping für integrierte Technologie-, Produkt- und Serviceentwicklung*

  In der Entwicklung von produktbasierten Services unterstützen Roadmaps die einheitliche und aufeinander abgestimmte Entwicklung von Technologien, Produkten und Services. Nur die Kombination der drei Elemente garantiert eine konsistente langfristige Entwicklung.

- *Leistungsarchitekturgestaltung entlang wiederholbarer und individueller Leistungsbausteine*

  Erfolgreiche Unternehmen setzen auf standardisierte Leistungsbausteine im Service anstatt auf individuelle Lösungen. Es gilt, dies bei der Konzeption frühzeitig zu berücksichtigen und Dienstleistungen in aufeinander aufbauende Leistungsbausteine zu unterteilen.

- *Aufwand-Nutzen-Bewertung durch Geschäftsmodellkalkulation*

  Bevor ein Servicekonzept implementiert werden kann, sollte mithilfe von unterschiedlichen Tools eine wirtschaftliche Bewertung des anvisierten Geschäftsmodells vorgenommen werden.

III Phase: Umsetzung – Aufbau der Leistungsfähigkeit

- *Projektsteuerung durch agiles Projektmanagement*

  Bei der Umsetzung der vorab konzipierten Dienstleistung sollte nach den Prinzipien des agilen Projektmanagements vorgegangen werden. Es existieren fixe Termine, zu denen (Teil-)Ergebnisse und Funktionen der Dienstleistung fertiggestellt sein müssen. Die genauen Spezifikationen werden hingegen variabel gehalten. Zudem sollten die Entwicklungsprozesse von Dienstleistungen und/oder Produkten mit inhaltlicher oder zeitlicher Überschneidung eng aufeinander abgestimmt werden.

- *Service Lifecycle Management/Datenkonsistenz durch integrierte Systemlandschaft*

  Die konsistente Pflege von Daten aus unterschiedlichen Quellen bildet die Grundlage sowohl für die effiziente Erbringung von Dienstleistungen als auch für das Angebot neuer, datenbasierter Dienstleistungen. Zum Management der Datenbasis sollten geeignete IT-Infrastrukturen geschaffen werden, welche auf einer einzigen Datenquelle basieren (Single Source of Truth). Das Konzept des Service Lifecycle Managements stellt einen Rahmen für die Integration der Daten entlang des gesamten Lebenszyklus von Dienstleistungen und Produkten zur Verfügung. Hierfür werden Daten der Konstruktion und Entwicklung, der Serviceerbringung sowie der Produktnutzung integriert betrachtet.

- *Potenzialaufbau durch Ressourcen- und Kompetenzaufbau*

  Zur Markteinführung der Dienstleistung werden die notwendigen Ressourcen und Kompetenzen im Unternehmen systematisch aufgebaut. Der sukzessive Roll-out der Leistungen auf einzelnen Teilmärken oder in einzelnen Regionen ist dabei einer einmaligen, flächendeckenden Markteinführung vorzuziehen, um Lerneffekte während des Potenzialaufbaus nutzen zu können.

IV Phase: Begleitung – Mehrwert weiterentwickeln

- *Service-Performance-Management durch Aufwand- und Nutzentransparenz*

  Der Ansatz, am Markt befindliche Leistungen kontinuierlich weiterzuentwickeln und an die Gegebenheiten am Markt anzupassen, erfordert ein Instrumentarium zur Messung der Performance der Dienstleistung am Markt und der Effizienz der Leistungserbringung. Die Definition und die Überwachung geeigneter Kennzahlen stellt ein kontinuierliches Performance-Management für Services sicher, z.B. über die Kennzahl *Marktanteil* oder *Anzahl angeschlossener Maschinen* (Performance am Markt) oder *Anzahl abgeschlossener Innovationsprojekte* (Effizienz).

  So kann bspw. die Effizienz der Leistungserbringung über Kennzahlen gemessen werden.

- *Konsistente Änderung durch Service-Release-Management*

  Aus kontinuierlicher Überarbeitung der Dienstleistungen resultiert die Notwendigkeit die Änderungen systematisch umzusetzen. Angelehnt an die Softwareentwicklung kann das Prinzip der Releases genutzt werden, um Änderungsbedarfe z.B. anhand der Dringlichkeit oder des Änderungsumfangs zu klassifizieren und gleichartige Änderungen zu synchronisierten Terminen umzusetzen. Dabei sollten die Zyklen für ein Release-Management auf Basis einer Produkt-Service-Roadmap eingeplant werden.

- *Kontinuierliche Verbesserung orientiert an Reifegraden*

  Nicht nur die entwickelten Dienstleistungen sollten kontinuierlich verbessert werden, sondern auch die Art und Weise, in der die Dienstleistungen entwickelt werden. Bei der Bewertung von Dienstleistungen unterstützen Methoden und Tools, u.a. Reifegradmodelle, ein formalisierter kontinuierlicher Verbesserungsprozess und Lessons-Learned-Ansätze. Neben der kontinuierlichen Erhebung von Bedarfen sind das systematische Ableiten von Maßnahmen sowie die anschließende Erfolgskontrolle entscheidend.

4.5 Schlussfolgerung und Ausblick

Insgesamt konnten sechs Prinzipien erfolgreicher Serviceinnovation sowie ein Vorgehensmodell zur Entwicklung neuer industrieller Dienstleistungen durch das Konsortium aus Forschung und Praxis abgeleitet werden. Die Erkenntnisse unterstützen Unternehmen bei der Entwicklung des industriellen Serviceportfolios. Dass Unternehmen mit diesen Prinzipien tatsächlich erfolgreicher sind, verdeutlichen die Fallstudien im Rahmen der Untersuchung. Insgesamt zeigt sich, dass erfolgreiche Unternehmen in der Serviceentwicklung messbare Verbesserungen für das Gesamtunternehmen erzielen können (s. Bild 4.8).

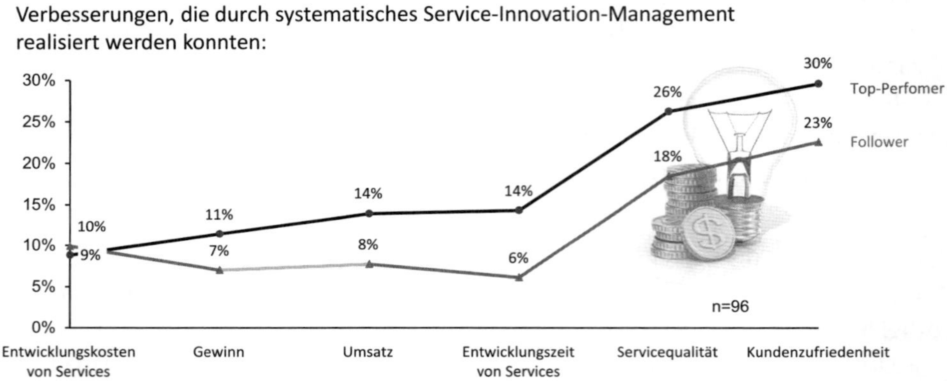

Bild 4.8 Ergebnis von systematischem Innovationsmanagement bei der Serviceentwicklung

Ein besonderes Augenmerk wurde auf die Entwicklung der datenbasierten Dienstleistungen gelegt, in deren Natur eine gewisse Nähe zur IT- und Softwareentwicklung liegt. Es ist daher kein Zufall, dass viele der herausgearbeiteten Prinzipien an die Art und Weise angelehnt sind, in der die Softwareentwicklung schon seit geraumer Zeit arbeitet.

Für die Zukunft wird interessant sein, inwieweit die Ergebnisse in anderen Unternehmen adaptiert werden können. Die beteiligten Unternehmen der Benchmarking-Studie arbeiten aktuell an der Überführung einzelner Erfolgsprinzipien und Umsetzungsbeispiele in ihren Kontext. Das FIR an der RWTH Aachen nutzt die Erkenntnisse für zukünftige Projekte in der anwendungsorientierten Forschung und Beratung. Bevorstehende Arbeiten konzentrieren sich auf die konkrete Ausgestaltung und operative Umsetzung datenbasierter Dienstleistungen und gehen der Frage nach, welche Leistungen auf Basis welcher Daten und Analyseverfahren realisierbar sind.

Im vorangegangenen Beitrag wurden auf der Basis ausführlicher empirischer Untersuchungen sechs entscheidende Prinzipien für die erfolgreiche Entwicklung datenbasierter Dienstleistungen dargestellt und mit dem FIR-Service-Innovations-Modell verbunden. Auch der folgende Beitrag „Smart Lifecycle Management in der Luftfahrtindustrie" beschreibt eine wissenschaftlich und praktisch fundierte Verfahrensweise für die systematische Entwicklung und Etablierung von Smart Services.

4.6 Literatur

[aca 16] acatech (Hrsg.): Smart Service Welt. Digitale Serviceplattformen – Praxiserfahrungen aus der Industrie. Studie 4/2016. URL: *http://www.acatech.de/fileadmin/user_upload/Baumstruktur_nach_Website/Acatech/root/de/Publikationen/Kooperationspublikationen/BerichtSmartService2016_DE_barrierefrei.pdf* (Zugriff am 9.6.2016).

[Ank 16] Anke, Jürgen; Krenge, Julian: Prototyp eines Tools zur Abschätzung der Wirtschaftlichkeit von Smart Services für vernetzte Produkte, in: Nissen, Volker u. a. (Hrsg.): Multikonferenz Wirtschaftsinformatik 2016. Ilmenau 2016, S. 1275 – 1286. URL: *https://www.researchgate.net/profile/Juergen_Anke/publication/293798659_Prototyp_eines_Tools_zur_Abschatzung_der_Wirtschaftlichkeit_von_Smart_Services_fur_vernetzte_Produkte/links/56cec74d08ae4d8d649af7d7.pdf/download?version=va* (Zugriff am 7. 6. 2016).

[Bar 15] Barrett, Michael u. a.: Service Innovation in the Digital Age. Key Contributions and Future Directions, in: MIS Quarterly 39 (2015) 1, S. 135 – 154. URL: *misq.org/misq/downloads/download/editorial/616* (Zugriff am 14. 2. 2017).

[Bec] Beck, Roman u. a.: Auf dem Weg zu einer Service Science. Perspektiven, Forschungsthemen und Handlungsempfehlungen aus der Sicht einer interdisziplinären Arbeitsgruppe. Studie (o. J.). URL: *https://www.ksri.kit.edu/downloads/WegServiceScience.pdf* (Zugriff am 31. 3. 2016).

[Bru 06] Bruhn, M.: Markteinführung von Dienstleistungen – Vom Prototyp zum marktfähigen Produkt, in: Bullinger, Hans-Jörg u. a. (Hrsg.): Service Engineering. Entwicklung und Gestaltung innovativer Dienstleistungen. 2. Aufl. Berlin 2006, S. 227 – 248.

[Bul 15] Bullinger, Hans-Jörg u. a.: Smart Services in Manufacturing Companies. 23rd International Conference on Production Research, ICPR 2015. URL: *https://www.researchgate.net/publication/281064545_Smart_Services_in_Manufacturing_Companies* (Zugriff am 3. 5. 2016).

[Cas 13] Castellion, George; Markham, Stephen K.: Perspective: New Product Failure Rates. Influence of Argumentum ad Populum and Self-Interest, in: Journal of Product Innovation Management 30 (2013) 5, S. 976 – 979.

[Coo 90] Cooper, Robert G.: Stage-Gate Systems. A New Tool for Managing New Products, in: Business Horizons 33 (1990) 3, S. 44 – 54.

[Dot 13] Dotzel, Thomas u. a.: Service Innovativeness and Firm Value, in: Journal of Marketing Research 50 (2013) 2, S. 259 – 276.

[Eis 89] Eisenhardt, Kathleen M.: Building Theories from Case Study Research, in: Academy of Management Review 14 (1989) 4, S. 532 – 550.

[Fäh 07] Fähnrich, Klaus-Peter; Meiren, Thomas: Service Engineering. State of the Art and Future Trends, in: Spath, Dieter; Fähnrich, Klaus-Peter (Hrsg.): Advances in Services Innovations. Berlin 2007, S. 3 – 16.

[Geb 12] Gebauer, Heiko u. a.: Service-driven Manufacturing. Provision, Evolution and Financial Impact of Services in Industrial Firms, in: Journal of Service Management 23 (2012) 1, S. 120 – 136.

[J&M 10] J&M Research (Hrsg.): Service-Innovationen – ein noch immer unterschätzter Erfolgsfaktor. Studie 2010. URL: *http://www.jnm-research.de/service-innovations-studie* (kostenpflichtig; Zugriff: 14.7.2016).

[Jas 98] Jaschinski, Christoph: Qualitätsorientiertes Redesign von Dienstleistungen. Aachen 1998.

[Kam] Kampker, Achim u. a.: Six Principles for Successful Data-driven Service Innovation in Industrial Companies, in: International Journal of Production Research, im Druck.

[Kin 13] Kindström, Daniel u. a.: Enabling Service Innovation. A Dynamic Capabilities Approach, in: Journal of Business Research 66 (2013), S. 1063 – 1073.

[Kue 13] Kuester, Sabine u. a.: Sectoral Heterogeneity in New Service Development. An Exploratory Study of Service Types and Success Factors, in: Journal of Product Innovation Management 30 (2013) 3, S. 533 – 544.

[Lei 12] Leimeister, Jan Marco: Dienstleistungsengineering und -management. Berlin 2012.

[Nyl 15] Nylén, Daniel; Homström, Jonny: Digital Innovation Strategy. A Framework for Diagnosing and Improving Digital Product and Service Innovation, in: Business Horizons 58 (2015) 1, S. 57 – 67.

[Ost 14] Osterwalder, Alexander u. a.: Value Proposition Design. How to Create Products and Services Customers Want. New York 2014.

[PAS 08] PAS 1082: Standardisierter Prozess zur Entwicklung industriller Dienstleistungen in Netzwerken. Berlin 2008.

[Rei] Reichwald, Ralf u. a.: Service-Innovation. Studie (o. J.). URL: *http://clicresearch.org/wp-content/uploads/2011/11/01_de_service_innovation.pdf* (Zugriff am 31.3.2016).

[Rie 11] Ries, Eric: The Lean Startup. How Constant Innovation Creates Radically Successful Businesses. London 2011.

[Sch 16] Schuh, Günther u. a. (Hrsg.): Management industrieller Dienstleistungen. Handbuch Produktion und Management 8. 2. Aufl. Berlin 2016.

[Sto 13] Storey, Chris; Hughes, Matthew: The Relative Impact of Culture, Strategic Orientation and Capability on new Service Development Performance, in: European Journal of Marketing 47 (2013) 5/6, S. 833 – 856.

[Sto 15] Storey, Chris u. a.: Success Factors for Service Innovation. A Meta-Analysis, in: Journal of Product Innovation Management 33 (2015) 5, S. 527 – 548.

5 Smart Service Lifecycle Management in der Luftfahrtindustrie

Mike Freitag, Oliver Hämmerle, Carl Hans

Abstract

Gerade durch die technologischen Entwicklungen von Industrie 4.0 und die zunehmende Digitalisierung wird es für viele Unternehmen einfacher, Smart Services in kürzeren Zeiträumen zu entwickeln und diese umzusetzen. Aber auch bestehende Dienstleistungen sollten darauf geprüft werden, ob sie zumindest in Teilen „smarter" werden können. Für beide Fälle bietet das dargestellte Smart Service Lifecyle Management eine gute Vorgehensweise, um Ideen in die Praxis umzusetzen. Das Smart Service Lifecycle Management besteht dabei aus den drei Ebenen Geschäftsmodellentwicklung, Smart Service Management und Netzwerkmanagement. In diesen drei Ebenen finden sich insgesamt 28 Entwicklungsmodule, mithilfe derer sich der Lebenszyklus eines Smart Services von der Ideenfindung über die Implementierung bis hin zur Erbringung steuern lässt. Die Art und Weise der Konfigurierbarkeit eines Smart Service Lifecycle Managements wird anhand eines Unternehmens aus der Luftfahrtbranche angewendet.

5.1 Einleitung

Für produzierende Unternehmen wird es immer wichtiger, ergänzend zu ihren Produkten auch passende Dienstleistungen anzubieten. Durch diese Angebotserweiterung ergibt sich die Möglichkeit, neue Zielgruppen mit innovativen Geschäftsmodellen zu erschließen. Auf diese Weise wandeln sich produktorientierte Branchen langsam zu serviceorientierten Branchen [Van 88], in denen die Kunden wesentlich stärker in die Entwicklung und Erbringung der Services miteinbezogen werden, als es bei der Entwicklung und Erbringung von Produkten der Fall ist. Neben der stärkeren Kundeneinbindung ist auch das Geschäftsmodell für einen Service ein anderes als für ein Produkt. Auch dieser Aspekt muss von Anfang an miteinbezogen werden. Ein integriertes Smart Service Lifecycle Management unterstützt Unternehmen dabei, die Aspekte der Geschäftsmodellentwicklung, der Kundeneinbindung und der Serviceentwicklung [Mag 10; Spo 10] von Anfang an zu berücksichtigen. Das Kapitel beschreibt die Anwendung eines Smart Service Lifecycle Managements [Frei 16] bei einem Unternehmen aus der Luftfahrtbranche.

5.2 Smart Services als neue Herausforderung

Gerade die Einführung von Industrie 4.0 wirkt als Katalysator und Beschleuniger des Wandels von produktorientierten zu serviceorientierten Unternehmen. Dadurch erkennen immer mehr Unternehmen die Bedeutung einer integrierten Entwicklung und des sich anschließenden Managements von Dienstleistungen.

Die Komplexität von vielen Produkten erfordert Beratungsdienstleistungen zu deren Einsatz und Wartung. Hier können Smart Services beispielsweise dabei helfen, Informationen und Daten zu sammeln und auszuwerten, um Wartungsprozesse bei Maschinen zu vereinfachen [aca 15]. Wichtig ist, diese Aspekte bereits bei der Entwicklung von Smart Services systematisch zu berücksichtigen, um somit später eine optimale Wartung gewährleisten zu können. Jedes Unternehmen sollte dabei ein besonderes Augenmerk auf die folgenden drei Aspekte legen [Frei 14; Frei 13]:

- die Konfigurierbarkeit der Dienstleistung,
- die Qualifikation der Mitarbeiter und
- die Unterstützung der Mitarbeiter durch geeignete Softwarelösungen.

Wenn ein Smart Service leicht konfigurierbar ist, kann er für unterschiedliche Kunden individuell und schnell angepasst werden. Die Konfigurierbarkeit des Smart

Services bietet darüber hinaus die Möglichkeit, ein hybrides Produkt-Service-Bündel durch Kombination mit bereits vorhandenen Produkten anzubieten. Auch diese Möglichkeit erleichtert eine Marktdifferenzierung. Um solche komplexen Produkt-Service-Bündel beim Kunden in hoher Qualität auszuführen, ist eine gute Ausbildung der Mitarbeiter erforderlich. Dabei sollten die Servicemitarbeiter sowohl über soziale Kompetenz im Umgang mit den Kunden verfügen als auch technische Kenntnisse – beispielsweise in der Nutzung von Informations- und Kommunikationstechnologien – mitbringen. Gerade der Einsatz von Smart Services erfordert umfangreiche Kenntnisse der Servicemitarbeiter in der vorhandenen Kommunikationstechnologie.

5.3 Smart Service Lifecycle Management

Für ein professionelles Management von Dienstleistungen ist der erste Schritt die Entwicklung einer neuen Dienstleistung und der zweite die Erbringung der Dienstleistung während des gesamten Lebenszyklus. Der folgende Ansatz für ein Smart Service Lifecycle Management adaptiert den bereits bestehenden Ansatz eines Service Lifecycle Managements von Freitag [Frei 13a; Frei 14a]. Dieser beinhaltet die vier Bestandteile Prozessmodell, Rollenmodell [Frei 16], die Interaktionsmatrix [Wes 15; Wie 15] und eine Software zur Modellierung [Boy 14]. Bild 5.1 verdeutlicht dies.

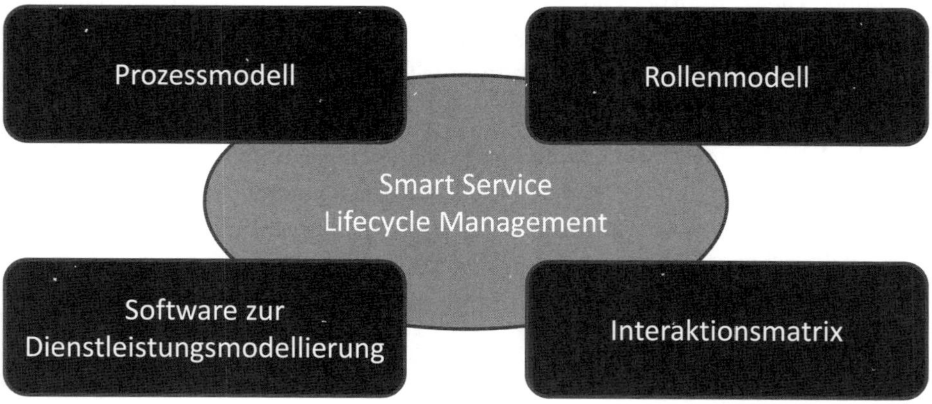

Bild 5.1 Bestandteile eines Ansatzes zum Smart Service Lifecycle Management

In diesem Kapitel wird der Schwerpunkt auf die Entwicklung und das Management von Smart Services gesetzt. Die Beschreibung des dazugehörigen Rollenmodells befindet sich in [Frei 16]. Auf die Interaktionsmatrix, die vornehmlich das

Management zwischen der Produkt- und Dienstleistungsentwicklung strukturiert und den Einsatz der Dienstleistungsmodellierungssoftware, die vor allem die Phasen Anforderungsanalyse und Konzeption mit einem IT-Tool unterstützt, wird hier nicht weiter eingegangen. Ausführliche Beschreibungen hierzu finden sich in [We 15; Wie 15; Boy 14].

5.3.1 Smart Services

In Anlehnung an die Definition von acatech [aca 15] und Neuhüttler [Neu 15] werden Smart Services wie folgt verstanden:

Smart Services sind datenbasierte, individuell konfigurierbare Angebote aus Dienstleistungen, digitalen Diensten und Produkten, die über Plattformen organisiert werden.

Smart Services können beispielsweise in der Produktion, in der Energiebranche oder im Gesundheitswesen eingesetzt werden [aca 15]. In produzierenden Unternehmen können Smart Services helfen, den Bestellvorgang, die Produktion und die Lieferung eines Produktes digital zu verfolgen, um mit den so gewonnenen Daten die industrielle Wertschöpfungskette zu optimieren. In der Energiebranche werden die kurzzeitigen Strompreisschwankungen durch Smart Services für alle Marktteilnehmer transparent, sodass darauf zeitnah reagiert werden kann. Im Gesundheitswesen helfen Smart Services bei der Diagnostik von bisher schwer zu entdeckenden Krankheiten [aca 15]. In den genannten Beispielen ermöglichen Smart Services einen transparenten und schnelleren Datenzugang für viele Marktteilnehmer. Dieser Informationsgewinn ermöglicht ein schnelleres Controlling des zugrundeliegenden Geschäftsmodells und die gezieltere Steuerung der erforderlichen Netzwerkpartner, die wiederum die Weiterentwicklung des entsprechenden Smart Services vorantreiben.

Daher bildet der Smart Service Lifecycle nicht nur die Entwicklungsperspektive einer Dienstleistung [Bul 06], sondern auch das Management der Geschäftsmodellebene und das Management der Netzwerkpartner ab. Bild 5.2 veranschaulicht diese drei Dimensionen.

Dieser Ansatz bietet für Unternehmen folgende Vorteile:

- Ganzheitlichkeit: Die Netzwerkpartner werden von Anfang an systematisch miteinbezogen.
- Detaillierungsgrad: Es gibt detaillierte Beschreibungen für die einzelnen Module in den jeweiligen Phasen des Smart Service Lifecycles.
- Kombinierbarkeit: Die einzelnen Module sind miteinander kombinierbar.

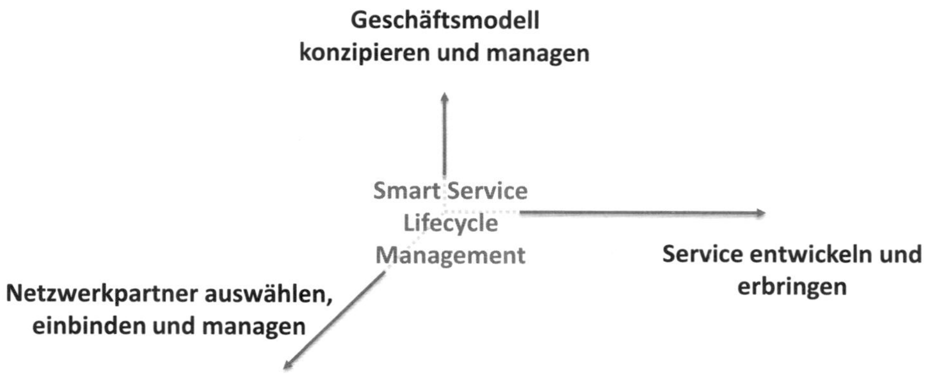

Bild 5.2 Dimensionen eines Smart Service Lifecycle Managements

5.3.2 Prozessmodell

Für die weiteren Betrachtungen des Smart Service Lifecycle Managements wird zunächst ein Prozessmodell beschrieben. Dieses umfasst sieben Phasen, von der Ideenfindung über die Implementierung bis hin zur Ablösung. Jede dieser Phasen setzt sich aus verschiedenen Modulen zusammen, die im Bild 5.3 dargestellt sind. Die einzelnen Phasen werden nachfolgend detaillierter beschrieben.

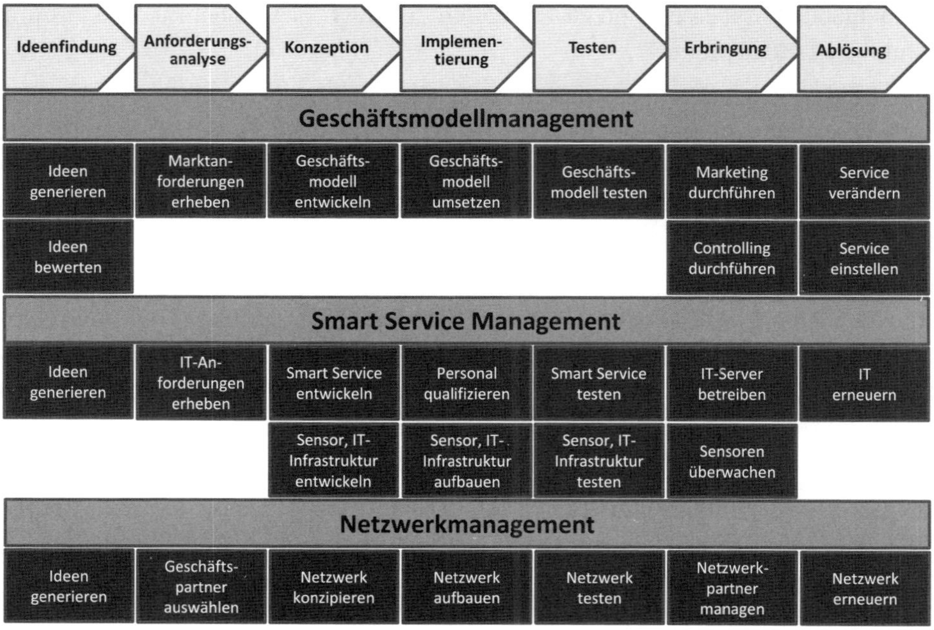

Bild 5.3 Modulares Prozessmodell eines Smart Service Lifecycle Management

Die erste Phase im Service Lifecycle ist die Ideenfindung. Ideen für neue Services können sowohl innerhalb des Unternehmens entwickelt werden als auch von externen Partnern kommen. Sämtliche Ideen werden zusammengeführt und anhand geeigneter Kriterien, die unter Berücksichtigung des Anwendungsgebietes des Smart Services im Vorfeld definiert werden, beurteilt. Auf der Ebene des Geschäftsmodells wird die Idee anschließend bezüglich Realisierbarkeit und der zu erwartenden Gewinne bewertet [Hau 04; Vah 05].

Die zweite Phase ist die Anforderungsanalyse. Dabei müssen die Anforderungen auf den verschiedenen Ebenen zunächst erfasst werden. Falls ein Unternehmen bestimmte Anforderungen nicht selbst erfüllen kann, muss ein geeigneter Partner gefunden werden, um eine gemeinsame Umsetzung und Erbringung des Smart Services zu ermöglichen. Eine detaillierte Dokumentation aller Anforderungen, sowohl der eigenen als auch derjenigen der Partner, markiert das Ergebnis der Anforderungsanalyse.

Die detaillierte Konzeption und Dokumentation der neuen Dienstleistung ist Hauptziel der Konzeptionsphase. Dies geschieht auf allen drei Ebenen. Zunächst muss das zugrunde liegende Geschäftsmodell ausgearbeitet und im Detail beschrieben werden. Anschließend wird der Smart Service entwickelt und die dafür nötige Sensor- und IT-Infrastruktur wird konzipiert. Die notwendigen Netzwerkpartner sind bereits in dieser Phase miteinzubeziehen.

Im Anschluss daran erfolgt die Implementierung des Smart Services. Hierbei wird die Konzeption umgesetzt. Das beteiligte Personal ist in dieser Phase zu qualifizieren, fehlende Ressourcen sind zu beschaffen und die benötigte Sensor- und IT-Infrastruktur ist aufzubauen.

In der darauffolgenden Phase des Testens sollte die Ebene des Smart Service Lifecycle Managements getestet werden, in der die größten Unsicherheiten liegen. Dies kann die Geschäftsmodellebene, die Ebene des Smart Service und die Ebene des Ökosystems sein. Beispielsweise kann in dieser Phase die Interaktion zwischen dem Smart Service und den Kunden frühzeitig überprüft und getestet werden.

Der erste Schritt in der Erbringungsphase liegt in der Akquise der Kunden durch ein zielgruppenspezifisches Marketing. Zu diesem Zeitpunkt muss der Smart Service funktionieren, auch bei hoher Nachfrage. Auf der Geschäftsmodellebene ist es weiterhin wichtig, ein Controlling über den Umsatz und die entstehenden Kosten des zu erbringenden Smart Services durchzuführen.

Ob das Angebot eines Smart Services weiter aufrechterhalten, verbessert oder sogar gänzlich neu entwickelt wird, wird in der Phase der Ablösung entschieden. Die Netzwerkpartner sind dabei rechtzeitig miteinzubeziehen.

5.4 Service Lifecycle Management im Unternehmen FTI

Innerhalb dieses Abschnittes soll das Smart Service Lifecycle Management entlang eines realen Szenarios beschrieben werden, wie es in der Konsumgüterindustrie Anwendung finden kann.

Die FTI Engineering Network GmbH ist spezialisiert auf die Entwicklung modernster Technologien im Bereich der Luftfahrt. Das Unternehmen verfügt über eine Zertifizierung der Europäischen Agentur für Flugsicherheit (EASA) als Design Organisation, d. h. für die Entwicklung und Zulassung von luftfahrttechnischem Gerät. Darüber hinaus besitzt FTI eine EASA-Zulassung als Herstellungsbetrieb für den Bereich Kabinensysteme.

Das Leitbild der FTI Engineering stellt die Qualität der Produkte sowie den Kundennutzen in den Mittelpunkt der Entwicklungsaktivitäten. Die Anreicherung der bestehenden Produktpalette um Smart Services stellt daher eine interessante Möglichkeit dar, um einerseits den Innovationsgrad zu erhöhen und andererseits neue technologische Möglichkeiten zu erschließen. Darüber hinaus kann das bestehende Produktportfolio über Services in kürzester Zeit noch individueller auf den Kunden und dessen Bedürfnisse ausgerichtet und der Kundennutzen somit gesteigert werden. Dieser Effizienzgewinn, verbunden mit einer hohen Flexibilität bezogen auf den Einsatzbereich, wird als ein wichtiges Alleinstellungsmerkmal im weltweiten Wettbewerb verstanden.

Der damit zu vollziehende Wandel von der reinen Produktorientierung hin zu einer service-orientierten Perspektive wird derzeit von FTI im Geschäftsbereich videobasierter Überwachungslösungen für den Luftsektor erbracht (siehe Bild 5.4).

Hierbei handelt es sich um eine Gesamtlösung, um die Kabine wie auch den Laderaum eines Flugzeuges zu überwachen bzw. das Geschehen aufzuzeichnen und nach dem Auftreten von besonderen Ereignissen (Diebstahl, Fehlverhalten von Passagieren usw.) auswerten zu können. Darüber hinaus unterstützt das System Flugbegleiter, indem es insbesondere für große Passagiermaschinen einen Gesamtüberblick über den Kabinenbereich ermöglicht. Hierzu wird ein Flugzeug mit einer Reihe von Kameras ausgestattet, die ihre Daten über ein breitbandiges Kommunikationsnetz an eine zentrale Aufzeichnungsinstanz (die Central Video Unit – CVU) senden. Diese Komponente speichert die Daten auf einer Speichereinheit, dem sogenannten Memory Cartridge, ab.

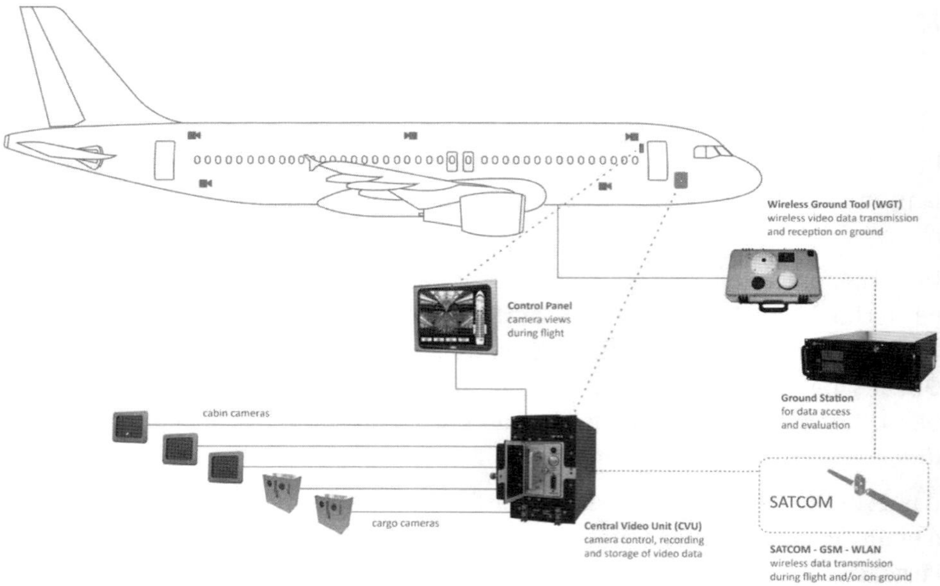

Bild 5.4 Videobasiertes Überwachungssystem in der Luftfahrt

Der Zugriff auf diese Videodaten ist sowohl im Flug als auch am Boden möglich. Hierzu kann einerseits SATCOM genutzt werden. Aufgrund der relativ geringen Bandbreite der satellitengestützten Infrastruktur ist dieser Weg jedoch Einschränkungen im Hinblick auf das zu übertragende Datenvolumen unterworfen. Befindet sich das Flugzeug am Boden, können die Daten aus der CVU bzw. dem Memory Cartridge über das sogenannte Wireless Ground Tool bzw. die Ground Station ausgelesen und angesehen werden. Eine speziell für diese Geräte entwickelte Software unterstützt hierzu die Wiedergabe sowie das gezielte Suchen bestimmter Abschnitte.

Ganz im Sinne der weiteren Erhöhung des Kundennutzens arbeitet FTI derzeit daran, die bestehende Produktpalette im Bereich videobasierter Überwachungslösungen um Smart Services zu erweitern. Neben einem Service, der eine sichere und geschützte Archivierung der äußerst sensiblen Videodaten für den Kunden übernimmt, sind weitere Services vorgesehen, die insbesondere die Analyse von Daten betreffen. Basierend auf den Methoden und Werkzeugen, die aus dem Smart Service Lifecycle Management übernommen werden konnten, wurde bereits jetzt der Floorplan-Service umgesetzt, der den Kunden von FTI derzeit vorgestellt wird (siehe Bild 5.5).

Dieser neue Service unterstützt die Anwender der Lösung bei der Suche nach bestimmten Videosequenzen, indem die Videodaten, die für einen bestimmten Sitzplatz aufgezeichnet wurden, gezielt durch dessen Selektion (linke Seite in Bild 5.7) abgerufen werden können.

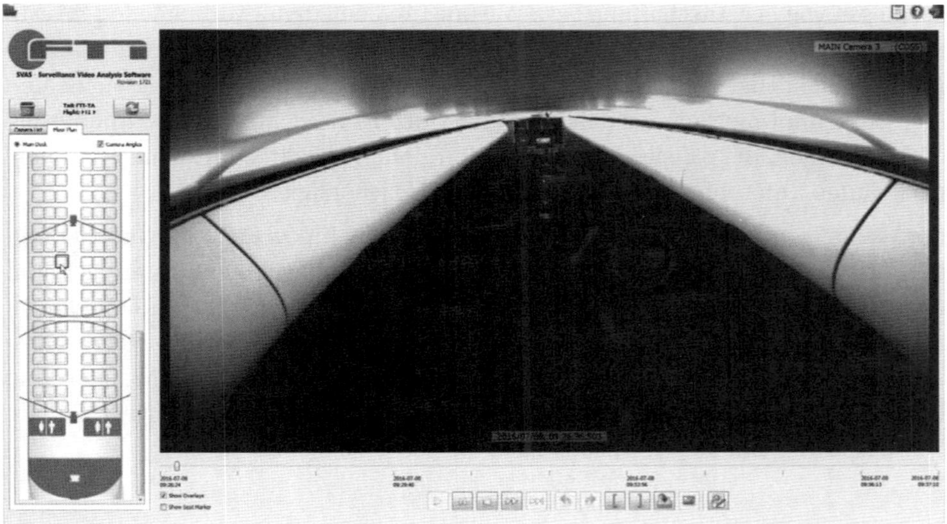

Bild 5.5 Floorplan-Service

Der Service erleichtert damit die manuelle Analyse der Videodaten erheblich und erhöht die Anwendungsfreundlichkeit des Systems maßgeblich. In diesem Sinne ist die Umsetzung weiterer Services vorgesehen, die das Produktportfolio um intelligente Analysemechanismen erweitern, die durch den Kunden – auf Basis der archivierten Daten – aufgerufen und anschließend individuell abgerechnet werden.

Die gewonnene Flexibilität, die den Nutzen eines Produktes in den Vordergrund stellt, bringt dem Kunden verschiedene Vorteile und wird daher seitens FTI als ein äußerst interessanter Ansatz angesehen, um die eigene Produktentwicklung zukunftssicher auszurichten und die Marktposition im globalen Wettbewerb erhalten und ausbauen zu können. Gleichzeitig ergeben sich an dieser Stelle verschiedenste Herausforderungen, die insbesondere für kleine und mittlere Unternehmen aus dem investitionslastigen Hochtechnologie-Sektor zu beachten sind.

Als äußerst wichtig für die erfolgreiche Umsetzung von Smart Services erweist sich in diesem Zusammenhang einerseits die Verfügbarkeit eines methodischen Ansatzes, der – gestützt durch entsprechende Werkzeuge – die effiziente Konzeption und Umsetzung von Smart Services ermöglicht. Hierbei ist insbesondere zu berücksichtigen, dass gerade im Hochtechnologiebereich bzw. für die Umsetzung sicherheitskritischer Produkte bereits Werkzeugketten existieren. Die neue Methodik, inklusive der sie begleitenden Tools, muss also sorgfältig in die bestehende Entwicklungsinfrastruktur eingebunden werden, um dort ihre volle Wirkung entfalten zu können.

Darüber hinaus sind mit der Einführung von Smart Services neue Geschäftsmodelle zu entwickeln. Sie machen einen großen Vorteil für den Kunden aus, indem sie diesen von der Anschaffung bzw. Wartung und den damit verbundenen Investitionen und Kosten befreien und die Nutzung als Abrechnungsbasis in den Vordergrund stellen. Hier bedarf es einer leicht erlernbaren und gleichzeitig effizienten Methodik, um Unternehmen dabei zu unterstützen, die richtigen Abrechnungsmodelle zu finden, die gleichermaßen für den Kunden attraktiv erscheinen und eine nachhaltige Unternehmensentwicklung für FTI sicherstellen.

Der Wandel von der klassischen Produktentwicklung hin zu einer serviceorientierten Ausrichtung ist daher gerade für Mittelständler alles andere als einfach und mit erheblichen Risiken verbunden. Gleichzeitig ergeben sich interessante Potenziale, die sich im Sinne neuer Alleinstellungsmerkmale im Markt platzieren lassen. Die Verfügbarkeit von Methoden und Werkzeugen, die die Konzeption und Umsetzung von Smart Services unterstützen, bleibt jedoch eine unverzichtbare Voraussetzung, um diesen Ansatz in der Industrie zu etablieren.

5.4.1 Entwicklung eines Smart Services

Die Entwicklungsaktivitäten in Richtung von Smart Services sind insbesondere getrieben durch die aktuelle Auslegung der videobasierten Überwachungslösungen aus dem Hause FTI. Im Sinne einer einfachen Integration in das Flugzeug sowie einer maximalen Skalierbarkeit liegt dem Überwachungssystem eine modulare Systemarchitektur zugrunde. Diese erweist sich nun auch für die Erweiterung des Produktportfolios um Smart Services als äußerst vorteilhaft, da sie eine Trennung zwischen fliegendem Gerät, dessen Entwicklung – die einem aufwendigen Zertifizierungsverfahren unterliegt – und der am Boden verbleibenden Infrastruktur (Wireless Ground Tool und Ground Station) ermöglicht. Letztere wird die Basis für die Umsetzung von Smart Services darstellen. Hierzu ist in einem ersten Schritt der Datentransfer aus der CVU im Flugzeug in eine Service-basierte, durch FTI betriebene Archivierungslösung vorgesehen. Die hierfür notwendige Infrastruktur wird den hohen Anforderungen an die hier abgelegten – äußerst sensiblen – Kundendaten durch Verwendung aktuellster Verschlüsselungstechnologien Rechenschaft tragen und damit die sichere Archivierung gewährleisten. Auf dieser Grundlage ist die Entwicklung kundenindividueller Smart Services vorgesehen, die ihren Nutzen nicht allein über ihre Funktionalität, sondern darüber hinaus durch innovative Abrechnungsmodelle entfalten.

Auch für FTI ergeben sich aus dieser neuen Rolle als Dienstleister verschiedene Vorteile: Einerseits kann das Unternehmen auf individuelle Kundenwünsche über die Entwicklung von Services erheblich schneller reagieren, da die Entwicklungszyklen für Services deutlich kürzer sind. Darüber hinaus lässt sich eine engere Kundenbindung erwirken: Bislang besteht diese in erster Linie im Rahmen der Angebotsphase bzw. der Lieferung und Integration in das Flugzeug. Einmal in

Betrieb genommen, reduziert sich die Kommunikation mit dem Kunden in erster Linie auf Wartungs- bzw. Reparaturmaßnahmen und ist dementsprechend selten.

Dasselbe gilt für die Erwirtschaftung von Umsätzen: Diese beruhen – der produktorientierten Vermarktungsperspektive folgend – auf dem Verkauf von Systemen bzw. Beratungsleistungen, die von FTI im Zuge der Integration in das Flugzeug erbracht werden. Die Beziehung zum Kunden im Hinblick auf den After-Sales-Market ist anschließend eher durch vertriebliche Aktivitäten bestimmt. FTI verspricht sich vom Übergang zu einem Service-orientierten Produktportfolio eine Harmonisierung der Umsätze, die nicht mehr nur einmalig beim Produktverkauf entstehen. Die Kombination von Produkten und Services kann darüber hinaus dabei helfen, neue Märkte zu erschließen und kontinuierliche Einnahmen über den gesamten Produktlebenszyklus zu generieren (BoL, MoL, EoL). Die Grundidee für die dazu notwendige Infrastruktur wird im Bild 5.6 dargestellt.

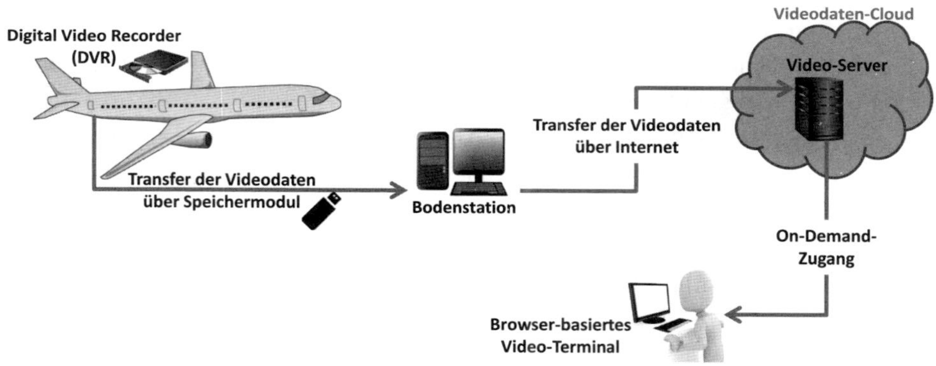

Bild 5.6 Konzept des Smart Services von FTI

Um Daten aus dem digitalen Videorekorder in einen Archivierungsserver zu transferieren, muss das Speichermodul (Memory Cartridge) zunächst aus dem CVU (auch DVR genannt) entfernt und in einen mobilen Cartridge Reader eingelegt werden. Dieser lässt sich über Standardschnittstellen an handelsübliche Rechnerplattformen anschließen. Über die sogenannte Surveillance Video Analysis Software (SVAS) ist anschließend der Zugriff auf die verschlüsselten Videodaten möglich. Die Software wird darüber hinaus den Zugang zu den Services ermöglichen, die für den jeweiligen Anwender freigeschaltet sind und entsprechend ihrer Nutzung abgerechnet werden. In diesem Zusammenhang wird der Server (auch Video Archiving Server genannt) die Datenbasis bereitstellen, die für die Ausführung der Services benötigt wird. Im Hinblick auf die Nutzung durch verschiedene Kunden wird der Server die strikte Trennung von Unternehmensdaten gewährleisten. Der Kunde muss dementsprechend keine spezifischen ICT-Ressourcen bereitstellen – lediglich eine Internetverbindung wird benötigt. Interessante Preismodelle werden die Kosten für den Kunden dabei niedrig halten und gleichzeitig neue Umsätze für FTI generieren.

Über die oben skizzierte Umsetzung einer IT-Infrastruktur für die Bereitstellung von Services hinausgehend müssen die Prozesse im Unternehmen überprüft und neu organisiert werden. Hieraus resultieren teilweise radikale Änderungen:

- Neue Entwicklungsmethoden und zugehörige Werkzeuge, um die Konzeption und Entwicklung von Produkten sowie begleitenden Services zusammenzuführen. Der Fokus liegt hierbei zunächst auf der Ideenfindung (Ideation), dem Engineering (insbesondere Requirements Engineering/Management) und dem Designprozess.
- Entwicklung von Marktstudien/Geschäftsmodellen, um die Geschäftsführung bei Entscheidungen über die Entwicklung neuer Produkte und Dienstleistungen zu unterstützen und unternehmerische Risiken zu reduzieren.
- Erwerb und Verwaltung von entstehendem Wissen.
- Anpassung von Marketing und Vertrieb an die dem Kunden angebotenen Dienstleistungen (Marketingmaterial, Evaluierungsumgebungen für Kunden, Definition von Servicegebühren, Service Level Agreements etc.).

Innerhalb des Smart Service Lifecycle Managements wurde hierzu ein Prozessmodell entwickelt, welches eine Reihe generischer Module beinhaltet, die für die Umsetzung von Smart Services bzw. die Transformation zu einer serviceorientierten Produktstrategie zu berücksichtigen sind. Die Anwendung des Prozessmodells wird im folgenden Abschnitt für den gegebenen Anwendungsfall in aller Kürze vorgestellt.

5.4.2 Auswahl von Prozessmodulen bei FTI

Bislang umfasst das Produktportfolio der FTI Engineering Network GmbH keine Dienstleistungen im Sinne von Smart Services. Vielmehr sind diese, gemeinsam mit geeigneten Methoden und Werkzeugen, derzeit Bestandteil der Forschungs- und Entwicklungsaktivitäten innerhalb des Smart Service Lifecycle Managements.

Der aktuelle Projektstand bietet diesbezüglich bereits eine Reihe von Ergebnissen, die momentan auf ihre Tauglichkeit für den Einsatz im täglichen Entwicklungsbetrieb evaluiert werden. Daher können zum jetzigen Zeitpunkt nur für einzelne Bereiche des Modells grob, d.h. entlang der bisher vorliegenden Erkenntnisse, Aussagen in Hinblick auf ihre Ausrichtung gemacht werden. Es darf davon ausgegangen werden, dass in der kommenden Zeit insbesondere für Smart Services im Luftfahrtbereich zahlreiche neue Erkenntnisse gewonnen werden, die sich auf das Verständnis über die optimale Umsetzung entsprechender Lösungen auswirken und einen nachhaltigen Nutzen für die Transformation zu einem „dienstleistenden Lösungsanbieter" bringen werden.

Vor diesem Hintergrund wird nachfolgend lediglich auf die Konzeptionsphase für Smart Services Bezug genommen. Bild 5.7 zeigt das vorläufige modulare Prozessmodell im Fall FTI.

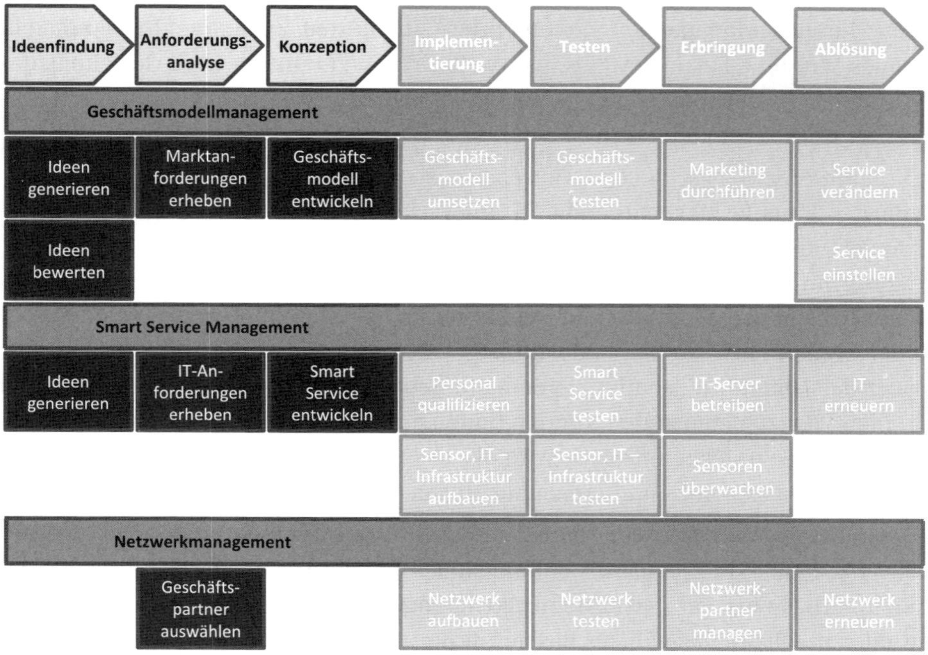

Bild 5.7 Modulares Prozessmodell eines Smart Service Lifecycle Management bis zur Konzeption für den Fall FTI (in Anlehnung an Bild 5.3)

Wie aus Bild 5.7 hervorgeht, sind in diesem Zusammenhang verschiedene Managementaufgaben zu erfüllen. Sie reflektieren Smart Services, die zugrunde liegenden Geschäftsmodelle sowie das (Unternehmens-)Netzwerk zur Erbringung der Smart Services als Dienstleistungen:

Geschäftsmodellmanagement:

- *Ideen generieren und bewerten*: Die Ideenfindung bildet den ersten Schritt für die Entwicklung von Smart Services. In Bezug auf dessen spätere Marktakzeptanz ist dies gleichwohl einer der Wichtigsten. Im Kern geht es darum, idealerweise gemeinsam mit den späteren Bedarfsträgern, Ideen für nutzenstiftende Smart Services zu entwickeln, sie angemessen zu beschreiben und zu evaluieren. Im Hinblick auf das im vorangegangenen Abschnitt skizzierte Szenario werden neue Services identifiziert, die auf Basis des bestehenden Datenarchivs umgesetzt werden können, ohne Entwicklungsleistungen für das fliegende Equipment nach sich zu ziehen. Ein neuer Service könnte beispielsweise vorhandene Videodaten auf ihre Bildqualität hin auswerten und damit wichtige Hinweise für die Positionierung der Kameras innerhalb der Kabine liefern. Grundsätzlich werden an dieser Stelle unter Einbindung aller Stakeholder neue Ideen für smarte Services generiert und mittels angemessener Beschreibungen als Entscheidungsvorlage für das Management dokumentiert. In diesem Zusammenhang entsteht neues Wissen – beispielsweise über weitere bzw. zukünftige Bedarfe seitens des Kunden –, das ebenfalls in einer geeigneten Form abzulegen ist, um weiter angewandt werden zu können.

- *Marktanforderungen erheben*: Dieser Prozess umfasst verschiedene Tätigkeiten, um die aktuelle Marktsituation (Wettbewerber, konkurrierende Smart-Service-Umgebungen usw.) zu analysieren sowie Machbarkeitsstudien (technische, rechtliche, ökologische, soziale Aspekte) durchzuführen. Des Weiteren wird hierbei in aller Regel eine Vergleichsanalyse durchgeführt und verschiedene Szenarien werden entwickelt. Ziel des Prozesses ist es, einen umfassenden Überblick über das Umfeld zu schaffen, in dem ein neuer Smart Service konkurrieren und seinen Weg zu potenziellen Kunden finden muss. Im Vordergrund steht die Minimierung der unternehmerischen Risiken, die sich aus jedem Entwicklungsvorhaben – insbesondere im Bereich der Hochtechnologie – ergeben.
- *Geschäftsmodell entwickeln*: In diesem Schritt prüft FTI die wirtschaftliche Realisierung eines konkreten Anwendungsfalles. Es wird analysiert, unter welchen Bedingungen ein Service kostendeckend angeboten werden kann. Dabei werden unterschiedliche gesetzliche Beschränkungen sowie Kosten- und Erlösmodelle berücksichtigt und verschiedene Optionen berechnet (What-if-Szenarien). Ein wichtiges Hilfsmittel ist hier der sogenannte Business Model Canvas. Die wesentlichen Vorzüge dieses Ansatzes ergeben sich insbesondere aus der leichten Erlernbarkeit sowie einem strukturierten Vorgehen, um die Berücksichtigung aller relevanten Aspekte eines neuen Smart Services in Bezug auf das dahinterstehende Geschäftsmodell zu gewährleisten.

Smart Service Management:

- *IT-Anforderungen erheben*: Dieser Prozess zielt darauf ab, die spezifischen Anforderungen (System, Service, Hardware, Software) für einen bestimmten Business Case bzw. Smart Service zu definieren. Um Produkte zu liefern, die sicher und zuverlässig sind und die Anforderungen der Anwender erfüllen, gilt dieser Schritt als sehr wichtig und bildet die Basis für spätere Validierungs- und Verifikationsaufgaben. Im oben geschilderten Anwendungsszenario wird dieser Schritt als partizipativer Prozess betrachtet, der nicht nur die unterschiedlichen Engineering- und Managementfunktionen, sondern auch Endanwender bzw. Kunden einbezieht. Für den Erfolg von Smart Services ist es entscheidend, dass dieser Prozessschritt eine Reihe von soliden und nachprüfbaren Anforderungen liefert, die von jedem der beteiligten Akteure verstanden und akzeptiert werden. Des Weiteren müssen bestehende Standards und rechtliche Belange berücksichtigt werden. Die Anforderungsanalyse muss dazu einen strukturierten Ansatz verfolgen bzw. unterstützen und die Qualität der abgeleiteten Anforderungen sicherstellen.

- *Smart Service entwickeln*: Dieser Prozess steht für eine weitere Verfeinerung im Rahmen der Vorentwicklungsphase neuer Services. Dem Schritt liegt die Idee zugrunde, durch die Entwicklung von Modellen die umzusetzenden Services besser zu beschreiben. Die Erfahrungen aus dem Service Lifecycle Management haben ferner gezeigt, dass die Modellierung ein intensives Durchdenken neuer Services und ihrer Integration fördert und damit einen wichtigen Beitrag für eine klare Produktdefinition liefert. Dies wirkt sich unmittelbar in der nachfolgenden Realisierungsphase aus, die nunmehr zielgerichtet und mit einem deutlich reduzierten Risiko für spätere Anpassungen bzw. Nachbesserungen erfolgen kann.

Netzwerkmanagement:

- *Geschäftspartner auswählen*: Kooperationen mit anderen Unternehmen spielen bereits jetzt eine große Rolle für FTI, um den Kunden maximale Qualität zu einem angemessenen Preisniveau anbieten zu können. Insofern ist die Suche nach geeigneten Partnern für das Unternehmen nicht neu. Im Hinblick auf Smart Services ist jedoch davon auszugehen, dass die bislang eher langfristigen Partnerschaften mit einer Reihe von kurzfristigen und weniger engen Kooperationen ergänzt werden. Es bleibt abzuwarten, inwieweit sich an dieser Stelle Methoden und Werkzeuge finden werden, die diesen äußerst komplexen Problembereich angemessen unterstützen.

5.5 Zusammenfassung

Durch die zunehmende Digitalisierung und den Einsatz von Plattformen durch den technologischen Trend Industrie 4.0 wird es für viele Unternehmen einfacher, Smart Services selbst zu entwickeln und anschließend zu erbringen. Aber auch bestehende Dienstleistungen sollten darauf geprüft werden, ob sie zumindest in Teilen „smarter“ werden können. Für beide Fälle bietet das dargestellte Smart Service Lifecyle Management einen guten Orientierungsrahmen, um schrittweise Smart Services zu entwickeln und zu managen. Das Smart Service Lifecycle Management besteht aus den drei Ebenen Geschäftsmodellentwicklung, Smart Service Management und Netzwerkmanagement. In diesen drei Ebenen finden sich insgesamt 28 Entwicklungsmodule, mithilfe derer sich der Lebenszyklus eines Smart Services von der Ideenfindung über die Implementierung bis hin zur Erbringung steuern lässt. Die Art und Weise der Konfigurierbarkeit eines Smart Service Lifecycle Managements wird anhand eines Unternehmens aus der Luftfahrtbranche angewendet. Dabei liegt der Fokus auf der Entwicklung des Smart Service. Am Anfang des Lifecycles sind unterschiedliche Stakeholder bei der Ideenfindung miteinbezogen worden, um so eine große Auswahl an zukünftigen Ideen zu erreichen. Anschließend wurden detaillierte Anforderungen sowohl aus Kundensicht als auch bezüglich der IT-Infrastruktur erfasst und priorisiert. Basierend darauf wurden mehrere Geschäftsmodelle für den ausgewählten Service entwickelt. Das erfolgversprechendste wurde ausgewählt und anschließend wurde der Smart Service schrittweise entwickelt. Bereits in dieser frühen Entwicklungsphase sind die notwendigen Netzwerkpartner miteinbezogen worden.

Hinweis

Das Kapitel basiert auf den Arbeiten im Projekt PSYMBIOSYS. PSYMBIOSYS ist ein von der Europäischen Kommission finanziertes Projekt im Programm HORIZON 2020 (Fördernummer 636804).

In den beiden vorangegangenen Kapiteln lag der Fokus auf einer detaillierten Beschreibung von Verfahrensweisen für die zielgerichtete Entwicklung und Etablierung von Smart Services in der Industrie. Im folgenden Beitrag geht es auf der Grundlage systemtheoretischer Konzepte um eine weitere entscheidende Voraussetzung für die erfolgreiche Etablierung von Smart Services im IoT: Die systematische Darstellung der Zusammenhänge in Kunden-Lieferanten-Beziehungen.

■ 5.6 Literatur

[aca 15] acatech: Smart Service Welt. Umsetzungsempfehlungen für das Zukunftsprojekt Internetbasierte Dienste für die Wirtschaft. 2015. URL: *www.acatech.de* (Zugriff am 20.4.16).

[Boy 14] Boyé, Hadrien; Bazoun, Hassan: Service Lifecycle Management Tool Box, in: Wiesner, Stefan u.a. (Hrsg.): Manufacturing Service Ecosystem. Aachen 2014, S. 60 - 66.

[Bul 06] Bullinger, Hans-Jörg u.a. (Hrsg.): Service Engineering. Entwicklung und Gestaltung innovativer Dienstleistungen. 2. Aufl. Berlin 2006.

[Frei 13] Freitag, Mike; Münster, Marc: Anforderungen für ein Service Lifecycle Management. Stuttgart 2013.

[Frei 13a] Freitag, Mike u.a.: An Approach to Standardise a Service Life Cycle Management, in: Zelm, Martin u.a. (Hrsg.): Enterprise Interoperability. Chichester 2013, S. 115 - 126.

[Frei 14] Freitag, Mike: Ein konfigurierbares Vorgehensmodell für die exportorientierte Entwicklung von technischen Dienstleistungen. Stuttgart 2014.

[Frei 14a] Freitag, Mike: Service Engineering and Lifecycle Management for IT-Services, in: Wiesner Stefan u. a. (Hrsg.): Manufacturing Service Ecosystem. Aachen 2014, S. 33 - 40.

[Frei 16] Freitag, Mike; Hämmerle, O.: Smart Service Lifecycle Management, in: Wt werkstattstechnik online 106 (2016) H 7/8, S. 477 - 482.

[Hau 04] Hauschildt, Jürgen: Innovationsmanagement. 3. Aufl. München 2004.

[Mag 10] Maglio, Paul P. u. a.: Handbook of Service Science. New York 2010.

[Neu 15] Neuhüttler, Jens: Urban Services. Studie zu Geschäftsmodellen für innovative Stadtdienstleistungen. Stuttgart 2015.

[Spo 10] Spohrer, Jim; Maglio, Paul P.: Toward a Science of Service Systems, in: [Mag 10], S. 157 - 194.

[Vah 05] Vahs, Dietmar; Burmester, Ralf: Innovationsmanagement. Von der Produktidee zur erfolgreichen Vermarktung. 3. Aufl. Stuttgart 2005.

[Van 88] Vandermerwe, Sandra; Rada, Juan: Servitization of Business. Adding Value by Adding Services, in: European Management Journal 6 (1988) 4, S. 314 - 324.

[Wes 15] Westphal, Ingo u. a.: Visualization of Interactions between Product and Service Lifecycle Management, in: Umeda, Shigeki u. a.: Advances in Production Management Systems. Innovative Production Management Towards Sustainable Growth. Berlin 2015, S. 575 - 582.

[Wie 15] Wiesner, Stefan u. a.: Interactions between Service and Product Lifecycle Management, in: Procedia CIRP 30 (2015), S. 36 - 41.

6 Voraussetzung für die Implementierung von Smart Services im IoT

Ludger Schneider-Störmann

Abstract

Dieses Kapitel stellt zunächst die strukturelle Analyse der technischen Zusammenhänge eines Produktes oder Services vor. Darauf aufbauend und durch systemtheoretische Betrachtungen erweitert, wird diese Methode anhand eines Beispiels auf Verhandlungssituationen übertragen und beispielhaft angewendet. Daraus entsteht die Methode des strukturellen Ansatzes zur Vorbereitung von Verhandlungen. Abschließend zeigt ein weiteres Beispiel auf, wie bei einer unternehmensübergreifenden und teilautomatisierten Kommunikation systemisch vorgegangen werden kann, um die Beziehungen und Einflussparameter zu erfassen, die zur Beschreibung eines internetbasierten Services notwendig sind, und sie in einfacher und übersichtlicher Form darzustellen.

Damit sind drei einander ähnliche Methoden vorgestellt und erläutert, die in unterschiedlichen Anwendungsgebieten schnell und effizient eingesetzt werden können. Diese Bereiche sind

- *DIE Darstellung technischer Zusammenhänge,*
- *DIE Unternehmenskommunikation im Rahmen von Verhandlungen (Mensch-Mensch) und*
- *DIE Analyse von Mensch-Maschine-Interaktionen bzw. von rein maschinenbezogenen Systemen.*

Die Methoden sind auch im Vorfeld der Weiterentwicklung von Beziehungen einzusetzen. Sie unterstützen die Verkäufer dabei, bereits im Vorfeld Probleme zu identifizieren und Lösungsansätze zu erarbeiten. Konsequent angewendet, fördern diese Methoden die Steigerung des Erfolges auch internetbasierter Services.

6.1 Einleitung

Um internetbasierte Services erfolgreich anzubieten, müssen diejenigen Aspekte systematisch erfasst werden, die direkt oder indirekt zum Erfolg beitragen oder ihn gefährden. Es handelt sich um Daten und Parameter, welche den Service beschreiben, die Beziehungen der einflussnehmenden Personen. Bei rein maschinengebundenen Services sind auch die hard- und softwarebezogenen Parameter zu erfassen.

Je nach Geschäftsfeld bzw. Markt müssen auch die durch die Gesellschaft eingebrachten Einflussparameter berücksichtigt werden. Dies sind z. B. Richtlinien oder durch Gesetze und Handelsverträge gesetzte Rahmenbedingungen. Auch Störungen von außen sind darstellbar. Zusammengefasst spricht man von den Beziehungen der beteiligten sozialen Aggregate. Sind die Services rein maschinengebunden, wird der Ablauf der Services also nicht durch Personen beeinflusst, sollten auch hier Beziehungen festgehalten und Einflussparameter erfasst werden. In zwei Beispielen weiter unten wird dies vorgestellt.

Diese Aufstellung der wechselseitigen Beziehungen kann noch sinnvoller genutzt werden, wenn die Intensitäten der einseitigen oder wechselseitigen Einflussnahme mit aufgenommen werden. Unter der Intensität versteht man eine quasi-objektive Bewertung der Bedeutung der Beziehung und der damit verbundenen Fragestellungen auf einer Skala. Typischerweise werden Skalen von 1 (keine Bedeutung) bis 10 (große Bedeutung) verwendet. Es ist schnell nachvollziehbar, dass dieses Vorgehen weit über die Erfassung und Nutzung von Daten eines konventionellen Kundenbeziehungsmanagements hinausgeht. Auf die Verwendung von Intensitäten wird hier allerdings verzichtet, um die Beispiele übersichtlich zu halten.

Doch welche Werkzeuge hat man an der Hand, diese Beziehungen wie beschrieben zu erfassen, zu ordnen und darzustellen? Eine Lösung zur systematischen Erfassung der Beziehungen bietet die Systemtheorie, insbesondere die Systemtheorie der Technik [Küp 74; Rop 78] und die des Technischen Vertriebs [Sch 15, Sch 15a]. Letztere schließt auch ein, dass die Intensitäten der Relationen mit aufgeführt werden können. Dies sollte in Anlehnung an das Konfliktmanagement, wie es qualitativ von Fischer und Ury beschrieben [Fis 12; Ury 07] und von Tries weitergeführt und systematisiert wurde [Tri 08], erfolgen. Dieses Kapitel befasst sich exemplarisch mit der Erfassung und der Darstellung der Relationen zwischen den beteiligten sozialen Aggregaten.

6.2 Zielstellung

Im klassischen Vertrieb oder auch in Beschreibungen von Kunden-Lieferanten-Beziehungen wird bei Kunden im Wesentlichen das Buying Center betrachtet. Dies umfasst alle Personen, also Individuen, die Entscheidungen beim Einkaufsprozess treffen. Stark vereinfacht dient die Betrachtung des Buying Centers dazu, die richtigen Ansprechpartner und vor allem die wesentlichen Entscheider an den Verhandlungstisch zu bekommen und so durch geeignete Beeinflussung dieser Personen die Verhandlung zum Erfolg zu bringen. Doch nur im einfachen Fall sind es ausschließlich die am Tisch sitzenden Personen, die die Kunden-Lieferanten-Beziehung widerspiegeln. Es reicht also nicht aus, sich auf das Buying Center zu beschränken: der Verkaufsprozess ist nur Teil des vollständigen Prozesses.

Zunehmend sind auch (After-Sales-)Services für Unternehmen von Bedeutung. Im Investitionsgütergeschäft beispielsweise ist es für den Kunden oftmals zu kostenintensiv, neue Anlagen, die dem aktuellen Stand der Technik entsprechen, selbst zu warten. Gleichzeitig möchten sie diese aber nutzen, um wettbewerbsfähig zu bleiben. Die Anbieter von Investitionsgütern haben daher sehr unterschiedliche Preismodelle entwickelt, um die Produkte dennoch zu verkaufen. Dabei sind Services wesentlicher Bestandteil des Vertrags und machen die fehlenden Gewinne aus niedrigeren Verkaufspreisen wieder wett. Auch reine Serviceleistungen, die nicht mit dem Verkauf von Anlagen und Maschinen verbunden sind, gewinnen zunehmend an Relevanz. An den Services sind über das Buying Center hinausgehend weitere Entitäten beteiligt. Diese können Individuen sein, Gruppen (mindestens zwei Individuen ohne Organisationsform), Organisationen oder auch die Gesellschaft.

Betrachtet man nur den Verkaufsprozess, so vereinfacht sich das Bild in keiner Weise. Die Erfassung aller auf die Geschäftsbeziehung Einfluss nehmenden Entitäten ist erforderlich. Als Beispiel lassen sich „Graue Eminenzen" nennen, die Entscheidungen maßgeblich beeinflussen. Sie tauchen in Organigrammen von Unternehmen mitunter gar nicht oder nicht als solche erkennbar auf. Ein ganzheitlicher Ansatz ist in der bereits oben erwähnten Systemtheorie des Technischen Vertriebs gegeben [Sch 15a], welche folgende Fragen beantwortet:

- Was sind die beteiligten Entitäten?
- Wie sind die Beziehungen zwischen diesen darzustellen?
- Wie werden Einflüsse gewichtet?

Im Folgenden wird eine Methode vorgestellt, um Antworten zu diesen Fragen für die jeweilige Situation zu erhalten und zu dokumentieren. Diese Methode lässt sich, wie gezeigt wird, leicht vom Verkaufsprozess auch auf die erwähnten Services übertragen. Wichtig ist, die Vorgehensweise konsequent und vollständig anzuwenden und die aufgeführten Beziehungen (und deren Intensitäten) der jeweiligen Situation anzupassen.

Bevor die Methode vorgestellt wird, sind noch einige Begriffe zu erläutern. Zunächst wird die die Systematik am Beispiel einer Verhandlung in einer bestehenden Kunden-Lieferanten-Beziehung visualisiert. Verhandlungen sind dann notwendig, wenn mindestens zwei Individuen, Gruppen, Organisationen oder andere soziale Systeme keine Einigung über einen Verhandlungsgegenstand haben. Man spricht dann auch von einem „Konflikt“[1]. Im Umfeld technischer Services und Güter sind diese Verhandlungsgegenstände zum Beispiel unterschiedliche Auffassungen von Preisen, Lieferzeiten, Produktspezifikationen, Serviceleistungen oder Zahlungsmodalitäten. Die Liste lässt sich beliebig fortführen.[2] Das Ausräumen dieser Konflikte sollte dabei Vertriebsingenieuren überlassen werden, denn diese sind geschult im Umgang mit den Geschäftspartnern, die Entwicklungsingenieure, aber auch Kaufleute sein können. Außerdem verstehen sie die Technik und haben kaufmännisches Verständnis.

In dem Verhandlungsprozess versuchen beide Seiten, also Kunden und Lieferanten, ihren Nutzen zu maximieren. Dabei kann es durchaus im Interesse beider sein, auch den Nutzen der Gegenseite zu vergrößern. Während Verkaufsgespräche zunehmend in Gruppen stattfinden [Cro 90; Del 04; Hun 07; Wie 99; Wot 91], sind Kontaktpartner bei Services auch durchaus Maschinen und Anlagen. Diese Entwicklung der Industrie 4.0 ist in einigen Branchen wie z. B. in der Optik bereits im größeren Umfang etabliert. Andere Industriezweige entwickeln Konzepte und haben deren Umsetzung bereits gestartet. In diesen Prozessen treffen sich aus beiden Unternehmen stets mehrere Individuen. Jedes dieser Individuen verfolgt typischerweise andere Ziele, die zu weiteren Unterverhandlungen führen. Im Gespräch treffen Individuen des Buying Centers des Kunden sowie Individuen des Lieferanten aufeinander. Kompetenzregelungen in den Unternehmen lassen meistens nicht zu, dass alle Einflussnehmer direkt an den Verhandlungen beteiligt sein können. Dennoch sollten alle Personen mit Einfluss in der strukturellen Darstellung Berücksichtigung finden.

Schließlich spielen auch Dritte eine Rolle in den Entscheidungsprozessen. Diese Dritten können beispielsweise Unterlieferanten beider Unternehmen, Kunden des Kunden oder auch Wettbewerber sein. Bei internetbasierten Services können diese z. B. Provider sein, die Server zur Datenübertragung oder Cloud-Speicher betreiben. Sie sitzen i. d. R. nicht mit am Verhandlungstisch und werden auch nur selten

1 „Konflikt“ ist an dieser Stelle ein Fachbegriff und darf nicht mit dem umgangssprachlichen Begriff fehlinterpretiert werden. Der Fachterminus „Konflikt“ besagt lediglich, dass mindestens zwei Individuen bezüglich einer Sache uneins sind. Dies impliziert nicht, dass die Beteiligten miteinander streiten.

2 Solche Beziehungen können z. B. auch Daten oder Parameter sein, die von einer Maschine eines Produzenten an den Maschinenhersteller übermittelt werden. Dies kommt bereits in Pay-Per-Use-, Pay-Per-Exposure- oder Pay-Per-Time-Zahlungsmodellen im Investitionsgütergeschäft vor.

in den Gesprächen erwähnt. In der systematischen Darstellung sollten aber alle einflussnehmenden Beteiligten aufgelistet werden, folglich auch diese Dritten.

Die Beziehungslandschaft ist ohne die Erfassung aller Prozesse und Einflussnehmer möglicherweise unvollständig. Der systematische Ansatz aus der Systemtheorie des Technischen Vertriebs kann genutzt werden, um die Situation lückenlos zu beschreiben.

6.3 Beschreibung der Methode

6.3.1 Grundlegendes

Damit das hier genutzte Beispiel auch auf Parameter übertragen werden kann, wird nicht nur die Vertriebssicht der Systemtheorie angewendet, sondern auch das technische Modell herangezogen. Außerdem nutzt die Systemtheorie des Technischen Vertriebs auch Elemente der Systemtheorie der Technik in Kombination mit dem Konfliktmanagement [Sch 15a].

Zunächst werden hier die in der Konflikttheorie vorhandenen Begriffe denen der Systemtheorie gegenübergestellt. Die Modelle des Konfliktmanagements geben an, welcher Natur die Beteiligten (die soziale Einheiten) einer Verhandlung sein können: von einzelnen Personen (Individuen) bis hin zur Gesellschaft. Mit ihr lassen sich außerdem die verschiedenen Konflikttypen einordnen. Die Konfliktlösung kann durch den Einsatz entsprechender Strategien und Taktiken herbeigeführt werden [Tri 08; Sch 15; Sch 15a], was hier aber nicht weiterverfolgt wird.

6.3.2 Technische Zusammenhänge mittels einer strukturellen Analyse beschreiben

Die allgemeine Systemtheorie ist Ursprung beider hier angewendeten Methoden. Deren Herleitung geht auf eine Reihe von Autoren zurück [Ber 55; Ber 73; Küp74; Rop 78; Sch 15; Ste 08]. Diese Entwicklung soll hier nicht beschrieben, die Begriffe aber erläutert werden.

Unter „System“ versteht man allgemein eine Einheit, welcher Eingangs- und Ausgangsgrößen sowie ein Status zugeordnet werden können. Zum Beispiel hat eine LED elektrische Energie als Eingangsgröße, Licht als Ausgangsgröße und – vereinfacht gesehen – den Status „an/aus“. Wird diese LED nun in eine Fahrradbeleuchtung verbaut, wird sie ein Teil eines Systems und damit zu einem „Subsystem“. „Subsysteme“ erfüllen folglich ebenfalls die Anforderungen, die ein System definieren. Doch es gibt auch Bauteile, welche sich nicht so beschreiben lassen. „Gruppen“ und „Elemente“ sind solche Bauteile. Sie sind wiederum einem System (oder Subsystem) untergeordnet. Sie haben keine Eingangs- und Ausgangsgrößen, sind aber zum Herstellen des vollständigen Systems erforderlich. Dies wäre bei der Fahrradbeleuchtung ein Gehäuseteil oder eine Schraube. Abschließend betrachtet man das System (mit allen Subsystemen, Gruppen und Elementen) in seiner „Umwelt“. Weiter unten wird dies auf personenbezogene Systeme übertragen.

Um Systeme nun geeignet zu beschreiben und darzustellen, bedient man sich mindestens einer der folgenden vier Darstellungen: der funktionalen, der hierarchischen, der strukturellen und schließlich der signaltheoretischen [Sch 15a]. Die Unterschiede der vier Darstellungsweisen betrachten wir weiterhin am Beispiel der Fahrradlampe. Die funktionale Darstellung beschreibt die Eingangs- und Ausgangsgröße (elektrische Energie, optische Energie) des betrachteten Systems sowie dessen Zustand (eingeschaltet, ausgeschaltet ...). Man geht dabei nicht weiter auf die einzelnen Bestandteile des Systems ein. In der hierarchischen Beschreibung wird die Lampe als System in ihrer Umwelt angesehen (z. B. am Fahrrad in der Nacht). Die signaltheoretische Beschreibung ermöglicht es, die Wandlung von elektrischer in optische Energie mithilfe der Kennlinie der LED zu beschreiben. Die vollständige Kette der übertragenen Größen von der Quelle (Batterie) bis hin zur Senke (beleuchtetes Objekt) entspricht der signaltheoretischen Darstellung. Sie beinhaltet ausschließlich Subsysteme.

Ähnlich ist die Darstellung im strukturellen Diagramm, welches häufig „Blockdiagramm“ oder auch „Blockschaltbild“ genannt wird. Blockschaltbilder können auch Gruppen enthalten, wenn es dem besseren Verständnis der Funktionsweise dient.

Das Besondere an einer Darstellung des Systems mittels des strukturellen Diagramms ist, dass Beziehungen zwischen den beteiligten Subsystemen übersichtlich dargestellt sind. Diese Relationen lassen sich darin auch beschreiben, ebenso wie die Funktion des Gesamtsystems. Ferner lassen sich „Intensitäten“ oder deren Bedeutung entsprechend kennzeichnen und (quasi-)objektiv beschreiben. In der Technik lässt sich jedes beteiligte Subsystem durch eine Funktion beschreiben. Dies können Übertragungsfunktionen, Kennlinien oder Charakteristiken sein. Das betrachtete System befindet sich dabei in seiner Umwelt und steht mit ihr in Wechselwirkung. Durch die mathematische Beschreibung lassen sich Ausgangsgrößen bei wechselnden Eingangsgrößen vorhersagen. Je besser die Subsysteme und je vollständiger deren Verbindungen untereinander beschrieben sind, umso genauer ist eine Vorhersage machbar. In Services können vertraglich geregelte Prozesse und Kosten solche Charakteristiken sein.

Selbstverständlich sind auch solche Systeme beschreibbar, welche sich an zwei unterschiedlichen Orten befinden, aber durch eine Datenleitung miteinander verbunden sind und so Daten bzw. Parameter austauschen können. Dies ist bereits seit Langem in vielen Geschäftsbeziehungen der Fall. Viele Kunden steuern unter

Verwendung von ERP-Systemen (Enterprise Resource Planning) die Bestellungen bei ihren Lieferanten. Ferner haben Unternehmen in jüngster Zeit Bezahlmodelle eingeführt, die eine kontinuierliche oder zumindest regelmäßige Anbindung des Lieferanten an deren Anlagenhersteller erfordern. Weitere Beispiele wie Pay Per Use entstammen dem Umfeld innovativer Geschäftsmodelle.

6.3.3 Übertragung der Systemtheorie auf die Verhandlungssituation

Um die Ansätze aus der Systemtheorie der Technik auf Verhandlungssituationen oder auf datengebundene Geschäftsbeziehungen zu übertragen, wird zunächst das System als „Handlungssystem" definiert. Systeme sind Handlungssysteme, wenn sie über Zustände verfügen, Ein- und Ausgabe-Funktionen und -Größen aufweisen, Übergänge dieser Größen ineinander beschrieben werden können und die Systeme aus Subsystemen, Gruppen und/oder Elementen bestehen. Ferner liegen Relationen zwischen Teilen des Handlungssystems vor [Ste 08: 40 f.]. Außerdem stehen diese Handlungssysteme mit ihrer Umwelt in Beziehung [Ste 08: 41] und sind damit offen.

Für zwei Unternehmen, die in einer geschäftlichen Beziehung zueinander stehen, besteht diese Umwelt z. B. aus gesetzlichen Regelungen wie dem Handelsgesetzbuch oder auch einfach aus dem Markt, in welchem die Unternehmen agieren. Dieser schließt ggf. auch die Endverbraucher ein.

Darauf aufbauend lassen sich Verhandlungssituationen in analoger Weise wie technische Produkte betrachten. Hierzu sind die Begriffe System, Subsystem, Gruppe und Element entsprechend neu zu definieren. Dies ist in Tabelle 6.1 zu erkennen.

Tabelle 6.1 Begriffsdefinitionen, Namensgebung und Beispiele für Strukturen im Technischen Vertrieb und in der Systemtheorie der Technik (aus [Sch 15])

Einteilung	Definition für die Systemtheorie der Technik	Definition für die Systemtheorie des Technischen Vertriebs
Umwelt	Die Umgebung (U) des betrachteten Systems mit allen auf das System Einfluss nehmenden Faktoren. Beispiel: Natur mit Wetterbedingungen für eine Outdoor-Taschenlampe	Hier: Gesellschaft (S) Die Umgebung des betrachteten Systems mit allen auf das System Einfluss nehmenden Faktoren. Beispiele: Werte, Gesetze, Normen
System	Das technische System (SYS), welches betrachtet und verkauft wird. Das System ist durch Input, Output und Status gekennzeichnet.	Alle am Verhandlungsprozess teilnehmenden Firmen, Organisationen, Gruppen und Personen. Die Einflussnahme der Systeme auf die Verhandlung ist darstellbar.

Subsystem	Subsysteme (SSYS) können wie ein System mit dem funktionalen Konzept beschrieben werden.	Es gibt hier mehrere Typen von Subsystemen. Organisation (O) Organisationen sind geschlossene Einheiten, die aus einem oder mehreren der nachfolgenden Subsystemtypen besteht. Beispiel: Unternehmen, Abteilung Gruppe (hier: Gemeinschaft, GE): Verbund mehrerer, nicht-organisierter Einzelpersonen (Individuen), die ein gemeinsames Interesse (gleicher Einigungsraum bzw. gleiche Zielstellung) verbindet. Beispiel: Stakeholder im Projektmanagement Individuum (I): Einzelne handelnde Person Beispiel: Verkäuferin, Einkäufer
Gruppe	Gruppen (GR) bestehen aus mehreren, aneinandergefügten Elementen. Kein Input oder Output.	Eine Übertragung auf die Systemtheorie des Technischen Vertriebs findet hier nicht statt, da es keinen Input, Output oder Zustand gibt.
Element	Elemente (E) sind nicht-zerlegbare Bauteile. Kein Input oder Output.	

In der Systemtheorie des Technischen Vertriebs zählen Organisationen, Gruppen und Individuen zu den Subsystemen, da sie über Eingangs- und Ausgangsgrößen verfügen. Dies ergibt sich aus der oben wiedergegebenen Überlegung, dass Handlungssysteme – und nur solche – mit ihrer Umgebung (Umwelt) kommunizieren. Darin unterscheiden sich die Definitionen für technische Produkte und die hier betrachteten Unternehmensbeziehungen.

Darüber hinaus sind im B2B Gruppen oder Organisationen in eine Verhandlung involviert und nehmen Einfluss auf deren Verlauf und Ausgang. In der Systemtheorie der Technik sind Gruppen und Elemente definitionsgemäß nicht-kommunikative Einheiten. In beiden Modellen kommt der Begriff der „Gruppe" vor. Im nachfolgenden Beispiel des Verhandlungssystems wird statt „Gruppe" der Begriff „Gemeinschaft" verwendet, um Verwechslungen zu vermeiden.

6.3.4 Methode des strukturellen Ansatzes zur Vorbereitung von Verhandlungen

Wie bereits oben erwähnt, betrachtet das Buying Center die Individuen, die Entscheidungskompetenzen haben. Die hier verwendete Methode geht darüber hinaus. Sie bezieht alle Einfluss nehmenden Gemeinschaften (G), Organisationen und die Gesellschaft (S wie Society) mit ein. Dies gilt auch für solche, die keine Entscheidungskompetenz, wohl aber Einflusskompetenz haben.

Am Anfang einer Verhandlungs-Analyse steht die Aufzählung der offenkundig beteiligten Individuen und Organisationen. Diese sind z. B. die eigene Person als Individuum (I) und direkte Gesprächspartner, typischerweise ebenfalls als Individuen.

In jedem Fall sind die beteiligten Unternehmen als Organisationen (O) aufzuzählen. Die Entwicklungsabteilungen (O) beider Unternehmen werden z. B. bei Projektgeschäften hinzugenommen. Produktions- oder Logistikabteilungen sind dann zu bedenken, wenn diese Kern der geplanten vertraglichen Vereinbarungen sind (Lieferszenarien etc.). Auch diese sind als Organisation zu vermerken. In einigen Branchen (z. B. Medizintechnik oder Energieerzeugung) nehmen bei der Erstellung des Pflichten- bzw. Lastenhefts Normen, Richtlinien, Gesetze und dergleichen Einfluss. Folglich sind diese auch zu berücksichtigen und finden sich in der Entität der Gesellschaft (S) oder auch als Organisation wieder. Typischerweise sind mitbietende Wettbewerber (O) durch ihre Angebote indirekt an der Verhandlung beteiligt. Diese sind dann sogenannte „Dritte“: Sie können nicht direkt einbezogen werden, haben aber z. T. erheblichen Einfluss auf die Verhandlung. Sind schließlich alle Einflussnehmer bekannt, kann die strukturelle Analyse in eine Grafik umgesetzt werden.

Im Falle von Services, wie z. B. die bereits erwähnten Logistikabläufe oder auch innovative Bezahlmodelle, sind es weniger Personen, die in den Analysen auftauchen. Vielmehr sind es Maschinenparameter, die erfasst, übertragen oder ausgetauscht und analysiert werden.

Betrachten wir zunächst den einfachen Fall einer ERP-gesteuerten Fertigung. Zunächst sind beide Unternehmen (O) beteiligt. Ferner ist die Produktionsstrecke des Kunden (O bzw. SSYS) zu benennen. Sie meldet dem ERP-System des Kunden elektronisch (oder durch manuelle Eingabe), wenn Zulieferteile angefordert werden müssen. Diese Anforderungsdaten werden an den Lieferanten übertragen. Bei Investitionsgütern werden diese Daten oft von Mitarbeitern (I) des Vertriebsinnendienstes in regelmäßigen, vertraglich vereinbarten Abständen über eine Internetverbindung aus dem ERP-System des Kunden ausgelesen und manuell in das System des Lieferanten eingestellt. Selbstverständlich erfolgt dies ohne die potenzielle Fehlerquelle Mensch auch direkt von System zu System, wenn sie zueinander kompatibel sind. Die Bedarfe werden in Echtzeit in der Produktion oder im Lager des Lieferanten sichtbar und der Herstellungs- bzw. Lieferprozess wird entsprechend den Kundenwünschen gestartet.

Bei den nutzungsbedingten Bezahlsystemen ist dies sehr ähnlich. Betrachtet wird dies beispielhaft im Investitionsgütergeschäft der Anlagentechnik; es ist aber auch auf Softwarenutzung übertragbar. Wiederum sind jedenfalls die beiden in einer Kunden-Lieferanten-Beziehung stehenden Unternehmen als Organisationen aufzuführen. Die beim Kunden stehende Anlage (SSYS oder O) ist der nächste wichtige Bestandteil der zu analysierenden Struktur. Diese Anlage erbringt eine hier nicht spezifizierte Leistung, die dem Kunden einen Nutzen erbringt und vom Lieferanten in Rechnung gestellt wird. Diese Leistung kann sehr unterschiedlich sein. In der Medizintechnik kann dies eine Röntgenaufnahme sein, wenn ein Pay-Per-Use Modell [Phi] oder ein Pay-Per-Exposure Modell vorliegt [Sir 14]. Es können aber auch Dienstleistungen sein, die je Nutzung (z.B. Abrechnung einer Behandlung in der Gesundheitsbranche) bezahlt wird [DMRZ]. Die Komplexität steigt, wenn die genutzte Anlage Verbrauchskosten hat, die von Nutzungsparametern abhängt. Angenommen, die Anlage kann verschiedene Güter produzieren. Die Kosten für deren Herstellung unterscheiden sich z.B. aufgrund unterschiedlichen Materialeinsatzes, Produktionsdauer oder Verschleiß. Der Anlagenhersteller muss sich im Vorfeld darüber im Klaren sein, wie er diese Größen messen und entsprechend abrechnen will. Einen Verschleiß von Maschinenteilen oder Hilfsmitteln könnte man pauschal über die Maschinennutzung abrechnen. Die Produktionsdauer ist gut messbar, der Materialeinsatz kann aber mitunter sehr problematisch zu erfassen sein. Die Basis für eine nutzungsbezogene Abrechnung ist fallspezifisch und wird hier nicht weiter betrachtet. Für die Erstellung der strukturellen Darstellung müssen folglich alle die Abrechnung beeinflussenden Größen bekannt sein und von der Anlage automatisiert an den Lieferanten übertragen werden. Erst dann kann dieser die Abrechnung automatisch oder manuell erstellen. Nur wenn diese Größen bekannt sind, kann das strukturelle Diagramm dieser Beziehung korrekt dargestellt werden.

6.4 Beispiele für strukturelle Beschreibungen der Kommunikation

6.4.1 Strukturelle Analyse einer Verhandlungssituation

Die strukturelle Darstellung einer Geschäftsbeziehung, hier insbesondere die einer Verhandlungssituation, entspricht einer Art „Landkarte“. In Bild 6.1 ist eine solche exemplarische Darstellung zu sehen. Dies ist ein sicherlich stark vereinfachtes Beispiel. Je nach Unternehmensorganisation sind die Kommunikationswege vielleicht auch andere. Hier soll das Prinzip der Erstellung einer Landkarte erläutert werden.

Als „kleinste“ Einheiten sind die Individuen erkennbar: Key-Account-Managerin (KAM), Leitung des Strategischen Einkaufs und der Leiter des Qualitätsmanagements. Als Gemeinschaft (Gruppe) ist hier die Abteilungsleitung der Produktion gekennzeichnet: hier gibt es kein konkret benanntes Individuum. Die Organisationen sind beide Unternehmen, ein Unterlieferant sowie die einflussnehmenden Abteilungen des Vertriebs, der Produktion, des Einkaufs und des Qualitätsmanagements. Die Gesellschaft nimmt keinen Einfluss auf die Verhandlung und wird entsprechend nicht aufgeführt. Anhand der nummerierten Beziehungen ① bis ⑤ werden nun die Konflikte bzw. die Einflussfaktoren und Beziehungen aufgeführt.

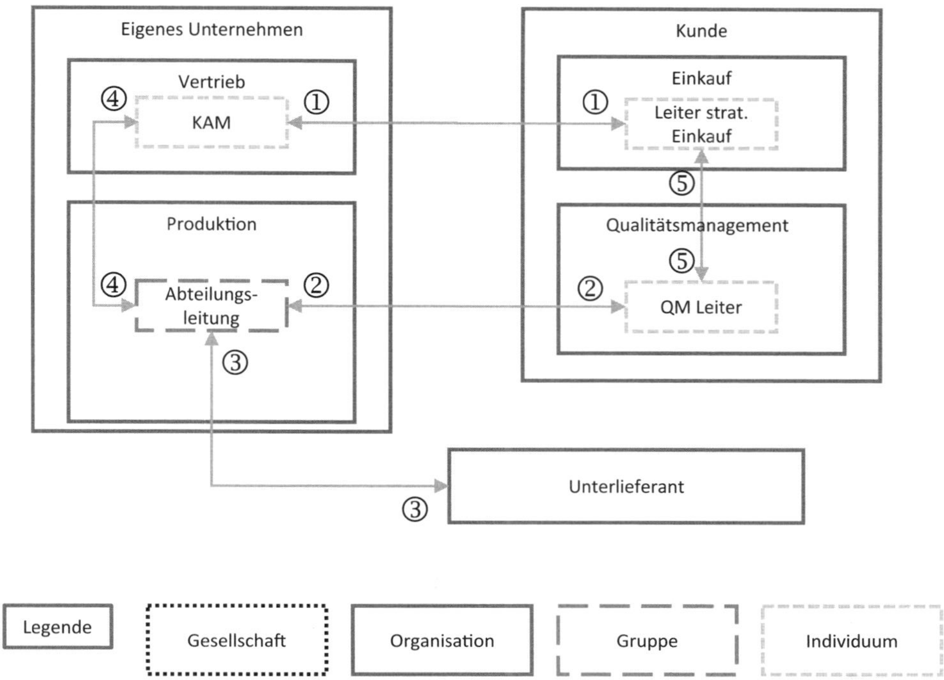

Bild 6.1 Strukturelle Darstellung einer Verhandlungssituation

① Zwischen den beiden Individuen „KAM“ und „Leitung strategischer Einkauf“ besteht eine Beziehung. Hier können Verhandlungsziele aufgeführt werden, die in Form von Spezifikationen, Lieferbedingungen, Mengengerüsten, Preisen oder weiteren Verhandlungsgegenständen vorliegen können.

② Nehmen wir an, es besteht bereits ein Lieferverhältnis. Die Produkte werden beim Kunden hinsichtlich ihrer Qualität durch das Qualitätsmanagement in Augenschein genommen. In diesem Beispiel seien nicht alle Produkte einwandfrei. Ursache der Mängel ist ein Bauteil, welches von dem aufgeführten Unterlieferanten bereitgestellt wird. Der QM-Leiter wird diesen Mangel an das liefernde Unternehmen zurückmelden, in diesem Beispiel nicht über den Vertrieb laufen, sondern direkt an die Abteilungsleitung der Produktion.

③ Die Qualitätsmängel werden in diesem Beispiel durch die Abteilungsleitung der Produktion direkt an den Unterlieferanten berichtet. Dieser nimmt dazu Stellung und führt ggf. Korrekturmaßnahmen durch. Kann der Unterlieferant nicht ausreichend die Mängel beheben oder führt dies zum Lieferverzug, nimmt dieser automatisch als Dritter Einfluss auf die laufenden Verhandlungen.

④ Zwischen der Abteilungsleitung der Produktion (I) und KAM (I) ist auch eine Beziehung dargestellt. Im Sinne ganzheitlicher Unternehmensprozesse sollte auch die Produktion frühzeitig an Gesprächen über Neuanbahnung von Geschäften beteiligt werden [Ulr 88]. Dies hat viele Vorteile wie z.B. das frühzeitige Erkennen von Kostentreibern oder von Langläufern im Produktionsprozess. Dadurch können Vertriebsingenieure offener kommunizieren und größeres Vertrauen beim Kunden aufbauen. In diesem Beispiel bekommt der KAM von der Produktionsleitung konkret den Hinweis auf Qualitätsprobleme.

⑤ In gleicher Weise wird der QM-Leiter den strategischen Einkauf über Probleme mit diesem Lieferanten in Kenntnis setzen.

Sind alle Beziehungen vollständig aufgeführt, können in weiteren Schritten Konflikte behoben und Verhandlungen geeignet vorbereitet werden. Der Nutzen der strukturellen Abbildung ist, dass sich die Beteiligten die Komplexität der Geschäftssituation in einer systematischen Weise vergegenwärtigen können. Die Klarheit über die Struktur verleiht den involvierten Personen zudem zusätzliche Verhandlungsmacht, da sie nun die Gespräche besser steuern können.

6.4.2 Strukturelle Analyse einer unternehmensübergreifenden teilautomatisierten Kommunikation

Zwei Unternehmen stehen bereits in einer geschäftlichen Beziehung zueinander. Verhandlungen haben in jüngerer Vergangenheit zu einem Ergebnis geführt: Der Lieferant stellt seinem Kunden eine Produktionsanlage bereit. Die Bezahlung erfolgt mittels eines Pay-Per-Use-Bezahlsystems. Mit jeder Nutzung der Anlage fallen Kosten an, die der Lieferant dem Kunden in Rechnung stellt. Hier wird angenommen, dass zwei Parameter die Kosten definieren. Wie erwähnt, können das z.B. Nutzungsdauer und Materialeinsatz sein. Die Daten werden separat erfasst und automatisch über eine (gesicherte) Internetverbindung an den Lieferanten übertragen. Daraus können Mitarbeiter des Vertriebsinnendienstes die Kosten ermitteln. Der verhandelte Vertrag legt fest, wie diese Nutzungsdaten in Kosten und eine Rechnung überführt werden. In diesem Beispiel wird bewusst darauf verzichtet, alles vollautomatisiert ablaufen zu lassen, was sicherlich möglich wäre.

Die strukturelle Darstellung dieses nutzungsabhängigen Bezahlsystems zwischen zwei Unternehmen ist im Bild 6.2 dargestellt. Hier treten Begriffe der beiden Systemtheorien nebeneinander auf, da sowohl die des Technischen Vertriebs als Interaktion zwischen Personen als auch eine reine Maschinenkommunikation vorkommen. Erneut hat die Gesellschaft keinen Einfluss. Einflüsse aus der Gesellschaft können in Form von Störungen oder Bedrohungen auftreten, wenn sensible Daten ungesichert über Internetverbindungen ausgetauscht werden und mit Angriffen von außen gerechnet werden muss. Insbesondere wenn die Produktionsmaschine auch vom Lieferanten aus gesteuert werden kann, müssen diese Bedrohungen sehr ernst genommen werden und sollten als potenzielle Konflikte in diesen Diagrammen auftreten. Die Nummern ① bis ⑥ geben die Abläufe wieder.

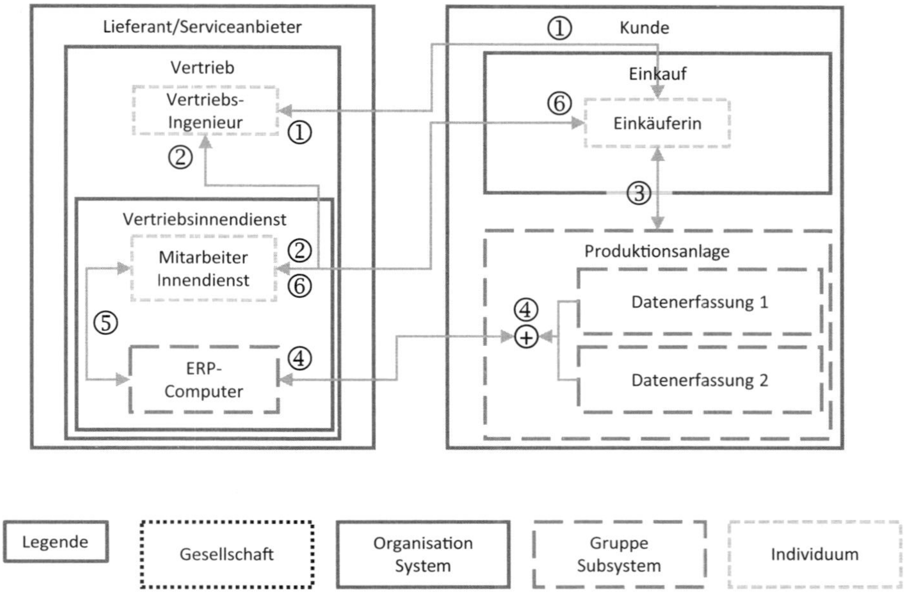

Bild 6.2 Strukturelle Darstellung eines nutzenabhängigen Bezahlsystems

① Zwischen den beiden Individuen „Vertriebsingenieur" und „Einkäuferin" besteht eine Beziehung. Sie haben den Vertrag ausgehandelt. In diesem sind die Konditionen für eine Pay-Per-Use-Nutzung der Produktionsanlage getroffen worden. Darin sind alle kostenrelevanten Parameter aufgeführt (und deren Wichtungen, also deren Intensitäten). Hier handelt es lediglich sich um zwei Parameter. In der Produktionsanlage werden diese von Sensoren oder Steuerungseinheiten erfasst.

② Die verhandelten Konditionen werden beim Lieferanten von dem Vertriebsingenieur an den Vertriebsinnendienst weitergegeben. Der Mitarbeiter hat so die Möglichkeit, aus den Anlagendaten die Kosten zu berechnen und eine Rechnung zu erstellen.

③ Gleiches findet auf der Seite des Kunden statt: Die Einkäuferin übergibt diese Daten an die Produktionseinheit.

④ Die vom Lieferanten bereitgestellte Produktionsmaschine erfasst die kostenrelevanten Parameter, fasst diese zusammen und meldet sie an den ERP-Computer des Lieferanten.

⑤ Die Daten werden in vertraglich vereinbarten Abständen von einem Innendienst-Mitarbeiter des Lieferanten ausgelesen.

⑥ Dieser erstellt eine Rechnung und leitet sie an die Einkäuferin des Kunden weiter.

Ein Vorteil dieser Darstellung ist, dass erkannt wird, wo viele Abläufe zusammenfallen. Dreimal ist der Innendienstmitarbeiter gefragt, ebenso wie die Einkäuferin, obwohl dies ein relativ einfacher Vorgang ist. Hieraus ist erkennbar, wo potenzielle Schwächen des Systems vorliegen (Mensch-Maschine-Interaktion) und wo mögliche Überlastungen drohen. Folglich ist deutlich geworden, wo das Management ansetzen kann, um den Prozess zu optimieren und mögliche Fehler zu vermeiden. Die Methode der strukturellen Analyse ist also auch ein starkes Managementinstrument.

6.5 Zusammenfassung und Fazit

Die vorgestellte Methode der Analyse von Geschäftsbeziehungen ist eine Weiterentwicklung aus der strukturellen Systembetrachtung technischer Systeme. Die Anwendung dieser Systematik zeigt, dass nur die kommunikativen Einheiten aufgeführt werden müssen. Dabei ist es für die Methode zunächst unerheblich, ob hier Personen direkt miteinander in Verbindung stehen, Mensch-Maschine-Interaktionen betrachtet werden oder rein maschinenbezogene Systeme vorliegen.

Die Methode der strukturellen Diagramme eignet sich besonders, um komplexere Geschäftsbeziehungen und Prozesse transparent zu machen. Diese können Verhandlungen, bestehende Lieferantenbeziehungen, logistische Abläufe oder auch computergestützte Bezahlmodelle sein. Engpässe, Konfliktherde oder Einflüsse Dritter sind so leichter zu identifizieren. Auch werden eventuell fehlende Verbindungen, welche die Abläufe unterstützen oder vereinfachen können, erkennbar. Diese Methode ist ein unverzichtbares Hilfsmittel im Vorfeld der Weiterentwicklung von Beziehungen, aber auch, um Probleme in den Abläufen zu finden und zu lösen.

Im vorangegangenen Kapitel wurden anfangs zwei verschiedene Systemtheorien vorgestellt: die der Technik und die des technischen Vertriebs. Zwei strukturelle Analysen einer Verhandlungssituation bzw. einer unternehmensübergreifenden teilautomatisierten Kommunikation rundeten das Kapitel ab.

Im folgenden Kapitel mit dem Namen „Smart Services und die Dematerialisierung der Geschäfte" werden nun Veränderungen angesprochen, die sich als Folge der Industrie 4.0 bzw. der Vernetzung ergeben werden – der Wandel von einer gegenwärtig materiellen zu einer zukünftigen immateriellen Welt ist hierbei nur einer der vielen Aspekte. Außerdem wird der Nutzen von Smart Services auf Unternehmer- bzw. Kundenseite dargestellt und ein Leitfaden für die Entwicklung bzw. Anpassung von Smart Services vorgelegt.

■ 6.6 Literatur

[Ber 55] Bertalanffy, Ludwig von: General System Theory, in: Main Currents in Modern Thought 71 (1955) 75.

[Ber 73] Bertalanffy, Ludwig von: General Systems Theory. Foundations, Development, Applications. 4. Aufl. Harmondsworth 1973.

[Cro 90] Crosby, Lawrence A. u. a.: Relationship Quality in Services Selling. An Interpersonal Influence Perspective, in: Journal of Marketing 54 (1990), S. 68 - 81.

[Del 04] DelVecchio, S. u. a.: Updating the Adaptive Selling Behaviours. Tactics to Keep and Tactics to Discard, in: Journal of Marketing Management 20 (2004) 7/8, S. 859 - 875.

[DMRZ] DMRZ: Pay-Per-Use Abrechnung: Was ist das? Online-Artikel (o. J.). URL: *http://www.dmrz.de/pay-per-use-abrechnung-389.html* (Zugriff am 22. 8. 2016).

[Fis 12] Fisher, Roger u. a. (Hrsg.): Getting to Yes. Negotiating an Agreement Without Giving in. London 2012.

[Hun 07] Hunter, Gary K., Perreault, William D., Jr.: Making Sales Technology Effective, in: Journal of Marketing 71 (2007), S. 16 - 34.

[Küp 74] Küpfmüller, Karl: Die Systemtheorie der elektrischen Nachrichtenübertragung. Stuttgart 1974.

[Phi] Philips: Individuell angepasste Produkte und Finanzierungen. Online-Artikel (o. J.). URL: *http://www.philips.de/healthcare/dienstleistungen/bereitstellungsloesungen/das-individuell-angepasste-produkt* (Zugriff am 22. 8. 2016).

[Rop 78] Ropohl, Günter: Allgemeine Technologie. Eine Systemtheorie der Technik. Karlsruhe 1978.

[Sch 15] Schneider-Störmann, Ludger: Strukturelle Analyse von Verhandlungssituationen, in: Görne, Jobst (Hrsg.): Performance of Sales Engineers. Aalen 2015.

[Sch 15a] Schneider-Störmann, Ludger: Technische Produkte verkaufen mit System. Einführung und Praxis des technischen Vertriebs. München 2015.

[Sir 14] Sirona Dentsply: Pay per exposure. Günstiger Einstieg mit ORTHOPHOS XG 3 PPE. Online-Artikel 8/2014. URL: *http://www.sirona.com/de/aktuelles/news-presse/bildgebende-systeme-news-detail/28630/* (Zugriff am 22. 8. 2016).

[Ste 08] Stempfle, Hartwig: Systemtheorie im Brückenbau. Zürich 2008.

[Tri 08] Tries, Joachim; Reinhardt, Rüdiger: Konflikt- und Verhandlungsmanagement. Konflikte konstruktiv nutzen. Berlin, Heidelberg 2008.

[Ulr 88] Ulrich, Hans; Probst, Gilbert J.: Anleitung zum ganzheitlichen Denken und Handeln. Ein Brevier für Führungskräfte. Bern 1988.

[Ury 07] Ury, William: Getting Past No. Negotiating in Difficult Situations. New York 2007.

[Wei 99] Weitz, Barton A.; Bradford, Kevin D.: Personal Selling and Sales Management. A Relationship Marketing Perspective, in: Journal of the Academy of Marketing Science 27 (1999) 2, S. 241 - 254.

[Wot 91] Wotruba, Thomas R.: The Evolution of Personal Selling, in: Journal of Personal Selling & Sales Management 11 (1991), S. 1 - 12.

TEIL C

Aus digital wird virtuell

7 Smart Services und die Dematerialisierung der Geschäfte

Claus W. Gerberich, Teresa Schweigart

Abstract

Die technologische Entwicklung – die Digitalisierung und Vernetzung zahlreicher Prozesse und Maschinen – erlaubt einen weltweiten Daten- und Informationsaustausch sowie intelligente und automatisierte Produkte und lässt sich kurz mit dem Schlagwort Industrie 4.0 beschreiben.

Diese Möglichkeiten verlangen Unternehmen ab, sich ebenfalls weiterzuentwickeln: Neben neuen und innovativen Produkten können insbesondere die vielen Möglichkeiten der produktbegleitenden Dienstleistungen (Smart Services) einen hohen Kundennutzen generieren. Denn Kunden wollen Lösungen. Geschäftskunden bezahlen lieber für die Nutzung eines Gerätes, als es zu kaufen. Smart Services ergänzen das reine Produkt- und Leistungsangebot der Unternehmen und erlauben eine Bindung der Kunden bereits vor und während des Kaufs eines Produktes oder einer Dienstleistung sowie während und nach der Nutzung.

Smart Services erhöhen nicht nur den Nutzen für die Kunden eines Unternehmens, sondern sie verschaffen dem Anbieter auch einen höheren Vorsprung dem Wettbewerb gegenüber, als dies durch reine Produktinnovationen möglich wäre.

Die Entwicklung und Optimierung des Dienstleistungsangebotes sollte möglichst strukturiert und systematisch erfolgen, um Geschäftschancen und -risiken zu identifizieren, aktuelle, kundenindividuelle Lösungen anzubieten und das Produkt- und Leistungsportfolio entsprechend weiterzuentwickeln.

7.1 Industrie 4.0 und Smart Services

Industrie 4.0 verändert die Welt, die Wirtschaft, die Unternehmen und unsere komplette Gesellschaft. Wir befinden uns mitten im Wandel zu einer digitalisierten Welt, in der Daten eine hohe Bedeutung haben.

Intelligente Produkte, wie autonom fahrende Autos, sind heutzutage normal. Doch moderne Autos stehen nicht mehr nur für Mobilität – durch die Vernetzung des Autos mit anderen Lebensbereichen können weitaus mehr Bedürfnisse befriedigt werden, als nur von A nach B zu gelangen. Ein Beispiel für diese umfassenden Leistungen zeigt Mercedes mit seinem Konzept „Mercedes me" (s. Bild 7.1).

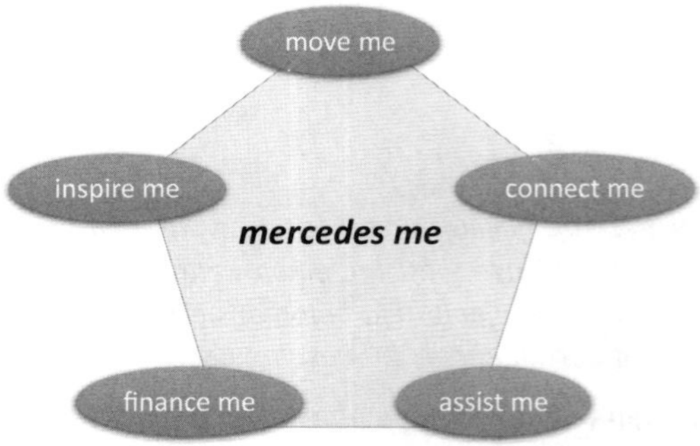

Bild 7.1 Dienstleistungen auf der digitalen Serviceplattform „Mercedes me"

Ergänzend zu der digitalen Serviceplattform werden innovative und unkonventionelle innerstädtische City Stores als Bistro-Bar-Lounge-Autohaus-Konzept entstehen. Die neue Marke „Mercedes me" will näher an den Kunden heranrücken und eventuelle Ressentiments gegenüber der Marke abbauen. Im Jahr 2015 wurde der erste „Mercedes me Store" in Hamburg eröffnet.

Industrie 4.0 ist ein vernetzter, integrierter Ansatz. Im Mittelpunkt steht der Kunde mit neuen Anforderungen und einer veränderten Rolle. Der Kunde wird Teil der Wertschöpfung (Bild 7.2).

Smart Services umfassen das gesamte Spektrum physischer sowie digital anschlussfähiger Leistungen und entstehen durch die Verschmelzung von physischen und internetbasierten Dienstleistungen. Bekannte Beispiele für Unternehmen, welche Smart Services bereits heute erfolgreich realisieren, sind Ebay, Amazon, Facebook und Apple. In Branchen wie Medien, Produktion, Handel, Mobilität, Gesundheit und vielen mehr werden Smart Services bereits heute angeboten.

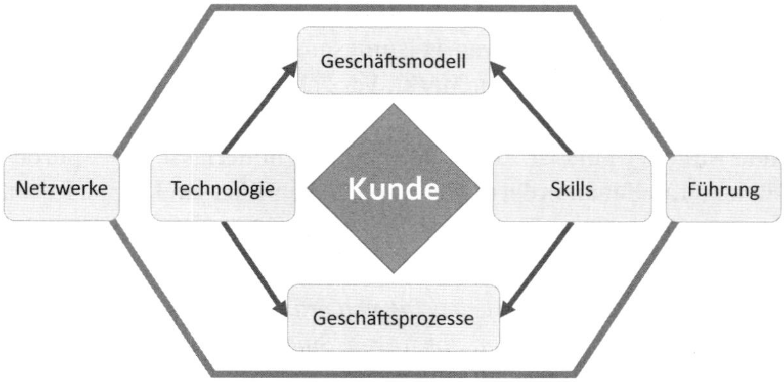

Bild 7.2 Aspekte der Industrie 4.0

7.2 Notwendigkeit des Wandels

Industrie 4.0 zeigt sich auf vielfältige Weise (s. Bild 7.3). Sich nur auf einen dieser Aspekte zu konzentrieren, reicht allerdings nicht aus. Der wahre Schlüssel zum Erfolg liegt in der Verknüpfung aller relevanten Felder. Sind diese Bausteine miteinander vernetzt, führt das zu radikalen Veränderungen. Unternehmen, die sich nicht wandeln, werden aufgrund der rasanten Veränderungsgeschwindigkeit auf der Strecke bleiben.

Ein markantes Beispiel hierfür ist die Textilbranche. 5000 Textileinzelhändler sind in den letzten fünf Jahren verschwunden, der Marktanteil der Onlinehändler liegt schon bei 20 % und der Trend zum Onlineshopping ist ungebrochen. Amazon und Zalando beherrschen heute die Logistikbranche.

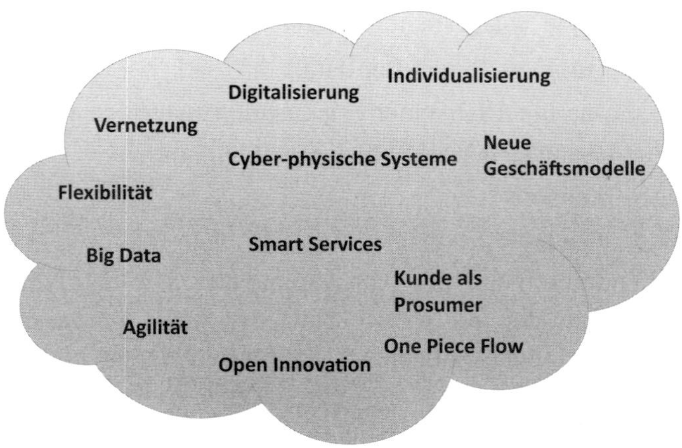

Bild 7.3 Hype-Schlagworte der Industrie 4.0

Die Digitalisierung der Produkte und Prozesse umfasst alle Branchen. Neue Wettbewerber kommen mit innovativen Leistungsangeboten und neuen Kommunikations- und Sales-Channels auf den Markt. Vor zehn Jahren war Zalando ein relativ unbedeutender Postkunde, während das Unternehmen heute bei der Schweizer Post Kunde Nummer eins ist. Diese Entwicklung hinterlässt ihre Spuren bei den Unternehmen. Kundenanforderungen verschieben sich und neue Informations- und Kommunikationswege öffnen sich. Wer heute nicht beginnt sich zu wandeln, wird gewandelt werden.

„Wir müssen unser Unternehmen jeden Tag neu erfinden. Wir müssen jeden Tag unser Geschäftsmodell infrage stellen und uns fragen: Sind wir noch auf dem richtigen Weg? Was hat sich verändert?“

Prof. Dr. Götz Werner

(Gründer der Drogeriemarktkette dm)

Um den Wandel nicht zu verpassen, müssen Unternehmen sich öffnen und innovativ sein bzw. werden. Öffnen heißt, externe Partner einzubeziehen und durch systematische Innovation neue Produkte und Lösungen zu schaffen, die dem Kunden einen Zusatznutzen generieren. Dies erfordert aber einen Kulturwandel in den Unternehmen.

Dieser Wandel umfasst auch Produktions- und Arbeitsprozesse. Diese müssen umgestaltet und mit intelligenten Dienstleistungen verbunden werden. Mitarbeiter sind zu qualifizieren und müssen sich auf neue Formen der Informationsvermittlung und Kommunikation umstellen. Auf diese Weise können Prozesse deutlich effizienter und schlanker gestaltet werden, individuelle Kundenbedürfnisse können besser und schneller berücksichtigt, Kosten eingespart und neue Geschäftsmodelle entwickelt werden. Kurzum: So können die enormen Chancen, die in der Digitalisierung liegen, genutzt werden.

Doch auch die Infrastruktur muss sich wandeln. Datennetzwerke und IT-Systeme müssen die Voraussetzungen der Digitalisierung und Vernetzung erfüllen, denn sonst kann der folgende Ablauf nicht erfolgreich realisiert werden:

- Erfassung von unzähligen Daten (Big Data)
- Transport der Daten innerhalb einer Organisation oder über weltweite Netze
- Berechnung und Analyse mit hocheffizienten Computern
- Erneuter Datentransport
- Anstoßen einer gezielten Aktion

Die Anzahl der Endpunkte und das Datenvolumen werden in Zukunft immens ansteigen. Die Potenziale der Industrie 4.0 und der Smart Services werden heute allerdings oftmals noch nicht voll genutzt. Die für den Wandel nötige neue Zusammenarbeit in den unternehmens- und bereichsübergreifenden Netzwerken der smarten Produktion kann nicht ohne Smart Logistics und intelligente Mobilitätskonzepte stattfinden. Diese Vernetzung und die integrierte Denkweise fehlen noch häufig. Die Wandlungsfähigkeit der Unternehmen wird damit zum Erfolgsfaktor.

7.3 Dematerialisierung

Die Welt wandelt sich von der materiellen zur immateriellen Welt. Das klassische materielle Produkt allein reicht nicht mehr aus, sondern wird durch auf den Kunden zugeschnittene Services ergänzt. Dadurch rückt das Produkt eher in den Hintergrund, denn der Nutzen wird nicht mehr allein durch das Produkt, sondern nur durch die Kombination von Produkt und Services geschaffen.

Ein Praxisbeispiel hierzu liefert die Firma Putzmeister. Putzmeister – ein führender Hersteller von Beton- und Mörtelpumpen – verkauft den Kunden nicht mehr die Pumpen, sondern stellt die Maschine an der Baustelle zur Verfügung. Während dieser Zeit ist die Pumpe online und in Echtzeit mit dem Unternehmen verbunden. Putzmeister übernimmt so die Wartung und die Releasewechsel und rechnet mit dem Kunden über die Zeit der Nutzung ab (Pay per Use). Damit lernt Putzmeister seine Kunden besser kennen und sieht, wie die Kunden die Pumpe nutzen. Das führt zu einer engen Verzahnung mit dem Kunden und zu ständigen Impulsen der Innovation (s. Bild 7.4).

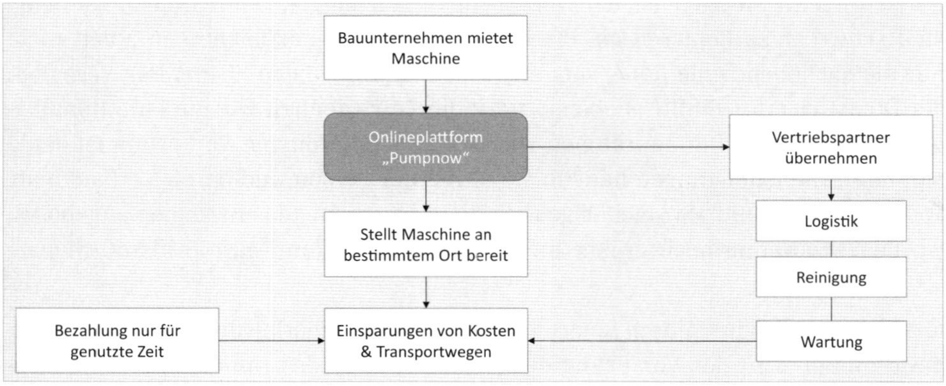

Bild 7.4 Pay per Use am Beispiel „Pumpnow“

7.4 Nutzen der Smart Services

Natürlich muss sich jedes Unternehmen als Anbieter von Smart Services fragen:

- Welche Ziele will das Unternehmen mit den Dienstleistungen erreichen?
- Welche Dienstleistungen werden bereits erbracht?
- Wo gibt es Probleme und wie kann man diese beheben?

Die schon vor Jahrzehnten getroffene Aussage von Peter Drucker: „Der Kunde will kein Produkt, sondern eine Lösung", bestätigt sich nun in aller Breite. Da die Wünsche der Kunden aber oft sehr individuell sind, müssen die Leistungen auf den Kunden zugeschnitten und stark individualisiert werden. Smart Services sind genau auf die Bedürfnisse des einzelnen Kunden zuzuschneiden und erfüllen damit Kundenbedürfnisse besser denn je – wodurch sie ein ertragreiches und nachhaltiges Unternehmenswachstum ermöglichen.

Unternehmen müssen Vorsprünge schaffen, um sich vom Wettbewerb zu differenzieren und dem Kunden einen höheren Nutzen anzubieten (s. Bild 7.5). Der Vorsprung beim Produkt ist oft sehr kurzfristig und wird vom Wettbewerb schnell aufgeholt. Über Reverse Engineering können schnell die Funktionen und Technologien eines Produktes ermittelt und kopiert werden. In Branchen, die einem schnellen technologischen Wandel unterliegen (z. B. bei Smartphones), sind Produktvorsprünge schnell von den anderen wieder aufgeholt. Ein Zeitrahmen von ein bis sechs Monaten ist normal und typisch. Bei der Ergänzung des Produktes durch Dienstleistungen ist der Vorsprung schon länger, denn Dienstleistungen sind schwerer zu kopieren als Produkte. Denn bei Dienstleistungen spielt nicht nur die Sachebene eine Rolle, sondern auch die persönliche Ebene. Das Verhalten der Dienstleister beeinflusst ebenso stark die Zufriedenheit wie die Funktionalitäten des Produktes. Ein Zeitrahmen von zwölf bis 24 Monaten Vorsprung ist denkbar, denn Dienstleistungen hängen stark von der Person und deren Verhalten ab. Werden das Produkt, dazugehörige Dienstleistungen und das Betreiben angeboten, ist die Verzahnung noch größer und der Vorsprung kann auf 36 bis 60 Monate steigen.

Je stärker ein Produkt durch Smart Services und Betreiberleistungen ergänzt wird, desto größer wird der Vorsprung des Angebotes und des Kundennutzens gegenüber Wettbewerbern.

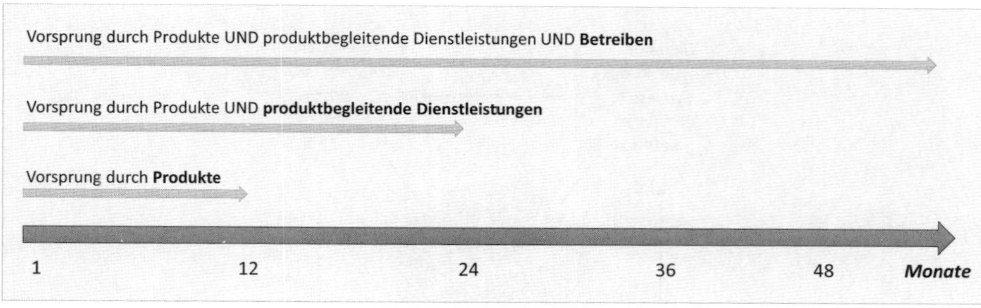

Bild 7.5 Vorsprünge durch Produkte, Smart Services und Betreiberleistungen

7.5 Die vier Felder der Dienstleistungen

Um Kunden einen optimalen Nutzen anzubieten, werden Dienstleistungen als Komplettpaket angeboten, welches für den Kunden einen maximalen Nutzen generiert (s. Bild 7.6).

- Dienstleistungen vor dem Kauf helfen dabei, das Produkt und die Leistungen genau auf den Kunden zuzuschneiden. In dieser Phase ist eine aktive Mitarbeit des Kunden von immenser Bedeutung.
- Dienstleistungen beim Kauf unterstützen den Kunden, um möglichst schnell den Nutzen zu realisieren bzw. eine Anlage zur vollen Verfügbarkeit zu bringen.
- Dienstleistungen bei der Nutzung haben für den Kunden eine besondere Relevanz, denn dadurch wird ihm geholfen, den vollen Nutzen aus der Lösung zu ziehen. Dies kann vorbeugende Instandhaltung sein, um damit eine höhere Anlagenverfügbarkeit zu erreichen.
- Dienstleistungen am Ende der Nutzung helfen dem Kunden ohne Probleme auf ein neues System umzusteigen und sich z. B. keine Gedanken über die Entsorgung zu machen.

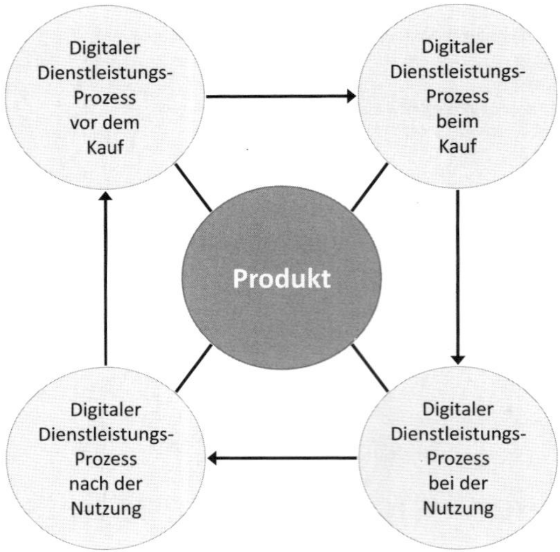

Bild 7.6 Die vier Felder der produktbegleitenden Dienstleistungen

■ 7.6 Der Kunde der Smart Services

Industrie 4.0 hat auf alle Geschäftspartner Auswirkungen. Das liegt nicht nur an den neuen technischen Möglichkeiten, sondern auch an der veränderten Rolle des Kunden. Die Verzahnung in der gesamten Wertschöpfungskette wird viel enger und intensiver. Dies gilt für die gemeinsame Produktentwicklung – Open Innovation – ebenso wie für die integrierte Herstellung – Just in Sequence und der Kunde als Prosumer – als auch im Vertrieb – durch den Einsatz von Konfiguratoren. Aus diesem Grund müssen sich die Hersteller und auch die Lieferanten wandeln.

7.6.1 Denken und Handeln in der Kundenkette

Die Frage, wer der Kunde ist, klingt ja auf den ersten Blick banal. Natürlich ist derjenige, der kauft und zahlt, der direkte Kunde. Neben dem direkten Kunden kann es aber eine ganze Kette von indirekten Kunden oder Multiplikatoren geben, die als Influencer und Meinungsbildner eine wichtige Rolle spielen (s. Bild 7.7). Daher ist es nicht nur wichtig, die komplette Kundenkette zu kennen, sondern darüber hinaus auch deren Auswahlkriterien. Es ist sinnvoll, mit allen Beteiligten Kontakt aufzubauen und in Informationsaustausch zu treten. Diese Chance ist durch Industrie 4.0 größer geworden und Daten der ganzen Kundenkette sind heute digitalisiert und daher viel leichter zu erheben und auszuwerten.

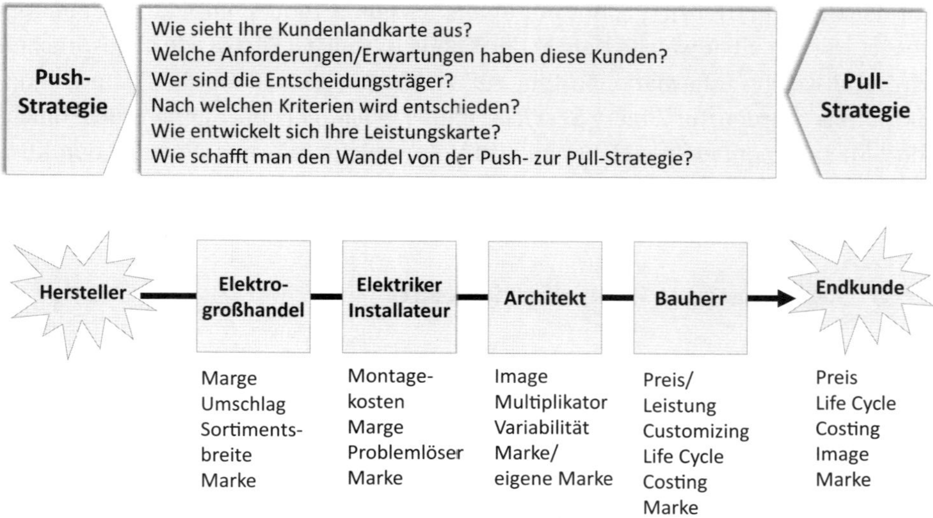

Bild 7.7 Strategie vom Hersteller zum Endkunden

7.6.2 Customer Journey und Sales Funnel

Bisher war man stets bemüht über das Instrument Sales Funnel den Weg vom Erstkontakt bis zum Auftrag nachzuvollziehen. Dies war aber die klassische Sicht des Verkäufers – die in keiner Weise vom Käufer geteilt werden muss. Durch die Möglichkeiten des Multi Channel Managements kann der Kunde heute verschiedene Kanäle nutzen, um sich über ein Produkt zu informieren und sich schließlich für ein Produkt zu entscheiden. Daher ist es wichtig, die Customer Journey abzubilden, um den Kunden auf seinem Weg zu begleiten (s. Bild 7.8).

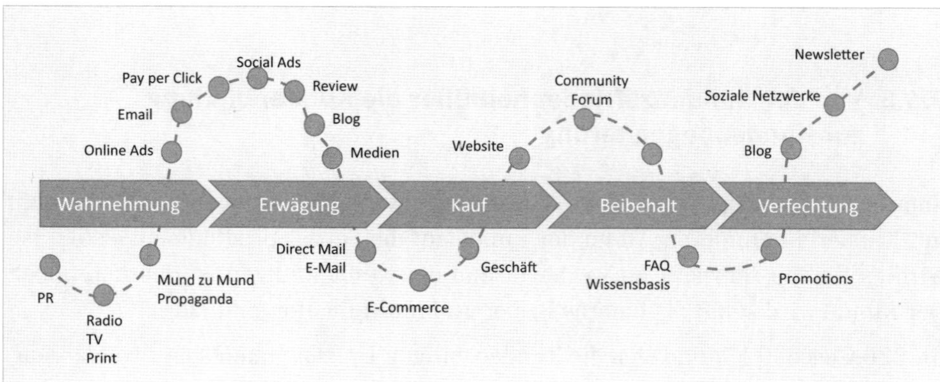

Bild 7.8 Beispiel einer Customer Journey

Auf der Customer Journey kann mit einem gezielten Touchpoint-Management gesteuert werden, über welche Kanäle der Kunde in welcher Phase wie angesprochen wird und welche Informationen ihm zur Verfügung gestellt werden. Kundenkontaktpunkte werden für Smart Services immer wichtiger. Im Rahmen des Touchpoint-Managements gilt es daher zu ermitteln, welche Informationen für den Kunden auf seiner Entscheidungsreise wichtig sind.

7.6.3 Die Vernetzung in der Kundenkette

Die Kundenkette wird heute durch Daten verbunden und kann in Echtzeit gesteuert werden. Anwendungsprobleme kommen damit sofort zutage und Reaktionszeiten werden verkürzt. Ein Beispiel hierzu: Amazon liefert heute in Deutschlands Großstädten Lebensmittel innerhalb von einer Stunde.

7.6.4 Big Data in der Kundenkette

Daten werden per Sensoren in Echtzeit ermittelt und damit völlig neue Perspektiven einer Steuerung ermöglicht. Maschinen sind mit Maschinen vernetzt und Menschen mit Maschinen, aber auch Menschen mit Menschen. So entstehen völlig neue Geschäftsmöglichkeiten in Echtzeit. Unternehmen sind in der Lage, sofort auf Verhaltensänderungen des Kunden zu reagieren. Dadurch müssen alle Prozesse auf den Prüfstand gestellt und so ausgerichtet werden, dass sie sofort auf veränderte Kundenwünsche reagieren können.

Durch den Wandel des Geschäftsmodells können neue Daten erzeugt werden. Durch ihr neues Pay-per-Use-Modell, in dem sie die Betonpumpen nicht mehr an den Kunden verkauft, sondern verleiht, gewinnt die Firma Putzmeister umfangreiche Daten über den Kunden und seine Anwendungen. Dies hilft beim ständigen Innovieren.

7.6.5 Von der Kundenzufriedenheit über die Kundenbindung zur Kundenbegeisterung

Smart Services schaffen eine starke Kundenbindung, da Unternehmen permanent mit Kunden interagieren: Wenn der Kunde auf die Serviceprodukte eingestellt ist, wird es für ihn schwerer zu wechseln und der Kundennutzen ist deutlich höher. Der Kunde wird somit als Referenzgeber und Multiplikator genutzt.

Im B2B-Geschäft können sich die kundenseitigen Unternehmen somit wieder stärker auf ihr eigenes Kerngeschäft konzentrieren. Der A380 der Lufthansa hat beispielsweise keine eigenen Triebwerke mehr, denn diese werden von Rolls Royce zur Verfügung gestellt – und die Lufthansa zahlt nur noch für die Nutzung.

7.7 Smart Services entwickeln und umsetzen

Der Wandel ist rasant, daher gilt es, das Thema Smart Services anzupacken und schnell und systematisch umzusetzen. Der Ausspruch des ersten Bundespräsidenten Theodor Heuss gilt auch heute: „Der einzige Mist, auf dem nichts wächst, ist der Pessimist."

Zur Entwicklung von Smart Services gehören beispielsweise:

- Gestaltung produktbegleitender Dienstleistungen
- Optimierung von Dienstleistungsprozessen
- Aktive Vermarktung produktbegleitender Dienstleistungen
- Einführung von Steuerungssystemen

Das praktische Vorgehen zur Identifikation und Umsetzung von Smart Services stützt sich auf sechs Schritte (s. Bild 7.9).

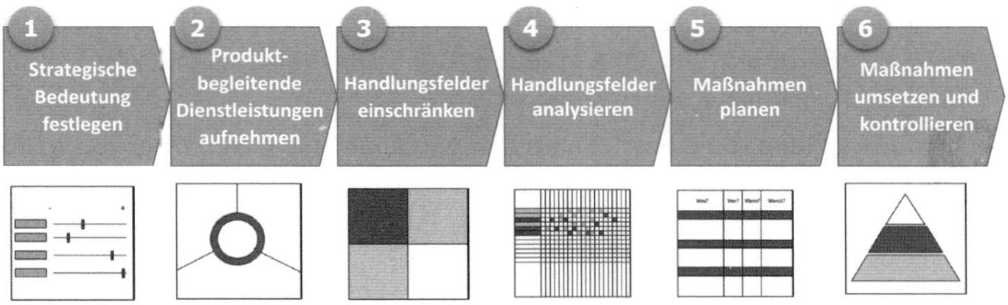

Bild 7.9 Entwicklung von Smart Services

Um die strategische Bedeutung festzulegen, muss zunächst klar sein, welche Ziele mit produktbegleitenden Dienstleistungen erreicht werden sollen. Diese Ziele dienen als Oberbegriffe dazu, Orientierung für die Basisstrategien zu geben. Zu den Basisstrategien zählen beispielsweise:

- Einhaltung von Vorgaben wie gesetzlichen Verpflichtungen, Branchenstandards, Kundenanforderungen
- Differenzierung gegenüber Wettbewerbern
- Ertragssteigerung durch Preissteigerung
- Ertragssteigerung durch direkte Abrechnung der Dienstleistungen
- Kundenbindung zur Akquise von Folgekäufen
- Gewinnung von Kundeninformationen

In einem zweiten Schritt werden die bereits bestehenden produktbegleitenden Dienstleistungen des Unternehmens in einer Übersicht aufgenommen. Was sind Kernprodukte, welche produktbegleitenden Dienstleistungen werden bereits angeboten und welche neuen Dienstleistungen könnten das Portfolio ergänzen?

Mit der Filterfrage „Was lohnt, genauer analysiert zu werden?“ können Dienstleistungen und Handlungsbedarfe bewertet werden. Hierbei ist zu analysieren, welcher Mehrwert und welcher Aufwand mit einer Entwicklung der Dienstleistung einhergehen würden. Auch mithilfe einer Analyse-Matrix (hoher vs. niedriger Aufwand und hoher vs. niedriger Nutzen) können Handlungsfelder eingeschränkt werden.

Bei der Analyse der Handlungsfelder werden weitere Informationsgrundlagen geschaffen. Es wird konkretisiert, welche Funktionen die jeweiligen ausgewählten Dienstleistungen haben sollen, worin der Nutzen für Kunden und das Unternehmen besteht und wo welcher Handlungsbedarf ist. Es muss geklärt werden, welche Dienstleistungen in welcher Reihenfolge bearbeitet werden sollen.

Im Rahmen der Maßnahmenplanung wird festgelegt, wer was bis wann und mit welchen Mitteln erledigen soll. Dabei werden smarte Ziele (smart = spezifisch, messbar, anspruchsvoll, realistisch, terminiert) gesetzt und durch Projektmanagement-Tools strukturiert. Bei der Umsetzung der Maßnahmen wird der Fortschritt mithilfe des Projektmanagements überprüft.

Bei der Entwicklung von (neuen) Smart Services kann man Differenzierungen hinsichtlich mehrerer Dimensionen und Ausprägungsformen (siehe Tabelle 7.1) vornehmen.

Tabelle 7.1 Dimensionen und Ausprägungsformen

Dimension	Ausprägungsform
Kaufphasen	Vorkaufphase Kaufphase Nachkaufphase Phasenübergreifend
Verrichtungsobjekt	Produkt (eigen/fremd) Geschäft Subjekt
Benötigte Kompetenzen und Ressourcen	Operativ Strategisch Kulturell
Funktion	Unterstützung von Leistungen Ergänzung von Leistungen Eigenständige absatzfähige Leistungen
Bezug zur Kernleistung	Abhängig Unabhängig

Leitfaden zur Entwicklung und Erbringung anpassbarer Dienstleistungen:

Der nachfolgende Leitfaden soll Anhaltspunkte für ein strukturiertes Vorgehen bei der Entwicklung und Leistung kundenindividuell anpassbarer Services geben:

- **Ideenfindung und -bewertung**

  Bei der Sammlung genereller Ideen zur Verbesserung bestehender Dienstleistungen oder für völlig neue Services hilft ein strukturiertes Vorgehen. Mithilfe eines Portfolios können beispielsweise Probleme beim bestehenden Dienstleistungsangebot besser spezifiziert werden. Dadurch können Verbesserungspotenziale leichter aufgedeckt werden. Am Ende dieser Phase steht ein Gesamtbild der geplanten Dienstleistungen.

- **Anforderungsanalyse**

  Die geplanten Leistungen müssen im nächsten Schritt einer Analyse unterzogen werden, in welcher Faktoren identifiziert werden, welche die Erbringung und Ausgestaltung der Services beeinflussen. Steht das Anpassungsvorhaben unter einem hohen Zeitdruck? Welche Unsicherheitsfaktoren gibt es? Die Aspekte der Anpassung können durch statische Nutzermodelle und Bedarfsanalysen modelliert werden. Zu hinterfragen sind an dieser Stelle auch der Anpassungsgrad sowie der Kontext der Dienstleistung.

- **Design**

  Im dritten Schritt gilt es, das Ausmaß der Anpassbarkeit, die Heterogenität der Optionen sowie die Bepreisung der Dienstleistung zu bestimmen. Inwieweit sollen Kunden den Service individuell zusammenstellen können? Mit steigendem Angebotsumfang steigt auch die Komplexität – für die Anbieter wie für die Kunden.

  In der Designphase werden die unterschiedlichen Gestaltungsalternativen reflektiert und modulbasiert inklusive Schnittstellen definiert. Auch Abhängigkeiten (innerhalb der Dienstleistung, zu anderen Services sowie von externen Faktoren) müssen festgelegt werden. Welche Einschränkungen sollen ggf. getroffen werden?

- **Einführung**

  Welche organisatorischen Voraussetzungen müssen für die Erbringung der Dienstleistung geschaffen werden? Mitarbeiter sind entsprechend vorzubereiten und ggf. Arbeitsbedingungen anzupassen. Außerdem muss entschieden werden, inwieweit Dienstleistungen bzw. ihre Anpassung zu einem Bundle zusammengefasst werden. Der Fokus kann hier sowohl auf dem Preis als auch auf dem Produkt liegen.

- **Dienstleistungserbringung**

  Bei der Erbringung der Dienstleistung muss die kontinuierliche Anpassung an Kundenbedarfe gewährleistet sein. Mitarbeiter sollten dafür Umsetzungsvorgaben erhalten, um möglichst professionell auf Anpassungswünsche reagieren zu können. Die Anpassung kann additiv oder subtraktiv vorgenommen werden.

Damit ein Kunde selbst eine Leistung entsprechend seiner Bedürfnisse anpassen kann, muss der Prozess entweder Module in Form von Attributen oder Alternativen enthalten.

- **Ablösung**

  Durch eine spezifische Definition von Services können sich Effektivitätsgewinne ergeben. Die Auswirkungen der Beendigung einer Dienstleistung können durch die detaillierte Beschreibung von Abhängigkeiten besser abgeschätzt werden. Werden die Dienstleistungen kontinuierlich (auch während ihrer Erbringung) an die Bedarfe der Kunden angepasst, können diejenigen Module zeitnah identifiziert werden, welche nicht mehr von den Kunden gewünscht sind. Auf diese Weise kann ein Unternehmen schnell das Serviceportfolio den Anforderungen entsprechend umstrukturieren.

7.8 Fazit

Die Digitalisierung, Vernetzung und Dematerialisierung der Geschäfte ermöglicht für Kunden ein weitaus nützlicheres Angebot als mit reinen Produkten oder Leistungen. Unternehmen, die produktbegleitende Dienstleistungen anbieten, können ein viel weiteres Spektrum der Kundenbedürfnisse befriedigen. Dadurch können sie Wachstumspotenziale und Vorsprünge gegenüber ihren Wettbewerbern realisieren.

Smart Services können sehr vielseitig sein: Vor oder beim Kauf, während oder nach der Nutzung und in Bezug auf eigene oder fremde Produkte bieten sie dem Kunden mehr denn je, was einen hohen Nutzen beinhaltet und wofür er bereit ist, einen Preis zu bezahlen: Die Lösung eines Problems oder Befriedigung eines Bedürfnisses durch die Nutzung und den bloßen Gebrauch eines Produktes, mit begleitender Hilfestellung zur optimalen Realisierung des individuellen Vorhabens.

Unternehmen, die langfristig erfolgreich sein wollen, müssen dem Kunden mehr Mehrwert bieten als mit dem reinen Produktportfolio. Nur durch einen höheren „Value for the Customer“ durch produktbegleitende Dienstleistungen kann ein nachhaltiger Erfolg garantiert werden.

Eine wesentliche Veränderung der Industrie 4.0 ist die Weiterentwicklung der Mensch-Maschine-Kommunikation, um somit die menschlichen Fähigkeiten mit Hilfe von maschineller Unterstützung voll ausschöpfen zu können und einen höheren Output zu generieren. Wesentlicher Bestandteil dieser Weiterentwicklung stellen sogenannte „Augmented Reality Brillen“ dar, welche im folgenden Artikel näher betrachtet werden. Durch sie wird es möglich ohne eine einzige Handbewegung beispielsweise ein Video abzuspielen, wichtige Informationen einzublenden oder auch (mittels integrierter Kamerafunktion) die Kommunikation zwischen Kunde und Anbieter zukunftsorientierter gestalten zu können.

8 Augmented Reality in der Industrie 4.0

Axel Glanz

Abstract

Industrie 4.0 ist das Stichwort, das die industrielle Fertigung in den nächsten Jahren revolutionieren wird. Die Informations- und Kommunikationstechnik ermöglicht die selbstständige Vernetzung und Kommunikation der Stationen und Maschinen untereinander, welche als cyber-physische Systeme in ihrer Umwelt selbstständig interagieren und sich laufend optimieren. Die Produktionsstätte wird zur Smart Factory, die sich autonom und dezentral steuert und auf Störungen oder Probleme selbstständig reagiert und die Prozesse automatisch an verschiedene Situationen anpasst. Diese Vorstellung ist keine Vision, sondern bereits nahe Zukunft. Eine wirtschaftliche Produktion ist im Rahmen der immer kürzer werdenden Produktlebenszyklen, der hohen Variantenvielfalt und individuellen Kundenanforderungen in Zukunft nur noch mit der Smart Factory zu gewährleisten. Trotz dieser Entwicklungen und dem Trend zu einer autonomen und dezentralen Steuerung der Produktion sind sich Experten aus der Wissenschaft und Wirtschaft einig: Der Mensch und seine Fähigkeiten sind auch in Zukunft ein unersetzlicher Teil der Produktentwicklung. Augmented Reality (AR) hat bei der Anpassung des menschlichen Arbeitsumfelds an die neuen Begebenheiten und Anforderungen der zukünftigen Industrie eine Schlüsselfunktion. Die Technologie revolutioniert die Vernetzung und Kommunikation sowohl auf der Mensch-Maschine-Ebene als auch von Mensch zu Mensch.

In diesem Kapitel werden die Potenziale der Augmented Reality in der Industrie 4.0 für vier Einsatzbereiche näher betrachtet: Forschung und Entwicklung, Produktion, Logistik sowie Field Service und After Sales.

8.1 Augmented Reality und Datenbrillen

Unter Augmented Reality (AR) versteht man die Erweiterung der Realität, das bedeutet, virtuelle dreidimensionale Abbildungen werden in die reale Welt des Betrachters projiziert. Die Elemente werden dabei nahtlos in die Umgebung eingebunden, sodass der Betrachter mit dem virtuellen Gegenstand interagieren kann. Die Komplexität der Technik besteht darin, den Gegenstand in Echtzeit in die Umgebung einzubetten, um ein perspektivisch korrektes Bild zu erhalten. Damit ist die Augmented Reality deutlich von Virtual Reality (VR) abzugrenzen. Virtual Reality lässt den Betrachter in eine virtuelle dreidimensionale Welt eintauchen, vollkommen losgelöst von der realen Umgebung der Person.

Mit einer AR-Brille nimmt der Benutzer seine Umgebung durch die Brille normal wahr. Mit einem optischen Display am Brillenbügel, einem Head-Mounted Display (HMD), werden Elemente auf das Brillenglas projiziert, die die Ansicht der Umgebung überlagern und ergänzen. Die VR-Brille ist im Gegensatz dazu komplett verschlossen und zeigt dem Benutzer lediglich eine virtuelle Welt. Virtual Reality Brillen sind überwiegend für den privaten Gebrauch und die Unterhaltungs- und Spieleindustrie interessant. Augmented Reality hat darüber hinaus ein großes Potenzial in der Business-Anwendung und wurde bereits von Unternehmen in verschiedenen Branchen erfolgreich in allen Stufen der Wertschöpfung getestet und eingesetzt. Datenbrillen ermöglichen ihrem Träger, Nachrichten, SMS und Anrufe über die Brille zu tätigen, ohne dabei die Hände nutzen zu müssen. Darüber hinaus bietet sie dem Träger viele weitere Funktionen wie Navigation, das Abspielen von Videos und das Einblenden von Informationen zu seiner Umgebung. Trotz der anfänglichen Begeisterung konnte sich beispielsweise Google Glass im C2C-Umfeld aufgrund der Bedrohung für die Privatsphäre und verschiedener technischer Fehler nicht durchsetzen und wurde vorerst wieder vom Markt genommen. Viele andere Unternehmen erkannten dagegen vor allem das Potenzial der Brille im B2B-Sektor und begannen ihre eigenen Entwicklungen. Epson, Vuzix, ODG und viele weitere Firmen entwickeln AR-Brillen, deren Funktionen weit über die private Nutzung hinausgehen. Bild 8.1 zeigt eine Übersicht verschiedener AR-Datenbrillen in der jeweiligen Entwicklungsphase und macht darüber hinaus die große Bandbreite an Herstellern von AR-Datenbrillen weltweit sichtbar.

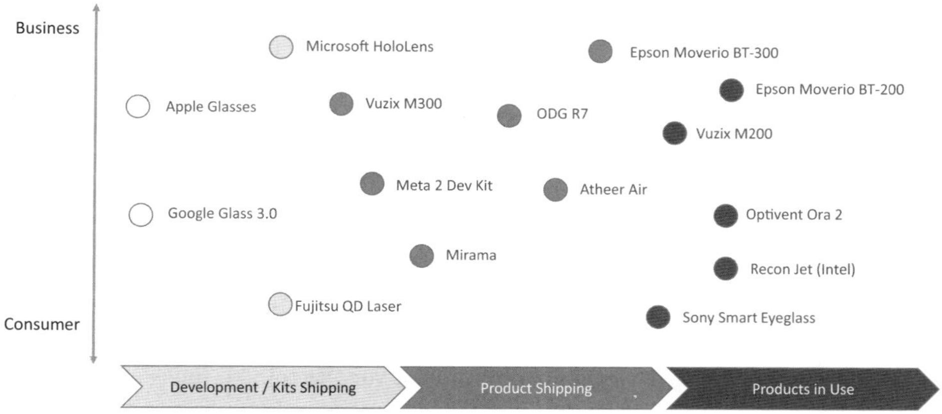

Bild 8.1 Status der wichtigsten „Smart Glasses" für Augmented Reality, 1. Quartal 2017

Die Einsatzbereiche und Formen der sogenannten Smart Glasses ist groß. Recon Jet beispielsweise vertreibt Datenbrillen speziell für Athleten, Innovega arbeitet an der AR-Kontaktlinse „iOptik" und Unternehmen wie Seer und DAQRI entwickeln AR-Datenhelme für die Industrie. Für die Hersteller steht dabei die Unterhaltung und somit der private Nutzer längst nicht mehr im Mittelpunkt. Mehr und mehr Datenbrillen werden insbesondere für Firmenverwendung entwickelt und hergestellt. Das Einsatz-Potenzial der Brillen in der Industrie wurde auch von Softwareherstellern schnell erkannt. Etablierte Unternehmen wie Microsoft und SAP, aber auch Startups wie FieldBit haben die Einsatzmöglichkeiten von Datenbrillen im Arbeitsalltag früh erkannt und seither eine Reihe von Produkten auf den Markt gebracht. Die meiste Software wurde dabei für die beiden Datenbrillenmodelle Epson Moverio und Vuzix M100 entwickelt, da sich diese Modelle bisher für den Einsatz in der Industrie am meisten etablieren konnten.

AR-Datenbrillen gewinnen insbesondere durch die Entwicklungen der Industrie 4.0 in vielen Bereichen der Wertschöpfung immer mehr an Bedeutung. Trotz der zukünftigen Vernetzung durch die moderne Informations- und Kommunikationstechnik in der industriellen Fertigung bleiben der Mensch und seine Fähigkeiten weiterhin ein wesentlicher Bestandteil der Produktion. Zur bestmöglichen Unterstützung des Menschen ist in Zukunft eine Erweiterung der Mensch-Maschine- sowie Mensch-Mensch-Kommunikation erforderlich. Dies kann durch die Integration von AR-Datenbrillen optimal gewährleistet werden. Im Rahmen der Mensch-Maschine-Vernetzung durch Augmented Reality wird der Benutzer durch die Brille mit für die Arbeitsaufgabe relevanten Datenbanken verknüpft. Er erhält somit zur richtigen Zeit die wesentlichen Hinweise und Anweisungen, kann Zusatzinformationen einfach aufrufen, Vorgänge automatisch dokumentieren und ablegen und dadurch mit seinem Umfeld besser interagieren. Die Digitalisierung hat in diesem Zusammenhang bereits einen großen Beitrag zur Vernetzung geleistet. Die Datenbrille optimiert diese Vernetzung und vereint darüber hinaus die Funktionen und Anwendungen in einem intuitiv, ohne Hände zu bedienenden Gerät.

Neben der Mensch-Maschine-Vernetzung sind auch die Potenziale für die Kommunikation der Mitarbeiter untereinander durch die Datenbrille nicht zu vernachlässigen. Insbesondere im Außendienst wie zum Beispiel im Field Service oder After Sales ist die AR-Datenbrille eine große Bereicherung. Für den Fall, dass zusätzliche Informationen aus Datenbanken zur Lösung des vorliegenden Problems nicht ausreichen, kann per Chat oder Videofunktion ein Kollege kontaktiert werden. Durch eine in der Brille integrierte Kamera sieht der Berater dabei genau das Sichtfeld des Technikers und kann zeitgenau die Arbeitsschritte des Technikers nachverfolgen und Hinweise geben, ohne selbst vor Ort sein zu müssen.

Die Nutzung von Datenbrillen in der Industrie ist allerdings nicht nur aus unternehmerischen Gründen sinnvoll. Durch den täglichen Gebrauch von verschiedenen Medien wie Smartphones, Laptops oder Tablets in der Freizeit gehört der Umgang mit Geräten dieser Art längst zum Alltag vieler Menschen. Der Umgang mit einer Datenbrille stellt daher vor allem für jüngere Mitarbeiter meist keine große Herausforderung dar. Eine mehrtägige Schulung und kurze Trainings sind für den Einsatz oft bereits ausreichend. Darüber hinaus ist die intuitive Steuerung und Bedienung, durch Kopfbewegung, Sprach- oder Gestensteuerung für viele Mitarbeiter mit Spaß und damit auch mit Motivation verbunden, von der das Unternehmen langfristig profitiert.

Wie bereits erwähnt, erstreckt sich der Einsatzbereich der Datenbrillen weit über eine Anwendung in der Produktion hinaus. Im Rahmen der Veränderungen durch die vierte industrielle Revolution lassen sich vier Bereiche nennen, in denen Datenbrillen teilweise heute schon ihr großes Potenzial unter Beweis stellen können. Dazu gehören die Forschung und Entwicklung, die Produktion, Logistik sowie der Field Service und After Sales. Unternehmen wie Daimler, DHL und Mekorot haben den großen Nutzen der Augmented Reality in diesen Bereichen erkannt und im Rahmen von Pilotprojekten den Einsatz getestet. Bild 8.2 gibt einen Überblick über die Einsatzmöglichkeiten in den vier Bereichen sowie geeignete Hard- und Softwarebeispiele.

Beginnend mit der Forschung und Entwicklung werden die Einsatzpotenziale der AR-Datenbrillen für die vier genannten Bereiche im Folgenden eingehend erarbeitet und anhand der Beispiele aus der Praxis näher betrachtet.

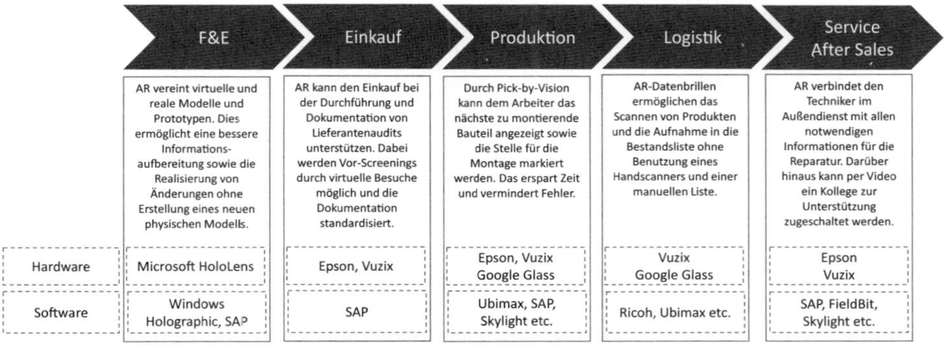

Bild 8.2 Einsatzbereiche von Augmented Reality in der Wertschöpfungskette der Industrie

■ 8.2 Forschung und Entwicklung

Im Rahmen der Industrie 4.0 wird sich neben der Fabrik und der tatsächlichen Produktion auch die Produktentwicklung deutlich verändern. Insbesondere die späten Phasen des Produktentstehungsprozesses, der Modell- und Prototypenbau, werden eng mit der Produktion verknüpft, um in dem immer kürzer werdenden Produktlebens- und Entwicklungszyklus bestehen zu können. Die in der Entwicklung erstellten Modelle und Prototypen müssen immer höheren Anforderungen genügen und unterliegen einem stetigen Rückkopplungsprozess zu der Produktion.

Aus diesem Grund gewinnt der Entwicklungsprozess im Rahmen der Industrie 4.0 im gesamten Produktentstehungsprozess immer mehr an Bedeutung und wird sich im Laufe der nächsten Jahre deutlich verändern. Produkte in der Smart Factory der Industrie 4.0 sind nicht mehr nur einzelne Gegenstände in der Produktion, sondern werden mehr und mehr Teil der Produktion. Das vernetzte Produkt kennt zu jedem Zeitpunkt seinen Zustand und Ort sowie den weiteren Produktionsweg und kann mit verschiedenen Stationen und Maschinen kommunizieren. Dieser Aspekt hat wiederum großen Einfluss auf den Entstehungsprozess des Produktes. Während der Produktion kann das Produkt laufend Informationen an die Entwicklung zurückgeben und somit den Entstehungsprozess stetig verbessern. Mögliche Fehler können dadurch bereits in der Entwicklung erkannt und vermieden werden.

Die Augmented Reality im Produktentstehungsprozess ermöglicht die Verbindung der realen und virtuellen Prototypen und bringt der Produktentwicklung dadurch neue Gestaltungsmöglichkeiten. Durch die Nutzung der AR in der Entwicklung können die Potenziale der virtuellen Modelle auf die realen Modelle übertragen werden und somit die Vorteile beider vereinen. Reale Modelle zeigen das Produkt im tatsächlichen Größenverhältnis. In virtuellen Modellen dagegen lassen sich

Komponenten und Eigenschaften wie Farbe und Werkstoff des Prototypen schnell austauschen und ändern, ohne dabei neue Material- und Herstellungskosten zu verursachen. Das reduziert den Kosten- und Zeitaufwand deutlich, hilft aber auch den Abstraktionsgrad der Modelle zu vermindern und somit die Informationen auf das Wesentliche zu beschränken. Durch den vereinfachten Entwicklungsprozess können potenzielle Entwicklungsschleifen und -varianten verkürzt und ohne hohe zusätzliche Kosten realisiert werden.

Die Dokumentation des Prozesses wird durch die AR-Brille automatisiert und kann somit auch zukünftige Entwicklungen verbessern. Insbesondere für kleine Serien mit hoher Variantenvielfalt ist daher die Nutzung der Augmented Reality von großem Vorteil. Über den Modell- und Prototypenbau hinaus werden die Simulation sowie erste Tests durch die Nutzung von AR möglich. All diese Aspekte können zu einer erheblichen Kosten- und Zeiteinsparung bei gleichzeitig höherer Qualität und Zuverlässigkeit im Produktentwicklungsprozess führen und den zunehmend wachsenden Anforderungen der Produktion in der Industrie 4.0 genügen.

Microsoft – AR in der Entwicklung

Microsoft hat 2015 eine Plattform für Windows 10 mit dem Namen „Holographic" auf den Markt gebracht. Im Rahmen dieser Entwicklung können sogenannte Hologramme mit der AR-Datenbrille „HoloLens", ebenfalls von Microsoft, dargestellt werden. Ein Hologramm ist ein durch Licht erzeugtes fotorealistisches Abbild, das für den Betrachter als frei im Raum schwebendes dreidimensionales Abbild erscheint. Für die Produktentwicklung hat diese Technologie großes Potenzial, da virtuelle Prototypen dreidimensional in die reale Umgebung projiziert werden und somit dem Entwickler ein optimales Modell bieten. Die Verbindung von realen und virtuellen Modellen bietet Designern und Entwicklern revolutionäre Möglichkeiten. Die flexiblen und detaillierten virtuellen Modelle können dank Augmented Reality im richtigen Größenverhältnis in der realen Umgebung dargestellt und verändert werden. Der geringere Abstraktions- und höhere Detaillierungsgrad des Augmented-Reality-Modells vereint die Vorteile der realen und virtuellen Prototypen und kann somit den steigenden Qualitätsanforderungen genügen.

8.3 Produktion

Durch die Entwicklungen der Smart Factory sind die zu fertigenden Produkte intelligent, eindeutig identifizierbar und lokalisierbar. Die Produkte steuern ihre Herstellung selbst, kennen ihren Zustand und wählen bei Störungen im Produktionsprozess einen alternativen Weg. Dieser Ablauf bedarf einer Standardisierung der einzelnen Produktionsprozesse sowie einer klaren und eindeutigen Definition der Abläufe. Die Smart Factory ermöglicht eine deutliche Ressourcen- und Energieeinsparung, der Ausschuss wird verringert und auch eine Überproduktion kann vermieden werden. Trotz der umfangreichen Automatisierung durch die Vernetzung spielt der Mensch, seine Kreativität, Flexibilität und Erfahrung, auch in Zukunft eine wichtige und nicht ersetzbare Rolle in der Produktion. Daher ist es umso wichtiger, den Menschen bei wichtigen Entscheidungen und Optimierungsprozessen zu unterstützen. Mithilfe von AR kann der Mensch sowohl während der Montage als auch bei Qualitätssicherungs-, Planungs- und Entscheidungsaufgaben unterstützt werden. Durch die Einblendung wesentlicher Informationen zur richtigen Zeit werden Arbeitsabläufe effizienter, Fehler werden vermieden und die Produktqualität steigt. Der Mitarbeiter wird Schritt für Schritt durch die Montage geleitet, dabei werden die Einblendungen millimetergenau angezeigt. Die Arbeitsabläufe werden zudem dokumentiert und abgelegt und tragen damit zu einer höheren Prozessstandardisierung bei. Für den Mitarbeiter stellt die Technologie dabei keine zusätzliche Ablenkung dar, da er mit Nutzung der Datenbrille beide Hände für die Produktion frei hat und die Zusatzinformationen bei Bedarf intuitiv durch eine Kopfbewegung steuern kann. Insbesondere im Kleinserienbau mit hoher Variantenvielfalt kann die Implementierung von Datenbrillen eine erhebliche Produkt- und Prozessoptimierung ermöglichen, da eine erfolgreiche Montage durch die Bereitstellung von Zusatzinformationen nicht mehr gänzlich von den Erfahrungen und Kenntnissen des Monteurs abhängig ist.

Daimler – AR in der Qualitätssicherung

Das große Potenzial der AR-Datenbrillen in der Produktion wurde bereits von der Industrie erkannt und von international erfolgreichen Unternehmen wie Daimler getestet. Im Rahmen eines Pilotprojektes stattete Daimler Mitarbeiter in der Qualitätssicherung mit AR-Datenbrillen der Marke Vuzix und einer entsprechenden Software der Firma Ubimax aus. Der Prozess der Fehlererkennung sowie die anschließende Dokumentation verliefen in der Qualitätssicherung bei Daimler dabei bisher in einem zeitaufwendigen und fehleranfälligen „Offline"-Prozess. Dabei wurden manuelle Checklisten geführt, um eventuelle Fehler der Fertigung aufzudecken, die nach der Überprüfung in detaillierten Berichten außerhalb der Fertigungshalle dokumentiert wurden. Durch die Nutzung von AR-Brillen ermöglichte Daimler die vollständige Digitalisierung und Standardisierung dieses Prozesses. Darüber hinaus konnte durch das Fotografieren oder Filmen des Fehlers die Ursache besser nachvollzogen werden. Fehlerberichte wurden automatisch erstellt und konnten auf direktem Weg der Fertigung zugesendet werden. Der deutlich geringere Kosten- und Zeitaufwand bei erhöhter Produktivität und Qualität wurde bereits nach einer kurzen Zeit bei Daimler sichtbar, sodass die Testphase auf weitere Fertigungsstandorte ausgeweitet wurde.

8.4 Logistik

Neben der Produktion wird sich im Rahmen der Industrie 4.0 auch die Logistik deutlich verändern. Der Produkttransport wird überwiegend bis vollständig von autonomen Fahrzeugen getätigt, die Lagerung und Sortierung der Produkte wird dabei von einer Software übernommen. Über den Transport hinaus messen Behälter und Regale durchgehend ihren Bestand und kommunizieren miteinander und mit den Fahrzeugen, um einen optimalen Ablauf zu ermöglichen. Diese Entwicklungen werden stationäre Fördertechniken in Zukunft vollständig ablösen und eine flexible Bestandshaltung ermöglichen, die dem Kunden zum gewünschten Zeitpunkt das richtige Produkt zur Verfügung stellt. Durch die Vernetzung und Kommunikation der Stationen, Fahrzeuge und Objekte werden Fehlsortierungen und Störungen selbstständig vermieden und damit ein effizienter Logistikprozess ermöglicht. Die Augmented Reality spielt für die Vernetzung des Menschen mit seinem Arbeitsumfeld eine wichtige Rolle. Die Mitarbeiter werden mithilfe der Datenbrille auf dem besten Weg durch die Regale geleitet. Produkte können schnell in die Datenbank aufgenommen werden, wobei die Datenbrille dabei die Funktion des Barcodescanners sowie der Bestandsliste übernimmt. So werden Fehlplatzierungen und Fehler bei der Bestandslistenführung vermieden. Mit der Bereitstellung zusätzlicher Informationen zu den Produkten wird zudem auf besonders fragile oder schwere Objekte hingewiesen und eine zu hohe körperliche Belastung des Mitarbeiters vermieden.

DHL und VW – AR in der Logistik

Im Rahmen eines Pilotprojektes hat DHL die Arbeit mit AR-Datenbrillen im Lagerbetrieb getestet. Das Experiment zeigte eine Effizienzsteigerung des Arbeitsprozesses durch die schrittweise Kommissionieranleitung um 25 %. Durch die Nutzung der Datenbrillen wurden unnötige Handgriffe vermieden und Fehler reduziert. Darüber hinaus war die Akzeptanz bei den Mitarbeitern von Anfang an sehr groß. Nach dem erfolgreichen Test plant DHL nun auch weitere Einsatzmöglichkeiten von AR-Brillen.

Auch Volkswagen hat nach einer erfolgreichen Testphase Datenbrillen in der Logistik eingeführt. Wie DHL hat auch VW die Vorteile von AR in der Logistik erkannt: Die Mitarbeiter erhalten Informationen zu Lagerplatz und Bauteil zum richtigen Zeitpunkt im Sichtfeld und können darüber hinaus das Teil mit der Scanfunktion der Brille sofort in den Bestand aufnehmen. Die intuitive Touch- und Sprachbedienung hält dem Mitarbeiter beide Hände frei. Im Rahmen der Pilotphase konnte die Prozesssicherheit bei VW bereits deutlich verbessert werden, sodass die Datenbrille inzwischen serienmäßig in der Kommissionierung eingesetzt wird und in Zukunft auch auf weitere Bereiche und Marken des Konzerns erweitert werden soll.

■ 8.5 Field Service und After Sales

Ein vierter Bereich, in dem Augmented Reality in der Industrie 4.0 eine wichtige Rolle spielt, ist der Field Service und After Sales. Insbesondere im Field Service können AR-Datenbrillen eine wichtige Unterstützung für den Techniker darstellen. Bild 8.3 gibt einen Überblick über die Vorteile durch die Nutzung von AR-Datenbrillen im Field Service.

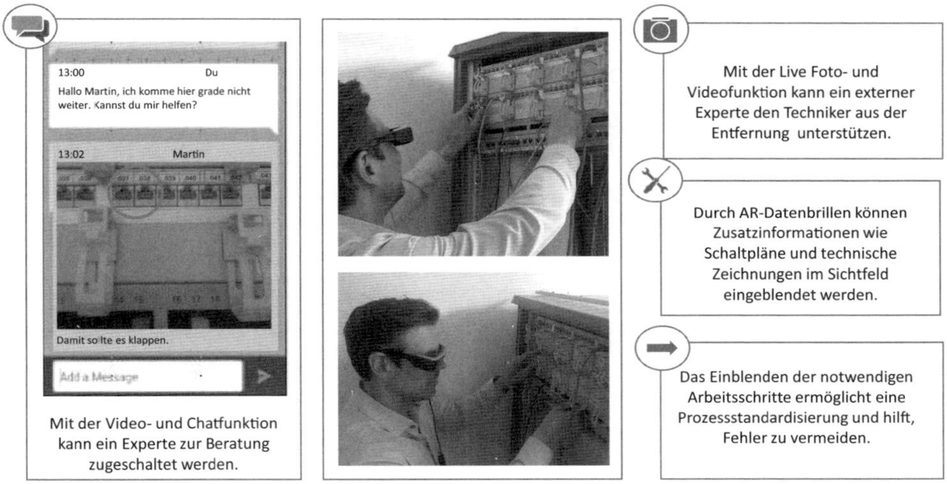

Bild 8.3 Augmented Reality im Field Service

Bei Reparaturen und Instandhaltungen haben Techniker oft keinen Onlinezugang zu allen Informationen. Die Leistung des Field Service ist daher zu einem großen Teil von dem Wissen und der Erfahrung des Technikers abhängig. Dies stellt insbesondere im Field Service ein großes Problem dar, da ein Zweitbesuch eines besser qualifizierten Mitarbeiters bei einem ungelösten Problem hohe Kosten verursacht. Fehler und Abweichungen vom vorgegebenen Arbeitsprozess sind bei Arbeiten im Außendienst kaum kontrollierbar, können aber den Instandhaltungsprozess negativ beeinflussen. Gerade bei der Reparatur von komplexen Systemen und Maschinen kann das Übersehen eines fehlerhaften Bauteils großen Schaden anrichten. Datenbrillen unterstützen den Techniker in verschiedener Weise bei der Arbeit und helfen einen Zweitbesuch in den meisten Fällen zu vermeiden.

Wie auch in den anderen bereits betrachteten Einsatzbereichen blendet die Datenbrille wesentliche Informationen zu dem bearbeiteten Bauteil ein. Durch eine Kamerafunktion erkennt die Brille das beschädigte Bauteil und markiert es sichtbar für den Techniker. Zusätzliche Informationen wie zum Beispiel ein Schaltplan oder eine technische Zeichnung können ebenfalls passend am Rand des Sichtfelds eingeblendet werden. Tipps und Notizen geben dem Mitarbeiter wichtige Hinweise. Bild 8.4 zeigt die Sicht durch eine AR-Brille auf einen Motor. Funktionen wie beispielsweise der dargestellte Chat oder die Kamera ermöglichen eine einfache und effektive Kommunikation mit einem Kollegen. Durch zusätzliche Notizen und Markierungen kann dieser den Techniker beratend unterstützen. Eine Bibliothek enthält den gesamten Online-Bestand an Dokumenten und Unterlagen, die für die erfolgreiche Lösung des Problems relevant sind.

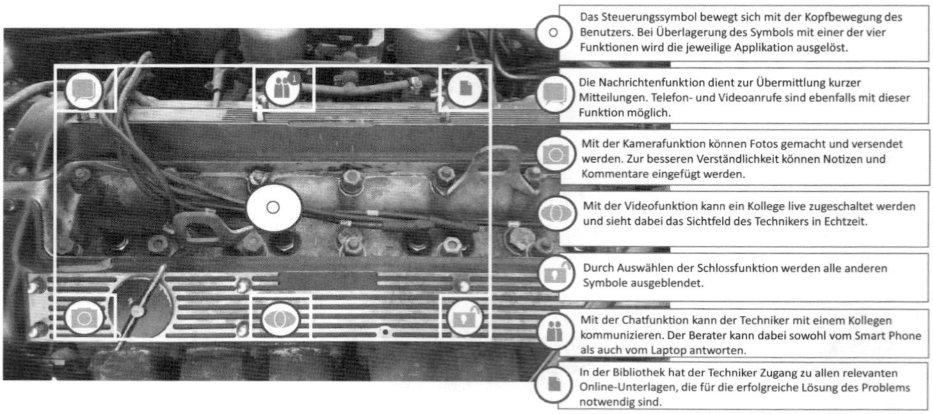

Bild 8.4 Sicht durch eine Augmented-Reality-Brille

Der Techniker hat somit alle relevanten Informationen parat und trotzdem beide Hände für die Reparatur frei. Zudem werden die Arbeitsschritte des Technikers dokumentiert und können somit auf Vollständigkeit überprüft werden. Prozesse werden standardisiert und effizienter. Sollten die vorhandenen Informationen für eine erfolgreiche Behebung des Problems nicht ausreichen, kann ein Kollege über einen Videoanruf live zugeschaltet werden. Über ein Headset kann der Techniker telefonieren und über die Kamerafunktion der Brille Foto- oder auch Videoaufnahmen versenden.

Mit der stetigen Weiterentwicklung und Verbesserung der 3D-Drucker zur Verwendung in der Serienentwicklung gibt es auch für die AR in der Reparatur große Potenziale. Wird bei der Reparatur oder Instandhaltung ein kaputtes Bauteil festgestellt, kann zeitgleich der Lagerbestand über die Datenbrille abgefragt werden. Sollte das notwendige Bauteil nicht im Lager vorhanden sein, kann die Datenbrille den Druckvorgang sofort anstoßen. Diese Vision verkürzt den Prozess von der Feststellung des Fehlers zur Herstellung des notwendigen Bauteils auf ein paar Sekunden und revolutioniert den gesamten Reparatur- und Instandhaltungsprozess.

Mekorot – Augmented Reality im Field Service

Mekorot, eines der größten Trinkwasserversorgungsunternehmen in Israel, hat den Einsatz von AR-Datenbrillen im Field Service bereits in einem Pilotprojekt getestet. Für die Testphase wurden die Mitarbeiter mit Epson-Brillen und der Software von FieldBit ausgestattet. Zur Unterstützung bei Reparatur- und Instandhaltungsarbeiten wurden Schaltpläne und technische Zeichnungen in das Sichtfeld des Technikers eingeblendet. Der Mitarbeiter wurde darüber hinaus in einer Schritt-für-Schritt-Anleitung durch den Arbeitsprozess geleitet und seine Arbeitsschritte zeitgleich mit der Kamerafunktion dokumentiert. Zusätzliche Unterstützung konnte sich der Techniker über die Chatfunktion der FieldBit Software von Kollegen und anderen Mitarbeitern holen. Die Möglichkeit, schnell Foto- und Videoaufnahmen zu machen und zu versenden, ist dabei ein weiterer Vorteil. Bereits nach einer kurzen Testphase verzeichnete Mekorot eine deutliche Zeiteinsparung durch die Nutzung der Datenbrille.

8.6 Zusammenfassung und Ausblick

Die nähere Betrachtung der Entwicklungen in den Bereichen Forschung und Entwicklung, Produktion, Logistik und Field Service/After Sales verdeutlicht die vielseitigen Einsatzmöglichkeiten sowie die Potenziale, die sich durch die Nutzung von Augmented-Reality-Brillen ergeben. Eine deutliche Kosten- und Zeitersparnis, weniger Fehler, die Standardisierung von Prozessen und eine höhere Produktivität lassen sich bereichsübergreifend feststellen. Die Datenbrillen ermöglichen dem Nutzer eine Vernetzung in zwei großen Bereichen. Zum einen wird der Nutzer mit allen für die Arbeitsaufgabe relevanten Datenbanken verknüpft und erhält dadurch schnellen und einfachen Zugang zu notwendigen Informationen. Zum anderen kann er sich mit Kollegen vernetzen und auch über große Entfernungen effektiv kommunizieren. All diese Vorteile lassen sich aus bereits durchgeführten Testphasen und Pilotprojekten in verschiedenen Branchen durch Firmen wie Daimler und DHL bestätigen. Die stetige Weiterentwicklung und Verbesserung der Datenbrillen durch die vielen Hersteller ermöglicht es Unternehmen, die optimale Brille für den Einsatzbereich zu bestimmen. Auch Softwarehersteller haben den industriellen Einsatz von Datenbrillen längst als Markt erkannt und verschiedenste Lösungen entwickelt, die sich kosten- und zeitsparend in den Arbeitsalltag integrieren lassen. Blickt man über die wirtschaftlichen Vorteile der AR-Datenbrillen hinaus, erkennt man, dass der Einsatz von Datenbrillen auch ein großer Faktor für die Steigerung der Motivation und des Engagements der Mitarbeiter sein kann. Der Bedarf sowie der Nutzen der Datenbrillen wurden von den beteiligten Mitarbeitern der Pilotprojekte schnell erkannt. Die intuitive Handhabung und Bedienung der Brillen ermöglicht zudem einen schnellen Einsatz der Geräte im Arbeitsalltag. Die Erkenntnisse dieses Kapitels zeigen bisher relativ unbekannte, aber bedeutende Vorteile der AR-Brillen für die Business-Anwendung auf. Überdies verdeutlichen die erfolgreichen Testbeispiele aus verschiedenen Branchen die schnelle Implementation der Datenbrillen in den Arbeitsalltag sowie die Potenziale, die bereits nach kurzer Zeit messbar sind.

Im vorstehenden Kapitel wurden die Technologie und die Potenziale der Augmented Reality in der Industrie 4.0 anhand vier verschiedener Einsatzbereiche ausführlich beschrieben. Dabei wurden auch die Rolle des Menschen und die Mensch-Maschine-Vernetzung thematisiert. Das nächste Kapitel rückt den Menschen noch weiter in den Mittelpunkt, als entscheidenden Einflussnehmer und Erfolgsfaktor im Rahmen der Digitalisierung. Das Kapitel zeigt unter dem Titel „Führungskultur 4.0", warum eine zukunftsfähige Führungskultur der Schlüssel für das Gelingen der digitalen Transformation von Unternehmen ist und was eine zukunftsfähige Führungskultur dabei im Einzelnen auszeichnet.

8.7 Literatur

[Azu 97] Azuma, Ronald T.: A Survey of Augmented Reality, in: Presence: Teleoperators and Virtual Environments 6 (1997) 4, S. 355 - 385.

[Bau 14] Bauernhansl, Thomas u. a. (Hrsg.): Industrie 4.0 in Produktion, Automatisierung und Logistik. Anwendung - Technologien - Migration. Berlin 2014.

[Deu 15] Deuse, Jochen u. a.: Gestaltung von Produktionssystemen im Kontext von Industrie 4.0, in: Botthof, Alfons; Hartmann, Ernst Andreas (Hrsg.): Zukunft der Arbeit in Industrie 4.0. Berlin, Heidelberg 2015, S. 99 - 109.

[Fel 15] Fellmann, Michael u. a.: Klassifikation, Einordnung und Bewertung der Einsatzpotentiale von Augmented-Reality-Anwendungen für den Technischen Kundendienst. Studie 12/2015. URL: *https://repositorium.uni-osnabrueck.de/bitstream/urn:nbn:de:gbv:700-2015121813734/4/LLBPM_Research_Report_10_2015.pdf* (Zugriff am 15. 2. 2017).

[Lud 05] Ludwig, Christine; Reimann, Christian: Augmented Reality. Information im Fokus, in: C-Lab Report 4 (2005) 1, S. 1619-7879. URL: *http://www.c-lab.de/fileadmin/user_upload/Ueber_Uns/Services_Downloads/C-LAB_Reports/2005/1_C-LAB-TR-2005-1-Augmented_Reality_Information_im_Fokus.pdf* (Zugriff am 15. 2. 2017).

[Ram 13] Ramsauer, Christian: Industrie 4.0. Die Produktion der Zukunft, in: WINGbusiness 3 (2013), S. 6 - 12.

[Rus 13] Russwurm, Siegfried: Software. Die Zukunft der Industrie, in: Sendler, Ulrich (Hrsg.): Industrie 4.0. Beherrschung der industriellen Komplexität mit SysLM. Berlin, Heidelberg 2013, S. 21 - 36.

[Spa 13] Spath, Dieter (Hrsg.): Produktionsarbeit der Zukunft. Industrie 4.0. Stuttgart 2013.

[Sch 08] Schilling, Thomas: Augmented Reality in der Produktentstehung. Ilmenau 2008.

[Tön 10] Tönnis, Marcus: Augmented Reality. Einblicke in die erweiterte Realität. Berlin 2010.

TEIL D

Der Mensch im Mittelpunkt

9 Führungskultur 4.0: Schlüssel der digitalen Transformation

Stefan F. Gross

Abstract

Die digitale Transformation bedeutet für Unternehmen weit mehr als nur eine technologische Herausforderung und erfordert, um zu gelingen, auch eine kulturelle Transformation. Schlüsselfaktor ist die Entwicklung einer „Führungskultur 4.0", mit der die Wettbewerbsfähigkeit eines Unternehmens im digitalen Zeitalter nachhaltig gefördert und gesichert wird. Smart Services brauchen Smart People – und Smart Leadership! Dieses Kapitel zeigt,

- *WARUM der digitale Wandel nur gelingt, wenn er durch einen kulturellen Wandel begleitet und gefördert wird;*
- *AUF welche Weise der Mensch dabei im Mittelpunkt steht;*
- *AUS welchen Elementen und Gestaltungsfeldern sich die Führungskultur eines Unternehmens zusammensetzt und warum sie über die Veränderungs- und Wettbewerbsfähigkeit entscheidet;*
- *WELCHE Anforderungen sich an eine „zukunftsfähige Führungskultur" aus den veränderten Rahmenbedingungen der Führung und durch die digitale Transformation der Wirtschaft ergeben;*
- *WAS eine zukunftsfähige Führungskultur konkret bedeutet und welche Merkmale sie auszeichnen;*
- *WELCHE Ansatzpunkte für die Entwicklung einer zukunftsfähigen Führungskultur existieren.*

9.1 Die digitale Zeitenwende: Was die neue Technologie-Epoche für Unternehmen bedeutet

Das vorliegende Buch hat einen klaren Fokus, ebenso wie dieses Kapitel. Gerade deshalb lohnt es sich, zu Beginn einen kleinen Schritt zurückzutreten, um die Größenordnung und den Charakter der Aufgaben zu erfassen, denen sich die Unternehmen unter der Überschrift „digitale Transformation“ gegenübersehen.

9.1.1 Industrie 4.0 – mehr als eine „smarte Revolution“

Der Begriff „Industrie 4.0“ und die damit verbundene Einordnung der Veränderungen als „industrielle Revolution“ ist ein erster sprachlicher Ausdruck für die Dimension des Geschehens. Ein zweiter Indikator ist die Zahl der inhaltlichen Konzepte, die mit der digitalen Transformation einhergehen – Smart Services, Internet of Things, Smart Factory, M2M-Kommunikation, Cloud Computing, Big Data, Augmented Reality bilden nur eine Auswahl. Wer aufgrund seiner beruflichen Positionierung Experte auf diesen Feldern ist, wird hier vielleicht nur mit den Schultern zucken. Für eine große Zahl von Unternehmen sowie ihre Führungskräfte und Mitarbeiter sind es jedoch nach wie vor erklärungsbedürftige Konzepte, gerade was die Umsetzung in die Praxis anbetrifft. Hinzu kommt, dass jedes dieser Felder bereits für sich alleine komplexe Sachverhalte und Gestaltungsoptionen umfasst.

Ein weiteres Merkmal bilden die Geschwindigkeit und Reichweite der Entwicklungen – kaum ein Bereich der Wirtschaft oder des Lebens, der sich der Wirkung der Digitalisierung entziehen kann. Ein Teil der Veränderungen verläuft offen und erkennbar, ein anderer weitgehend unterschwellig, um dann mit umso größerer Wucht ganze Branchen oder die Wirtschaft insgesamt umzukrempeln. Als Beispiele seien hier nur das Auftauchen von Finanztechnologien (Fintechs) [Bra 16] erwähnt, die mit ihren Services das traditionelle Geschäftsmodell von Banken quasi über Nacht aus den Angeln heben, oder die gesellschaftliche Diskussion über den Einfluss der Digitalisierung auf die Existenz ganzer Berufsfelder [Bon 15: 23 ff.].

9.1.2 Sieben Herausforderungen, die jedes Unternehmen meistern muss

Wie immer gibt es in Wissenschaft und Praxis unterschiedliche Prognosen darüber, in welche Richtung die Entwicklungen weiter verlaufen werden und in welchem Maße bzw. in welcher Hinsicht Unternehmen und Branchen von der digitalen Transformation betroffen sein werden. Betrachtet man das Geschehen aber in seiner gesamten Breite und Tiefe, so kann man die Wirkung der Digitalisierung auf die Unternehmen und ihre Wettbewerbssituation kaum hoch genug einschätzen. Im Folgenden seien nur einige wesentliche Merkmale genannt.

1. *Existenzielle Bedeutung*: Die Bandbreite und Nachhaltigkeit der Digitalisierung zeigt schon jetzt, dass sich ihr auf Dauer kaum ein Unternehmen wird entziehen können. Eine erfolgreiche digitale Transformation ist also keineswegs „nur“ ein Treiber für die Sicherung eines Wettbewerbsvorteils oder die Generierung von (künftigen) Gewinnen, sondern insgesamt gesehen eine existenzielle Voraussetzung für die Erhaltung der eigenen Wettbewerbsfähigkeit und Marktpräsenz. Die Automobilindustrie und ihre Zulieferbetriebe sind ein aktuelles Beispiel. Waren früher die Entwicklung und der Einbau neuer Aggregate erforderlich, um eine höhere Motorleistung, veränderte Fahreigenschaften oder eine verbesserte Energieeffizienz zu erreichen, so genügt heute ein kurzes Software-Update [Ing 16]. Ein neues Auto per Knopfdruck, so könnte man sagen.
2. *Betreten eines unbekannten Kontinents*: Der Aufbau des geeigneten Kompetenzprofils, die Entwicklung profitabler Geschäftsmodelle, die Gestaltung und Implementierung kundengerechter Leistungen und Smart Services – in Verbindung mit Industrie 4.0 stellen diese Aufgaben für die meisten Unternehmen weitgehend Neuland dar. So fehlen beispielsweise nicht nur das Know-how und die Erfahrungen darüber, wie ein bestimmtes Ziel am besten erreicht werden kann, sondern vielmehr auch, welche Ziel-Optionen überhaupt existieren und welche von ihnen aller Voraussicht nach am besten geeignet ist.
3. *Schwankender Untergrund*: Hinzu kommt, dass dieser „neue Kontinent“ keineswegs stabil und somit leicht „kartografierbar“ ist, sondern dass er sich selbst in Bewegung befindet, beispielsweise durch die Weiterentwicklung oder Neuentstehung digitaler Optionen. Man denke in diesem Zusammenhang an den massiven Preisverfall von Sensoren [Sen 12], der nicht nur völlig neue Smart Services ermöglichte, sondern gleichzeitig auch den Weg für den Markteintritt einer Vielzahl kleiner und hochinnovativer Wettbewerber frei machte.
4. *Speed matters*: So wundert es nicht, dass viele Unternehmen nach der Methodik eines mehr oder minder „systematischen Herantastens“ an die digitalen Optionen vorgehen. Auf der einen Seite ein verständliches Verhalten. Auf der anderen Seite aber kollidiert es mit dem Erfordernis zu einem schnellen und wirkungsmächtigen Handeln. „Geschwindigkeit ist somit fast schon der 4. Produktionsfaktor“, so sagt es Liz Mohn von Bertelsmann [Ber 15: 14]. Ein Grund dafür lässt sich mit der Überschrift „The winner takes it all“ beschreiben. In der Vergangenheit konnte ein technisch bedingter Vorsprung eines Wettbewerbers verhältnismäßig leicht aufgeholt werden. Smart Services zeichnen sich jedoch durch eine hohe Plattformorientierung und eine integrative Vernetzung der beteilig-

ten Partner aus. Wer hier also nicht von Anfang an mit im Spiel ist, den bestraft die Zeit – er läuft Gefahr, vor auf Dauer verschlossenen Türen zu stehen.

5. *Neue Spielregeln plus asymmetrischer Wettbewerb*: Damit entstehen gleichzeitig auch neue Wettbewerbsregeln. Wurde ein Markt beispielsweise bisher von Unternehmen beherrscht, die in Herstellungsprozesse und andere „harte“ Vermögenswerte investieren und die ihre Größenvorteile auf der Angebotsseite erzielen, so prägen in bestimmten Branchen nun auf einmal Plattformanbieter das Geschehen, die weitgehend frei von derartigen Investitionszwängen sind und ihre Größenvorteile auf der Nachfrageseite (Zahl der User) erzielen. Wer hier als etablierter Anbieter nicht selbst eigene Plattformstrategien zu entwickeln (und im Markt zu etablieren!) vermag, wird in die zweite Reihe strafversetzt. Den direkten Kundenkontakt und Macht zur Datensammlung haben plötzlich andere [Kno 16a]. Plakativ formuliert: „Plattform schlägt Produkt.“
6. *Doppelter Rollenwechsel*: Die grundlegende Veränderung der Kundenbeziehungen im Zusammenhang mit Smart Services wird in diesem Buch an verschiedenen Stellen thematisiert. Ein Motto dafür könnte lauten: „Aus Kunden werden Partner“ – oder treffender gesagt: „Aus Anbietern und Kunden müssen Partner werden, sonst funktioniert es nicht“. Damit ist bei beiden Parteien aber immer auch eine Neudefinition des eigenen Rollenverständnisses erforderlich. Wo es also jahrzehntelang um den Schutz von „Hoheitswissen“ und den Vorrang der Eigeninteressen ging, sind nun auf einmal Vertrauen, Offenheit und gegenseitige Partizipation erforderlich. Dieser Positionswechsel und die damit verbundenen Veränderungen im Selbstverständnis und Auftreten erweisen sich in der Praxis immer wieder als einer der größten Stolpersteine.
7. *Ressourcen-Overload*: Eine weitere Herausforderung wird trotz ihrer Offensichtlichkeit oft zu wenig thematisiert. Alle mit der digitalen Transformation verbundenen Aktivitäten stellen zusätzliche Aufgaben zum bestehenden Geschäftsbetrieb dar. Gerade mittelständische Unternehmen arbeiten aber bereits jetzt schon meist unter „Volllast“. Hier lautet eine erste große Hürde also, überhaupt erst einmal die personellen Ressourcen zu entwickeln, um die digitale Transformation meistern zu können.

9.1.3 Die Unternehmenskultur-Transmissionskurve

Die Liste der Veränderungsmerkmale ließe sich fortsetzen und könnte um die Vielzahl der technologischen Herausforderungen ergänzt werden. Aber bereits hier ist eine Antwort auf die eingangs gestellte Frage nach der Größenordnung und dem Wesen der Aufgabenstellung möglich, der sich die Unternehmen gegenübersehen. Das Fazit lautet: Wir befinden uns an einer „digitalen Zeitenwende“, in der Einstiegs- und Übergangsphase in eine neue Epoche. Und diese Epoche erfordert von den Unternehmen nicht alleine technische Lösungen, sondern insgesamt ein neues Denken und Handeln. Oder um es in einem Satz zu sagen: Der digitale Wandel gelingt Unternehmen nur durch einen kulturellen Wandel. Die Unternehmenskultur-Transmissionskurve (Bild 9.1) bildet diesen Zusammenhang ab.

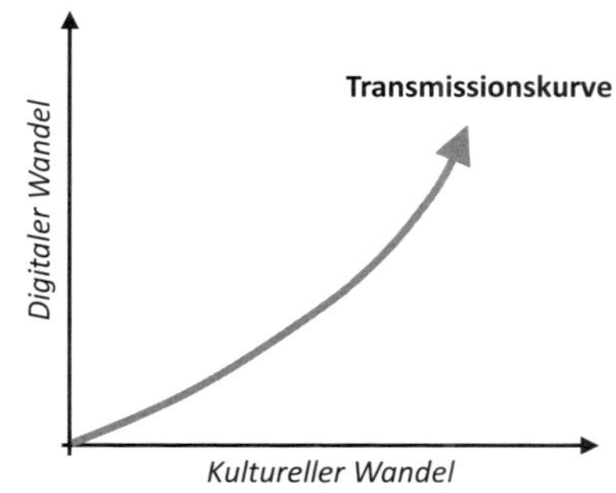

Bild 9.1 Transmissionskurve: Kultureller Wandel als Treiber für die erfolgreiche digitale Transformation

9.2 Digitale Transformation bedeutet kulturelle Transformation

Auch wenn Technologie-Innovationen den eigentlichen Treiber der digitalen Transformation bilden, so reicht der Fokus auf die Gestaltung und Umsetzung von „technischen Lösungen“ für einen gelungenen Wandel also nicht aus. Eine erfolgreiche *digitale* Transformation des Unternehmens beruht vielmehr immer auch auf einer erfolgreichen *kulturellen* Transformation des Unternehmens.

Als Beleg für diese These kann die Einschätzung von Heinrich Hiesinger gelten, dem Vorstandsvorsitzenden der thyssenkrupp AG: „Sicher bildet Technologie die Basis, die Veränderung ist jedoch viel umfassender. Sie erfordert einen Kulturwandel in Unternehmen, vor allem die Fähigkeit der flexiblen Zusammenarbeit über Organisationsgrenzen hinweg, oft über das eigene Unternehmen hinaus ..., um auch künftig den Kundenzugang und die Kundenbindung zu verteidigen“ [zit. in Kno 16].

9.2.1 Die Neujustierung der „inneren EDV“

So führt die Frage nach den am besten geeigneten digitalen Geschäftsmodellen und Smart Services unmittelbar zur Frage, wofür ein Unternehmen in einer digitalen Welt mit seinen Leistungen zuständig sein möchte, welche USP es künftig auszeichnen soll und wie es von seinen Kunden bzw. Stakeholdern wahrgenommen werden möchte. Alles das aber sind Themen, die „das Innerste“ eines Unternehmens berühren - seine Werte, Identität, Mission und Vision. Kurz gesagt, die Unternehmenskultur. Wer glaubt, diese Fragen zurückstellen zu können, täuscht sich. Gerade in Zeiten struktureller Umbrüche ist eine bewusste Definition und Neuausrichtung des „inneren Kompasses“ einer Organisation unverzichtbar - für die Definition der bestmöglichen digitalen Strategie, für die Wahl der richtigen Ziele und als Leitlinie für die Richtungsentscheidungen, die regelmäßig getroffen werden müssen. Oder bildlich formuliert: Ein Unternehmen benötigt auch eine neue „innere EDV“ - im Sinne der Begriffe „Einstellung, Denkweise und Verhalten“.

9.2.2 Veränderungsfähigkeit als Kern der Unternehmens-DNA

Ein weiterer Aspekt der Transformation der Unternehmenskultur ist die Implementierung einer dauerhaften Veränderungs- und Innovationsfähigkeit in die Unternehmens-DNA. Was ist damit gemeint? Wie wir gesehen haben, ist die Anpassung an die digitale Transformation weit mehr als ein zeitlich begrenztes und auf Teilbereiche bezogenes Change-Management-Projekt. Es geht deshalb nicht nur darum, eine bestimmte Veränderung zustande zu bringen, sondern eine hohe Veränderungsfähigkeit als solche zu einem Wesensmerkmal der eigenen Organisation zu machen.

Ein Praxisbeispiel für den Versuch von Unternehmen, dieser Aufgabe gerecht zu werden, liefert die Robert Bosch GmbH. Fast mehr Aufmerksamkeit als die Vielzahl beeindruckender Innovationen des Unternehmens auf dem Feld von Industrie 4.0 erregte die Ankündigung des Geschäftsführers Robert Denner, den Krawattenzwang im Unternehmen abzuschaffen, um auf diese Weise eine „Startup-Mentalität“ zu fördern: „Ich möchte im Unternehmen eine Startup-Kultur etablieren. Ich möchte, dass wir ständig Neues wagen. Und das Hemd ohne Krawatte ist nun mal ein wichtiges Signal für diese andere Kultur“ [Han 15].

Das Beispiel kann für unser Thema als Augenöffner dienen: Es zeigt, dass selbst in höchst innovativen Unternehmen, die von Anfang an Hauptakteure bei Industrie 4.0 waren, ein kontinuierlicher kultureller Wandel als unabdingbar erachtet wird, um im digitalen Wettbewerb bestehen zu können. Und es zeigt gleichzeitig, dass sich dieser kulturelle Wandel eben keineswegs von alleine einstellt, sondern in jeder Hinsicht aktiv gefördert werden muss - und das auch mit Maßnahmen, die ins Detail gehen.

9.2.3 Neue Arbeitswelten

Ein drittes großes Feld ist die Neugestaltung der Arbeit und Zusammenarbeit in Unternehmen. Aspekte sind hier beispielsweise die Neuordnung von Hierarchien, ein veränderter Kommunikations- und Kooperationsstil oder ein innovatives Design des Arbeitsumfeldes.

Ein Muster liefert die Werbeagentur R/GA aus New York. Im Jahr 1977 gegründet, besitzt sie 14 Niederlassungen in acht Ländern und gilt in Branchenkreisen als eine der innovativsten Agenturen überhaupt. Insbesondere entwickelt das Unternehmen nicht nur Werbe- und Kommunikationsinhalte, sondern auch pionierhaft neue Produktionstechnologien und „smarte“ Produkte für Kunden, etwa den Fitnesstracker „Fuelband“ für Nike. Im Jahr 2016 hat die Agentur für ihre rund 1000 Mitarbeiter am Stammsitz New York das (nach eigener Aussage) „World's Most Connected Office“ geschaffen, mit einer Fläche von fast 18.600 m^2 auf zwei Stockwerken [Gre 16].

Interessant sind aber nicht nur Architektur und Ausstattung, sondern die dahinterstehende Geschäftsstrategie. Erstens sollen die Räumlichkeiten ein Musterbeispiel für das Konzept des Connected Design sein, das Unternehmen und Mitarbeitern in einer digitalen, vernetzten Welt die besten Arbeits- und Kommunikationsbedingungen bietet. Und zweitens soll das Arbeitsumfeld ein „lebendes Labor“ darstellen, in dem R/GA neue Internet-Tools, Apps und Instrumente der Bürokommunikation entwickeln und testen kann – um dieses Know-how anschließend für neue Beratungsleistungen gegenüber Kunden nutzen zu können.

9.2.4 Der Mensch im Mittelpunkt

Sicher genügen die genannten Handlungsfelder und Beispiele, um die Bedeutung einer kulturellen Transformation für die digitale Wettbewerbsfähigkeit von Unternehmen ausreichend zu beleuchten. Damit aber rückt automatisch die Frage in den Fokus, welchen gemeinsamen Nenner und welchen gemeinsamen Zielpunkt die vielfältigen Aktivitäten zur Schaffung einer digitalen Unternehmenskultur haben. Die Antwort lautet: Worum es auch geht – im Mittelpunkt steht immer der Mensch.

9.3 Smart Services erfordern Smart People – und Smart Leadership

Um kein Missverständnis aufkommen zu lassen – selbstverständlich ist die digitale Transformation Technologie-getrieben und ebenso selbstverständlich geht es im Zusammenhang mit Smart Services und dem Internet der Dinge um den Aufbau und Einsatz digitaler Kompetenzen, Systeme und Instrumente.

Genauso gilt aber eben auch: In welchem Maße ein Unternehmen in der Lage ist, sich diese Kompetenzen, Systeme und Instrumente anzueignen, sie in die eigene Organisation zu integrieren und „etwas aus ihnen zu machen“, um so im digitalen Wettbewerb eine Spitzenposition zu gewinnen – das hängt in letzter Konsequenz von den Menschen ab, die in dem betreffenden Unternehmen tätig sind. Oder, plakativ formuliert: „Smart Services erfordern Smart People und Smart Leadership.“

Bei näherer Betrachtung geht es dabei um drei Gruppen von Personen. Jede Gruppe spielt im Rahmen der digitalen (und kulturellen) Transformation eine spezielle Hauptrolle, ja eine Schlüsselrolle. Da eine detaillierte Analyse den Rahmen sprengen würde, sollen hier nur Stichworte genügen, um die unterschiedlichen Rollen zu skizzieren.

9.3.1 Die Initiator-Rolle der Unternehmensleitung

Der Unternehmensleitung kommt die Rolle des Auslösers bzw. „Initiators“ zu. Dabei geht es nicht alleine um das strategische Initiieren digitaler Projekte, sondern ebenso um den Anstoß und das Voranbringen des kulturellen Veränderungsprozesses. Und das wiederum schließt ein, dass auch die Unternehmensleitung selbst ihre Denk- und Verhaltensmuster kritisch zu überprüfen und weiterzuentwickeln hat. Die Deutsche Akademie der Technikwissenschaften, acatech, formuliert es so: „Der CEO muss als Innovations-Champion an der Spitze der Bewegung stehen. Die Spitze des Unternehmens muss den digitalen Wandel in jedem Fall maßgeblich treiben. Sie prägt ganz entscheidend die Denk- und Verhaltensmuster in Organisationen, die aus sich heraus echte Veränderungen herbeiführen können, offen für Experimente sind und beste Bedingungen für kreative Ideen schaffen“ [aca 16: 32].

9.3.2 Die Multiplikator-Rolle der Führungskräfte

Die Rolle der Führungskräfte lässt sich mit dem Begriff des „Multiplikators“ treffend beschreiben. Mit dieser Rolle sind spezielle Aufgaben verbunden. Eine ganz wesentliche besteht darin, die Mitarbeiter des Unternehmens (auch emotional!)

mit auf den digitalen Weg zu nehmen und sie mit den erforderlichen Kenntnissen, Fähigkeiten und Instrumenten auszustatten.

Wie anspruchsvoll diese Aufgabe ist, zeigt eine Change-Management-Studie von Capgemini: „Veränderung gelingt nur dann, wenn den davon mittelbar und unmittelbar Betroffenen der Sinn der Transformation einleuchtet. Wenn sie die Ziele kennen, sie verstehen und damit einverstanden sind. Und wenn sie vom Wandel Vorteile im Vergleich zum gegenwärtigen Zustand erwarten – für sich persönlich, für ihr Team, für ihr Unternehmen, für die Gesellschaft. Nur dann lassen sich die notwendigen Richtungsänderungen in Mindset und Verhalten herbeiführen" [Cap 15: 33].

Die Herausforderung für die Führungskräfte besteht aber nicht nur in der Gewinnung, Überzeugung und Befähigung der Mitarbeiter, sondern insbesondere in der dafür erforderlichen Veränderung des eigenen Führungs- und Kommunikationsverhaltens. Da dieser Aspekt im Folgenden noch ausführlich diskutiert wird, hier nur ein erster kleiner Hinweis: Als der Vorstandsvorsitzende des Discounter-Konzerns Lidl auf die Idee kam, im Unternehmen in der Kommunikation zwischen Führungskräften und Mitarbeitern das „Du" einzuführen, um „den Kulturwandel weiter voranzutreiben und Hierarchien abzubauen" [Pre 16], stieß dieser Vorschlag keineswegs überall auf Gegenliebe. Besonders die Führungskräfte auf den unteren und mittleren Ebenen hatten die Sorge, dass mit dem Wegfall des „Sie" auch ein Autoritätsverlust gegenüber ihren Mitarbeitern einhergehen könnte.

9.3.3 Die Umsetzer-Rolle der Mitarbeiter

Damit sind wir bei der dritten Gruppe, den Mitarbeitern. Ihnen fällt die Rolle des „Umsetzers" zu. Der Begriff zielt aber nicht auf eine reine Ausführung der Ideen und Vorgaben der Führung ab. Worum es vielmehr geht, ist eine aktive und kreative Mitwirkung der Mitarbeiter an allen Aufgaben, Projekten und Prozessen der digitalen Transformation, sowohl im Außen- als auch im Innenverhältnis.

Die oft beschworene „Startup-Mentalität", Offenheit für Neues, die Arbeit in sich selbst organisierenden Teams oder über Abteilungs- und Kompetenzgrenzen hinweg, die professionelle Kooperation mit externen Partnern, Eigenengagement und persönliche Flexibilität sowie eine hohe Vernetzungs-, Veränderungs- und Lernbereitschaft – alle diese Begriffe (um nur einige zu nennen) mögen im ersten Moment vielleicht nach Schlagworten klingen. Füllt man sie aber gedanklich und praktisch mit Leben, dann treffen sie sehr genau das Anforderungsprofil, um das es geht, wenn die „digitale Reise" eines Unternehmens gelingen soll.

Oder anders formuliert: Unternehmensleitung und Führungskräfte können noch so sehr von der Bedeutung und den Chancen der digitalen Transformation überzeugt sein, sie können noch so ausgefeilte Geschäftsmodelle und Smart Services entwickeln – wenn die Mitarbeiter „nicht mitmachen" (im Sinne dieses Wortes) und nicht selbst zu Hauptakteuren des Geschehens werden, dann werden auch die besten Pläne über eine Hoffnungs- und Anlaufphase kaum hinauskommen.

9.3.4 Auf dem Weg zu einer Führungskultur 4.0

Wie wir gesehen haben, bedeutet die Digitalisierung für Unternehmen gewissermaßen das Erschließen eines „neuen Kontinents" und damit eine Aufgabe, deren Größe und Beschaffenheit man nur mit einer ganzheitlichen Perspektive und Herangehensweise gerecht werden kann. Erforderlich ist daher nicht allein ein technischer Wandel, sondern gleichermaßen ein kultureller Wandel. Wenn man in einem nächsten Schritt untersucht, was diesen Kulturwandel auszeichnet und worauf er sich richtet, dann erkennt man, dass es letztlich immer um die am Geschehen beteiligten Menschen geht – und um die nachhaltige Veränderung von Paradigmen, Einstellungen, Denkweisen und Verhaltensmustern, also der erwähnten „inneren EDV".

Und damit sind wir bei der eigentlichen Gretchenfrage: Wie gelingt der angestrebte Kultur- und Mentalitätswandel? Auf welchem Wege, mit welchem „Instrumentarium" schafft es ein Unternehmen, sich von veralteten Strukturen und Gewohnheiten zu lösen und genau das „zukunftsorientierte Denken und Handeln" zu fördern und zu etablieren, das für den Erfolg im digitalen Wettbewerb erforderlich ist?

Die Antwort darauf ist eine „Führungskultur 4.0", also eine „zukunftsfähige Führungskultur", die mit Industrie 4.0 Schritt hält und diese begleitet und fördert.

■ 9.4 Warum eine zukunftsfähige Führungskultur der Schlüssel ist

Die Bedeutung der Führungskultur für den digitalen Wandel und für die Innovationskraft und Wettbewerbsfähigkeit von Unternehmen ist so weitreichend, dass wir mit einer angemessenen Definition des Begriffes starten sollten. Bislang lassen sich dazu in Wissenschaft und Praxis fast ausschließlich fragmentarische Ansätze finden, die oft beiläufig formuliert klingen und nur Teilaspekte beleuchten. Die Führungskultur eines Unternehmens ist aber durch weit mehr Faktoren geprägt als beispielsweise nur den Führungsstil oder die Führungsregeln. Sie ist vielmehr ein komplexes System, das aus einer Vielzahl sich gegenseitig beeinflussender Elemente besteht.

9.4.1 Die Hauptwirkung der Führungskultur

In einer ersten Annäherung kann man als allgemeine Definition formulieren: „Die Führungskultur ist zentraler Bestandteil und wesentlicher Ausdruck der Unternehmenskultur und umfasst alle Elemente, Verfahrensweisen und Instrumente der Führungsgestaltung und Führungsausübung“ [Gro 15a].

Damit lassen sich bereits zwei entscheidende Wirkungen der Führungskultur auf den digitalen Transformationsprozess vorwegnehmen, auf die in den folgenden Abschnitten noch einmal ausführlicher eingegangen wird.

- Erstens: Die Führungskultur prägt das Führungserlebnis der Mitarbeiter und damit ihre Wahrnehmung der Arbeitsplatzqualität und des Unternehmens insgesamt. Damit bestimmt die Führungskultur unmittelbar und maßgeblich den Grad der Identifikation, Begeisterung und Leistungsfreude der Mitarbeiter - und somit ihre Bereitschaft, aktiv am Prozess der Digitalisierung mitzuwirken.
- Zweitens: Wie wir gesehen haben, beginnt die digitale Transformation bei der Unternehmensleitung („Initiatoren“) und den Führungskräften („Multiplikatoren“). Es ist offensichtlich, dass die Einflussnahme auf das Geschehen und die Mitarbeiter dabei immer über „Führung“ erfolgt. Und über deren Beschaffenheit, Eignung und Wirkungsmächtigkeit entscheidet wiederum die zugrunde liegende Führungskultur.

9.4.2 Das Führungskultur-Kontinuum: Ein 360-Grad-Modell

Lassen Sie uns den Begriff „Führungskultur“ deshalb noch präziser definieren. Als Ansatz kann das 360-Grad-Führungskultur-Modell des Führungskultur-Monitor Instituts dienen, das im Folgenden näher erläutert wird. Die Definition verfolgt drei Ziele. Sie soll

- ein Bewusstsein dafür schaffen, welchen Wert die Führungskultur für Unternehmen besitzt;
- Auskunft darüber geben, aus welchen Elementen Führungskultur im Einzelnen besteht;
- insbesondere bereits an dieser Stelle zeigen, welche Ansatzpunkte existieren, um die Führungskultur gezielt in Richtung einer „Führungskultur 4.0“ zu verändern und weiterzuentwickeln.

9.4.2.1 Die äußeren Bausteine der Führungskultur: Die Rahmenfaktoren

Den ersten Hauptbereich der Führungskultur bilden die „Rahmenfaktoren“, die prägenden Einfluss auf die „Kernfaktoren“ der Führungskultur haben. Auf der einen Seite sind die Rahmenfaktoren miteinander verbunden, auf der anderen lassen sie sich hinsichtlich ihrer „Variabilität“ und hinsichtlich ihrer Wirkungsstärke voneinander unterscheiden. So ist die Rechtsform eines Unternehmens ein eher langfristiger Faktor mit indirekter Wirkung, im Gegenteil zum Faktor „Verhalten der Unternehmensleitung“.

Eine vollständige Analyse aller Rahmenfaktoren würde den Umfang sprengen. Lassen Sie uns die Zusammenhänge deshalb anhand ausgewählter Einzelfaktoren betrachten.

Einen wesentlichen Rahmenfaktor bildet beispielsweise die Branche, in der ein Unternehmen angesiedelt ist. So wird (plakativ gesprochen) in der Rüstungsindustrie üblicherweise nicht die gleiche Führungskultur herrschen wie in einem Unternehmen der Medienbranche. Dabei geht es nicht um die Frage, was „besser“ ist. Worauf es vielmehr ankommt, ist, sich diese grundlegenden Prägungen einer Führungskultur bewusst vor Augen zu halten, um die Gegebenheiten in einem Unternehmen besser verstehen und erklären zu können.

Ein weiterer Rahmenfaktor ist der Unternehmensstatus, womit die finanzielle Verfassung einer Organisation gemeint ist. So tritt die Führung in einem Unternehmen, das sich in einer weitgehend stabilen Wachstumsphase befindet, in der Regel anders auf als in einem Unternehmen, in dem schnellstens der Turnaround geschafft werden muss, weil sonst das Ende droht. Meist kommen bei diesen unterschiedlichen Szenarien deshalb auch höchst unterschiedliche Führungspersönlichkeiten zum Einsatz.

Den größten direkten Einfluss aller Rahmenfaktoren auf die anderen Felder der Führungskultur hat die oberste Unternehmensleitung. Oft ist so auch von einem Kulturschock die Rede, wenn plötzlich eine neue Person an der Spitze steht, die ganz anders gepolt ist und ein gänzlich anderes Führungsverständnis an den Tag legt als der Vorgänger oder die Vorgängerin. Die Wirkung auf das Geschehen im Unternehmen ist dann meist auch schnell spürbar (neuer Umgangston, Umkrempelung der Hierarchien, Exodus von Verantwortlichen, Kehrtwende im Geschäftsmodell etc.). Dabei ist grundsätzlich zu beachten, dass sich die oberste Unternehmensleitung an einer Schnittstelle befindet. Einerseits hat sie prägenden Einfluss auf die Führungskultur-Kernelemente. Gleichzeitig hat sie aber auch selbst Kernelement-Charakter und unterliegt dem Einfluss anderer Rahmenfaktoren.

9.4.2.2 Die inneren Bausteine der Führungskultur: Die Kernelemente

Den zweiten großen Definitionsbereich von Führungskultur kann man in vier Kernelementen zusammenfassen (s. Bild 9.2):

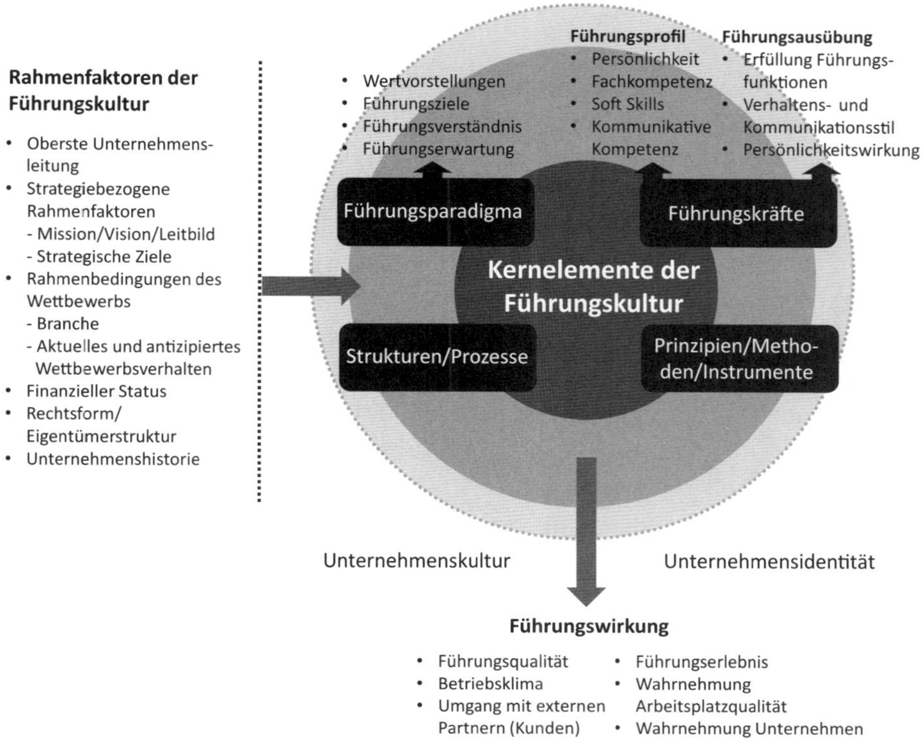

Bild 9.2 Das 360-Grad-Führungskultur-Modell des Führungskultur-Monitor Instituts

1. Führungsparadigma

Das Führungsparadigma bildet den ersten dieser Bausteine und umfasst die Bereiche Wertvorstellungen, Führungsverständnis, Führungserwartungen und Führungsziele. Um was geht es konkret?

Grundsätzlich könnte man sagen, dass das Führungsparadigma das Weltbild und die Geisteshaltung der Führungsverantwortlichen in einem Unternehmen widerspiegelt.

Die mit den Werten (welche moralischen Regeln sind bei der Führung einzuhalten?) und Zielen (was soll mit Führung bewirkt werden?) verbundenen Aspekte erschließen sich dabei sicher auf Anhieb.

Das Führungsverständnis beschreibt zudem, welche Einstellung die Unternehmensleitung und die Führungskräfte gegenüber den Mitarbeitern haben und welche Überzeugungen bei ihnen darüber existieren, was Führung bedeutet, wie Führung funktioniert, was Führungserfolg ausmacht und wie er entsteht. Die Konsequenzen für die Führungspraxis im Unternehmen sind enorm. So macht es beispielsweise einen großen Unterschied, ob sich die Führung tendenziell eher als Chef und Vorgesetzter der Mitarbeiter sieht oder als ihr Unterstützer und Förderer.

Gleiches gilt für die Führungserwartungen. Sie beschreiben, was für einen Mitarbeitertypus und was für ein Mitarbeiterverhalten sich die Führenden wünschen. Hier macht es zum Beispiel einen großen Unterschied, ob die Führung eher ein ausführendes Verhalten der Mitarbeiter anstrebt oder eine aktive und selbstständige Mitwirkung am Geschehen. Auch hier ist die Wirkung groß – etwa auf die Kriterien der Mitarbeiterauswahl oder auf die Art, wie ein bestimmtes Verhalten gefördert oder sanktioniert wird.

Bereits diese kurzen Gedanken zeigen, dass das Führungsparadigma einer der größten Einflussfaktoren auf die Fähigkeit eines Unternehmens ist, einen grundlegenden Wandel wie die digitale Transformation erfolgreich voranzutreiben.

2. Führungskräfte

Den zweiten „Baustein“ bilden die Führungskräfte. Hier lässt sich die Führungskultur anhand von zwei großen Bereichen definieren.

Den ersten könnte man als das „Führungsprofil“ einer Führungskraft und der einzelnen Mitglieder der Unternehmensleitung bezeichnen. Entscheidende Parameter bilden Persönlichkeit, die fachliche Kompetenz, die Soft Skills und die kommunikative Kompetenz.

Und auch hier sind die Verknüpfungen zur digitalen Transformationsfähigkeit einer Organisation sofort erkennbar. „Kommunikation ist seit jeher die wichtigste Führungsarbeit. Und sie wird es umso mehr, je virtueller und flexibler die Arbeitsbeziehungen werden“ [Hof 15].

Der zweite Bereich lässt sich mit dem Begriff der „Führungsausübung“ beschreiben. Er umfasst diejenigen Felder der Führungskultur, die den Umgang der Führenden mit den Mitarbeitern direkt prägen. Hier geht es um die Art der Erfüllung der Führungsfunktionen und Führungsaufgaben (Sachebene), den Verhaltens- und Kommunikationsstil (Beziehungsebene) sowie die grundlegende Persönlichkeitswirkung einer Führungskraft.

Es liegt ohne weitere Erklärung auf der Hand, dass die Führungskräfte damit sicher den größten Einfluss auf das eingangs genannte Führungserlebnis der Mitarbeiter und damit auf ihre Identifikation, Leistungsbereitschaft und Veränderungsbereitschaft haben.

3. Prinzipien, Methoden und Instrumente sowie 4. Strukturen und Prozesse

Die im Unternehmen gültigen (formellen und informellen) Führungsprinzipien sowie die eingesetzten Methoden und Instrumente bilden ein weiteres Definitionsmerkmal der Führungskultur eines Unternehmens, ebenso wie die bestehenden Führungsstrukturen und Führungsprozesse.

Auch im Rahmen der digitalen Transformation sind sie wesentliche Stellschrauben, man denke nur an die Anforderungen an erfolgreiche Führung, die sich aus der zunehmenden Zusammenarbeit über Abteilungsgrenzen hinweg, aus der Bildung flexibler, selbstorganisierender Teams oder aus der Einbindung wechselnder externer Partner in Projekte ergeben. Klassische Führungsmethoden, Strukturen und Prozesse stoßen hier schnell an ihre Grenzen.

9.4.3 Führungskultur als Medium für die digitale Transformation

Das geschilderte 360-Grad-Führungskultur-Modell und die Erläuterung seiner wesentlichen Elemente zeigen bereits hinreichend, warum eine zukunftsfähige Führungskultur der Schlüsselfaktor für eine erfolgreiche digitale Transformation von Unternehmen ist (s. Bild 9.3).

Gleichzeitig erscheint zur Abrundung ein abschließender Blick auf die Wirkungsmächtigkeit der Führungskultur innerhalb einer Organisation angebracht.

9.4.3.1 Fokuspunkt Veränderungsbereitschaft

Die existenzielle Bedeutung der Motivation und des Engagements der Mitarbeiter für die Wettbewerbsfähigkeit und den wirtschaftlichen Erfolg ist fast schon eine Binsenweisheit, die wir hier nicht mehr diskutieren müssen.

Bei der digitalen Transformation geht es aber um noch mehr. Sie gelingt nur, wenn die Mitarbeiter ein Höchstmaß an Identifikation mit dem eigenen Unternehmen und an Begeisterung für die eigene Tätigkeit aufweisen. Nur in diesem Falle entsteht in Folge auch der Grad an Leistungsfreude und - entscheidend - an persönlicher Veränderungsbereitschaft, der für einen erfolgreichen Wandel unverzichtbar ist.

Wenn man sich vor Augen hält, auf welche Vorbehalte und auch Befürchtungen bereits kleinere Change-Management-Projekte in Unternehmen stoßen, erkennt man noch deutlicher, wie wesentlich die genannten vier Faktoren sind. Standardtexte wie „das funktioniert niemals“, „die da oben haben keine Ahnung von der Praxis“ oder „früher war bei uns alles viel besser“ sind nur ein harmloser Ausdruck für die üblichen Widerstände.

Wie eingangs angesprochen, ist die Führungskultur besonders in dieser Hinsicht der Schlüsselfaktor. Sie bestimmt die Wirkung der Führung auf die Mitarbeiter und prägt aus ihrer Sicht damit nicht nur ihr Führungserlebnis, sondern darüber hinaus ihre Wahrnehmung und Bewertung der Arbeitsplatzqualität, des Betriebsklimas und des Geschehens im Unternehmen insgesamt. Und diese Faktoren wiederum entscheiden über die innere Verbundenheit der Mitarbeiter mit dem Unternehmen und über ihren Willen, aktiv am Geschehen mitzuwirken und sich dabei auch selbst weiterzuentwickeln.

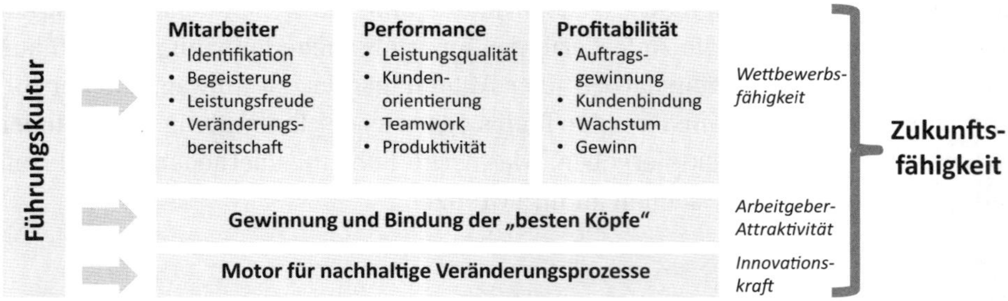

Bild 9.3 Führungskultur als Motor der Zukunftsfähigkeit im Rahmen der digitalen Transformation

9.4.3.2 Fokuspunkt Führungskräftekompetenz

Eine Hauptrolle spielen in diesem Prozess natürlich die Führungskräfte, speziell der oder die direkte Vorgesetzte [Gal 12]. Zudem wirkt die Führungskultur in einem Unternehmen aber auch auf die Führungskräfte selbst.

Nur ein Aspekt von vielen: In einem Unternehmen mit ausgeprägtem Hierarchiedenken und festgefügten Führungsregeln wird es einer Führungskraft weit schwerer fallen, innerhalb ihres Bereiches eine offene Kommunikationskultur mit den Mitarbeitern und zwischen den Mitarbeitern zu etablieren, als in einer Organisation, in der diese Strukturen bereits angelegt sind. Zum einen, weil die Führungskraft in Konflikt mit der Führungsumwelt geraten würde, und zum anderen, weil sie zuvor selbst einen persönlichen Veränderungsprozess durchlaufen müsste, um zu einer neuen Führungsweise finden zu können.

In diesem Sinne ist für eine erfolgreiche digitale Transformation also eine Art doppelter Führungskulturwandel erforderlich – im Unternehmen und bei der einzelnen Führungskraft. „Die Führungskultur eines Unternehmens verändert sich nicht über Nacht. Unternehmen stehen vor der Herausforderung, geeignete Führungskräfte für den Wandel zu finden und die bestehende Führungsmannschaft in der Breite für die Transformation fit zu machen." Der Hauptgrund dafür: „In der Breite fehlen Führungskräfte und eine Führungskultur, die Diversität und radikales Experimentieren ermöglichen" [aca 16: 33].

9.4.3.3 Fokuspunkt externe Partnerschaften

Lassen Sie uns abschließend auf einen Aspekt eingehen, der im Zusammenhang mit Führungskultur oft vergessen wird. Ein Hauptmerkmal der Digitalisierung ist die Integration von Systemen zwischen einem Unternehmen und seinen Kunden sowie Zulieferern. Diese Integration ist aber nicht nur eine technische Herausforderung, sondern immer auch eine zwischenmenschliche.

Auch hier spielt die Führungskultur deshalb eine wesentliche Rolle. So, wie sie die Beziehungs- und Kommunikationskultur im Inneren bestimmt, so bestimmt sie auch, wie die Kommunikation und Zusammenarbeit mit externen Partnern verläuft. Das Denken und Verhalten im Unternehmen überträgt sich direkt auf das Denken und Verhalten im Umgang mit externen Partnern. Im Service sind diese Zusammenhänge schon lange belegt: Der Motivationsgrad der Mitarbeiter und die Qualität der erbrachten Serviceleistungen korrelieren direkt.

■ 9.5 Die Welt ändert sich, Führung auch: Welche Entwicklungen und Erfordernisse eine Führungskultur 4.0 zu beachten hat

Unsere Beschreibung von Führungskultur zeigt also, warum sie einer der wichtigsten Schlüsselfaktoren für die digitale Transformation ist, und gleichzeitig, welche Ansatzfelder existieren, um eine Führungskultur 4.0 zu fördern.

Damit aber sind wir bei der abschließenden Frage angelangt, welche Hauptmerkmale eine zukunftsfähige Führungskultur im Einzelnen auszeichnen. Lassen Sie uns dazu als erstes untersuchen, welche Entwicklungen dabei besonders zu beachten sind.

9.5.1 Der Einfluss neuer Führungsrahmenbedingungen

Wenn man die Anforderungskriterien an eine zukunftsfähige Führungskultur analysiert, stellt man fest, dass nicht nur die Digitalisierung selbst eine Rolle spielt, sondern auch die mit ihr einhergehenden (und zum Teil von ihr beeinflussten) Veränderungen der Führungsrahmenbedingungen. Diese Veränderungen alleine würden bereits ausreichen, um die Wichtigkeit einer gezielten Weiterentwicklung der Führungskultur begründen zu können.

9.5.1.1 Diversität der Mitarbeitergenerationen

Die erste Herausforderung an die Führungskultur eines Unternehmens und seiner Führungskräfte ergibt sich aus der *Anzahl unterschiedlicher Mitarbeitergenerationen* innerhalb einer Organisation. Die durch die Einflüsse der Gesellschaft, den Arbeitsmarkt und individuelle Faktoren geprägten Unterschiede zwischen den sogenannten Traditionalisten (sofern noch im Einsatz), Babyboomern, Generationen X, Y und Z sind in Wissenschaft und Praxis zur Genüge dokumentiert.

Die Herausforderung an die Führungskultur ergibt sich dabei aber weniger aus den unterschiedlichen beruflichen Erfahrungen, Kenntnissen und Fähigkeiten der einzelnen Gruppen als vielmehr aus der Diversität in den Werten, Vorstellungen und Denkweisen. Die kritische Aufgabe für eine zukunftsfähige Führungskultur besteht deshalb nicht so sehr darin, bei allen Mitarbeitern ein einheitliches Kenntnis- und Fähigkeitenprofil herzustellen (das natürlich auch), als vor allem darin, ein Umfeld zu schaffen, das unterschiedlichen Mitarbeiter-Kohorten mit höchst verschiedenen Auffassungen und Bedürfnissen in Bezug auf Leben und Arbeiten gleichermaßen gerecht wird.

9.5.1.2 Veränderte berufliche, soziale und gesellschaftliche Leitbilder

Die zweite Herausforderung schließt sich direkt daran an. Sie besteht darin, eine Führungskultur zu gestalten, die in angemessener Weise auf die veränderten beruflichen und persönlichen Leitbilder aller Akteure eingeht. Da eine Detailanalyse den Rahmen sprengen würde, sollen hier einzelne Aspekte beispielhaft betrachtet werden, die vor allem für die „Generation Y“ und ihren speziellen Blick auf Arbeit und Erfolg gelten.

- Ein wichtiger Aspekt ist die zunehmende Bedeutung der Sinnfrage, die von einer neuen, jüngeren Mitarbeitergeneration (und auch von Führungskräften) immer häufiger gestellt wird. Dazu Thomas Vollmoeller, der Chef des Business-Netzwerkes XING: „Früher funktionierten Unternehmen wie militärische Organisationen. Doch wenn sich Mitarbeiter in ihren Erwartungen und Ansprüchen ändern, muss sich auch Führung ändern. Als Verantwortlicher muss man Mitarbeitern ein Ziel vorgeben. Wie macht man das, wenn eine reine Ansage nicht mehr funktioniert? Wenn Führung ohne einen Zweck nicht mehr funktioniert? ... Die Führungskraft wird vom Militär zur komplexen Führungspersönlichkeit. Manager müssen ihren Mitarbeitern einen Grund geben, warum sie morgens aufstehen und zur Arbeit kommen sollen“ [Gro 15].
- Ein anderer Faktor ist die Verschiebung der Gewichte zwischen Arbeit und Privatleben. Dazu hat zum Beispiel das Bundesministerium für Familie und Arbeit in einer Studie festgestellt: „Für 90 Prozent aller Beschäftigten mit Kindern ist die Vereinbarkeit von Beruf und Familie genauso wichtig wie das Gehalt“ [BMF 10: 4].
- Weiteren Aufschluss geben Studien darüber, anhand welcher Kriterien junge AkademikerInnen ihren Arbeitgeber wählen. In einer Untersuchung der Hochschule Augsburg kam mit klarem Vorsprung „ein gutes Betriebsklima“ auf den ersten Platz, gefolgt vom Gehalt und dem Aufgabenfeld [Leb 13: 14 ff.]. Eine andere Studie stammt von der Hochschule Osnabrück. Auch hier stand das Betriebsklima an erster Stelle, vor „Teamgeist“ und „sicherer Arbeitsplatz“. Das Gehalt landete erst auf dem achten Platz (Gle 13: 5 ff.). Fasst man beide Studien zusammen, dann zeigt sich: Für junge Menschen mit einer sehr guten Ausbil-

dung steht das Betriebsklima als Kriterium für die Wahl des Arbeitgebers an oberster Stelle – während alle folgenden Kriterien in ihrer Gewichtung stark variieren.

Sinnstiftung, Vereinbarkeit von Beruf und Familie, ein gutes Betriebsklima – diese Faktoren stellen also drei Beispiele dafür dar, woran sich eine zukunftsfähige Führungskultur aufgrund veränderter Rahmenbedingungen zu orientieren hat, wenn es um die veränderten Werte und Leitbilder in Zeiten der digitalen Transformation geht.

9.5.1.3 Arbeitgeberattraktivität und Employer Branding

Einen dritten großen Einflussbereich könnte man mit der Überschrift „Kampf um die besten Köpfe" versehen. Auch wenn bestimmte Zahlen diskutabel erscheinen, so ist der Fachkräftemangel doch eine reale und bedeutende Herausforderung: „Schon heute gelangen viele Unternehmen in Deutschland an Wachstumsgrenzen, weil sie qualifiziertes Personal nicht schnell genug oder gar nicht finden. Dies gilt insbesondere für exportorientierte Schlüsselbranchen wie beispielsweise den Maschinen- und Fahrzeugbau, einen Wachstumsmotor der deutschen Wirtschaft" [McK 11: 6].

Für eine zukunftsfähige Führungskultur bedeutet das: Zum einen hat die Führung einen aktiven und bewussten Beitrag zur Mitarbeiterbindung zu leisten – eben durch Faktoren wie Sinnstiftung, Betriebsklima oder interessante und werthaltige Aufgaben. Zum anderen muss die Führung dafür sorgen, dass dieser Beitrag auch erkennbar und kommunizierbar wird, im Sinne eines erfolgreichen Employer Branding.

9.5.2 Der Einfluss der Digitalisierung

Industrie 4.0, das Internet der Dinge und die Entwicklung von Smart Services stellen ganz eigene Forderungen an die Unternehmen. Im Zusammenhang mit einer Führungskultur 4.0 müssen wir daher die Frage beantworten: Wie verändert sich unter dem Einfluss der Digitalisierung die Arbeitswelt und damit auch die Führungswelt?

- *Komplexität*: Für alle – Führende und Geführte – nehmen die Komplexität und damit die Unübersichtlichkeit des Geschehens zu. Die Zahl technologischer Optionen, der ständige Wandel dieser Optionen, das Auftauchen neuer Wettbewerber, die Zahl der für erfolgreiche Smart Services relevanten Partner, alles das sind Komplexitätstreiber. Zukunftsfähige Führungskultur bedeutet hier, in der Führung eher auf eine Komplexitätsreduktion hinzuwirken, sich von unnötigem Perfektionismus zu befreien, Informationsballast abzuwerfen und sich auf das wirklich Wesentliche zu konzentrieren.
- *Instabilität:* Rasante Innovation bringt rasante Veränderung. Wenn es ein Merkmal der Digitalisierung gibt, dann ist es die Unsicherheit darüber, was kommt. Und das gilt nicht nur für Branchen und Unternehmen, sondern auch für indivi-

duelle Tätigkeitsfelder und Karrierebiographien. „Disruption“ ist nicht ohne Grund das Modewort der Digitalisierung. Zukunftsfähige Führungskultur bedeutet an dieser Stelle, den Mitarbeitern das Gefühl von Unsicherheit zu nehmen, sie aktiv einzubinden, ihnen persönliche Gestaltungsmöglichkeiten aufzuzeigen und insgesamt ein Klima zu schaffen, in dem „Veränderung“ nicht als Bedrohung, sondern als Chance und als Teil der Normalität verstanden wird.

- *Lernen, Lernen, Lernen:* Der Begriff vom „lebenslangen Lernen“ ist nicht neu. Im Zusammenhang mit der Digitalisierung gewinnt er eine völlig andere Qualität. Zukunftsfähige Führungskultur heißt hier, das Lernen sowie auch die persönliche Weiterentwicklung von Mitarbeitern und Führungskräften zu einem festen Teil der Unternehmenskultur zu machen, die Menschen dafür zu gewinnen und ihnen die erforderlichen Medien und Instrumente zur Verfügung zu stellen. Die Förderung von „Neugier“ ist in diesem Sinne sicher ein wesentliches Merkmal einer zukunftsorientierten Führungskultur, ebenso wie der gezielte Aufbau digitaler Kompetenzen in allen Unternehmensbereichen.
- *Grenzenlosigkeit:* Die Variabilität von Strukturen ist eine weitere Hauptwirkung der Digitalisierung auf die Arbeits- und Führungswelt. Hier geht es beispielsweise um die Auflösung von Abteilungs-, Länder- und Unternehmensgrenzen, um den Wegfall von Hierarchieebenen oder die Befreiung von Kommunikationshürden. Jeder dieser Punkte für sich hat wiederum eine Vielzahl von Folgen. Zukunftsfähige Führungskultur heißt in diesem Zusammenhang unter anderem, Führungsverantwortung in Projekten flexibel und situationsorientiert zu definieren, das Hierarchiedenken zu reduzieren und sinnvolle Kommunikationsregeln zu etablieren.
- *Arbeitsmodelle:* Ergebnisorientierung statt fester Arbeitszeiten, Home Office statt Anwesenheitspflicht, Rollcontainer statt Schreibtisch, gemischte Teams aus Mitarbeitern und externen Experten, fließender Übergang zwischen Berufs- und Privatleben, 24/7-Erreichbarkeit – die Veränderungen auf dem Feld der Arbeitsformen eröffnen für alle Beteiligten völlig neue Fragestellungen. Wie führt man Mitarbeiter, die man nur noch selten zu Gesicht bekommt oder die einer anderen Organisation angehören? Zukunftsfähige Führungskultur bedeutet hier, für diese Arbeitsmodelle angemessene Prozesse und Instrumente zu entwickeln, Vertrauen als Teil des Führungsparadigmas zu etablieren und auch zu definieren, was möglicherweise nicht funktioniert, weil es Menschen und Strukturen überfordert.

Sicher ließen sich weitere Anforderungen an die Gestaltung einer zukunftsfähigen Führungskultur finden, die sich aus den Folgen der Digitalisierung für die Arbeits- und Führungswelt ergeben. Die genannten Faktoren zeigen aber, welche Aspekte besonders großen Einfluss haben und was es bei der Entwicklung einer Führungskultur 4.0 zu berücksichtigen gilt.

9.6 Die wichtigsten Merkmale einer zukunftsfähigen Führungskultur: Beschreibung und Checklisten

Wir haben die Schlüsselrolle der Führungskultur für die digitale Transformationsfähigkeit eines Unternehmens betrachtet. Wir haben definiert, aus welchen Bausteinen Führungskultur besteht. Und wir haben analysiert, welche Kriterien sich für eine Führungskultur 4.0 aus den veränderten Führungsrahmenbedingungen und aus den direkten Auswirkungen der Digitalisierung auf die Arbeits- und Führungswelt ergeben.

Lassen Sie uns unsere bisherigen Gedanken nun in einem Abschlusskapitel zusammenführen und die entscheidenden Merkmale einer zukunftsfähigen Führungskultur definieren.

9.6.1 Vier Kriterien für Führungskultur 4.0, die grundsätzlich erfüllt sein müssen

Der erste Schritt besteht darin, sich über die Kriterien klar zu werden, die grundsätzlich erfüllt sein müssen, damit eine zukunftsfähige Führungskultur entsteht und tatsächlich auch funktioniert.

1. *Ganzheitlichkeit:* Eine zukunftsfähige Führungskultur gelingt nur dann, wenn sie das Unternehmen als Ganzes erfasst. So genügt es beispielsweise nicht, ein geeignetes Führungsparadigma zu definieren und es in einem Führungsleitbild festzuhalten. Vielmehr muss dafür gesorgt werden, dass dieses Leitbild von allen Führenden geteilt und aktiv gelebt wird, damit es bei den Geführten auch ankommt.
2. *Nachhaltigkeit:* Das zweite Merkmal knüpft direkt daran an. Eine zukunftsfähige Führungskultur zeichnet sich dadurch aus, dass sie im Unternehmen auf Dauer verankert und kontinuierlich weiterentwickelt wird. Dazu gehört, dass die Entwicklung einer Führungskultur 4.0 einem klaren Plan folgt, der auch dann beibehalten wird, wenn nicht innerhalb weniger Wochen ein messbares Ergebnis herauskommt – nach dem Motto: „Vor zwei Monaten haben wir ein Führungskräfteseminar gemacht, wie viel haben wir dadurch inzwischen mehr verdient?"
3. *Der Mensch im Mittelpunkt:* Digitalisierung ist technologiegetrieben und zur Führungskultur gehören ebenfalls Strukturen und Prozesse. Bei alledem berücksichtigt eine zukunftsfähige Führungskultur, dass es immer um Menschen geht, die alles umzusetzen haben und denen die Technik dienen soll.

4. *Förderung von Identifikation, Begeisterung, Leistungsfreude und Veränderungsbereitschaft:* Wie entscheidend diese Faktoren sind, haben wir bereits angesprochen. Eine zukunftsfähige Führungskultur fokussiert deshalb gezielt auf diese vier Größen und fragt sich, ob sie einen wirkungsvollen positiven Beitrag zu ihnen leistet oder nicht. Dabei ist der Begriff „Begeisterung" bewusst gewählt. Üblicherweise ist beispielsweise immer von „Mitarbeiterzufriedenheit" die Rede, wenn die Motivation und das Engagement von Mitarbeitern untersucht werden. Dabei wird übersehen, dass „Zufriedenheit" immer „Zufriedenheit mit den bestehenden Verhältnissen" bedeutet und damit alles andere als ein Treiber persönlicher Veränderungsbereitschaft ist. Gleiches gilt für „Motivation". Echte Motivation ist immer intrinsische Motivation. Und diese setzt Identifikation mit dem Unternehmen und Begeisterung für die eigene Tätigkeit voraus.

9.6.2 Die sieben Haupteigenschaften: Was eine zukunftsfähige Führungskultur im Kern ausmacht

Kommen wir damit zu den Hauptmerkmalen einer zukunftsfähigen Führungskultur. Dabei werden die Merkmale und Faktoren hervorgehoben, die sich auch in der Beratungspraxis des Führungskultur-Monitor Instituts als wesentlich und übergreifend gültig erwiesen haben. Die folgende Beschreibung soll in diesem Sinne einen Orientierungsleitfaden für die Entwicklung einer Führungskultur 4.0 darstellen.

1. *Eine zukunftsfähige Führungskultur ist eine veränderungsfähige Führungskultur:* Die Bedeutung der Veränderungsfähigkeit als Teil der Unternehmens-DNA haben wir bereits thematisiert. Sie ist so wichtig, dass sie den ersten Punkt der Haupteigenschaften einer Führungskultur 4.0 bildet. Zum einen heißt das, dass die Elemente der Führungskultur darauf ausgerichtet werden müssen, Veränderungsprozesse im Unternehmen zu fördern und Führungskräften und Mitarbeitern den Weg dafür freizumachen, Bestehendes zu hinterfragen und Neues zu wagen. Zum anderen heißt es, auch die Führungskultur selbst regelmäßig zu überprüfen und kontinuierlich weiterzuentwickeln. Wesentliche Leitfragen, die sich Unternehmen im Sinne einer Checkliste dabei stellen können, lauten:
   - Gibt es bei uns flache Hierarchien und unkomplizierte Kommunikationswege?
   - Arbeiten wir auch mit informellen, flexiblen und situativen Verfahrensweisen oder nur anhand starrer Regeln?
   - Verfolgen wir das Leitbild einer „lernenden Organisation"?
   - Haben wir eine innovationsfördernde Fehlerkultur?
   - Hinterfragen wir bestehende Prinzipien, Regelungen und „Dogmen"?
   - Sind wir auch gegenüber zunächst „unmöglich" erscheinenden Lösungen offen und aufgeschlossen?

2. *Eine zukunftsfähige Führungskultur beantwortet die Sinnfrage:* Die Beschäftigung mit neuen Technologien, das Erfordernis persönlicher Veränderung und Flexibilität, die neuen Vorstellungen von Erfolg und Arbeit – alle diese Faktoren führen dazu, dass die Frage nach dem Sinn immer mehr in den Mittelpunkt rückt. Eine Führungskultur 4.0 nimmt sich dieser Frage deshalb aktiv an und liefert ausreichende Begründungen für das eigene Tun. Zentrale Checklisten-Fragen zur praktischen Umsetzung lauten dabei:
   - Verfügen wir über eine präzise und tragfähige Mission und Vision?
   - Besteht bei uns ein schlüssiger Zusammenhang zwischen Mission, Vision, Leitbild, Strategie und den aktuellen Unternehmenszielen?
   - Sind unsere Unternehmensstärken und die Nutzenstiftung unserer Produkte und Services unseren Mitarbeitern ausreichend bekannt und bewusst?
   - Können die Mitarbeiter die Bedeutung ihrer Arbeit und Leistungen für das Gesamtergebnis erkennen?
   - Beziehen wir unsere Mitarbeiter in die Formulierung von Zielen ausreichend mit ein?
3. *Eine zukunftsfähige Führungskultur ermöglicht und fördert Individualität:* Die Diversität der Mitarbeitergenerationen, die Eigenheiten der Generationen Y und Z sowie die Veränderungen in den Arbeitsmodellen führen zum dritten Merkmal einer zukunftsfähigen Führungskultur – der Beachtung der individuellen Werte, Vorstellungen und Bedürfnisse aller Beteiligten. Hier geht es nicht um die Formel „alles ist möglich". Worauf es vielmehr ankommt, ist, ein ausreichendes Maß an Freiheit, Individualität und Selbstbestimmung zu gewährleisten. Auch hier können wir zentrale Leitfragen formulieren:
   - Wird unser Führungsparadigma (Werte, Führungsverständnis, Führungserwartungen) unseren Mitarbeitern ausreichend gerecht?
   - Gehen wir bei der Ausübung der Führungsfunktionen und mit unserem Kommunikations- und Verhaltensstil angemessen auf die Individualität aller Beteiligten ein?
   - Sind unsere Arbeitsmodelle flexibel genug und passen sie zu den Bedürfnissen unserer Mitarbeiter?
4. *Eine zukunftsfähige Führungskultur basiert auf Vertrauen:* Zunahme der Komplexität und Instabilität, Auflösung von Grenzen, neue Arbeitsformen – nahezu alle Veränderungen im Rahmen der Digitalisierung laufen darauf hinaus, dass die Führung einen „Kontrollverlust" hinnehmen muss. Gleichzeitig, auch das haben wir gesehen, wächst der Bedarf der Geführten an Sinnstiftung, Individualisierung und Beteiligung. Eine ausgeprägte Vertrauenskultur ist deshalb ein weiteres Hauptmerkmal einer Führungskultur 4.0. In diesem Zusammenhang können folgende Leitfragen helfen:

- Vermitteln die Unternehmensleitung und die Führungskräfte den Geführten erkennbar, dass sie Vertrauen in sie haben?
- Ermöglichen die Führungskräfte den Mitarbeitern ein freies und eigenständiges Arbeiten?
- Werden bei uns die Möglichkeiten zur Delegation von Bereichen, Aufgaben und Projekten gezielt und umfassend ausgeschöpft?

5. *Eine zukunftsfähige Führungskultur vermittelt Wertschätzung:* Das persönliche Führungserlebnis bestimmt die Identifikation, Begeisterung, Leistungsfreude und Veränderungsbereitschaft der Mitarbeiter. Untersuchungen zeigen, dass die Demonstration von Wertschätzung durch die Führungskräfte dabei einer der wichtigsten Faktoren überhaupt ist. Die Gründe dafür leuchten auf Anhieb ein: Mit Wertschätzung vermittelt eine Führungskraft ihren Mitarbeitern, dass ihre Tätigkeit wertvoll (und somit sinnvoll) ist, und sie zeigt ihnen, dass sie sie in ihrer Persönlichkeit und Individualität respektiert. Die Förderung eines „wertschätzenden Umgangs miteinander", auch zwischen den Mitarbeitern, den Führungskräften untereinander und im Kontakt mit externen Kooperationspartnern, bildet deshalb einen zentralen Baustein einer zukunftsfähigen Führungskultur. Hier lauten sinnvolle Umsetzungsfragen:
   - Wird unser Arbeits- und Betriebsklima von gegenseitiger Wertschätzung geprägt?
   - Bilden „Anerkennung" und „Lob" einen festen Bestandteil unserer Kommunikationskultur?
   - Achten wir bei uns bewusst auf einen respektvollen Umgang miteinander?
   - Demonstrieren wir auch unseren externen Partnern gegenüber ein ausreichendes Maß an persönlicher Wertschätzung?
6. *Eine zukunftsfähige Führungskultur fördert die Kenntnisse, Fähigkeiten und Persönlichkeit aller Beteiligten:* Der Aufbau digitaler Kompetenz, die Bedeutung einer aktiven Mitwirkung der Mitarbeiter, die neuen Anforderungen an die Führungskräfte und „kontinuierliches Lernen" – alles das sind, wie wir gesehen haben, entscheidende Voraussetzungen für die digitale Transformation. Eine Führungskultur 4.0 ist deshalb in hohem Maße auf die Förderung der Kenntnisse, der Fähigkeiten und der Persönlichkeit von Führungskräften und Mitarbeitern ausgerichtet. Hier gilt es unter anderem zu überprüfen:
   - Bieten wir ausreichende Fort- und Weiterbildungsmöglichkeiten?
   - Fördern wir Führungskräfte und Mitarbeiter in ihrer persönlichen Entwicklung?
   - Verwenden wir dafür moderne und motivierende Methoden und Systeme?
   - Erhalten die Mitarbeiter auch in der Tagesarbeit gezielte und wirkungsvolle Unterstützung und Förderung durch die Führung?

7. *Eine zukunftsfähige Führungskultur verfügt über eine hochentwickelte Kommunikationskultur:* Sucht man nach einem gemeinsamen Nenner oder Fokuspunkt der veränderten Rahmenbedingungen für Führung, der Auswirkungen der digitalen Transformation auf die Arbeitswelt und der bisher genannten Merkmale einer zukunftsfähigen Führungskultur, dann ist es der Faktor „Kommunikation". Die Förderung einer hohen Kommunikationskompetenz bei allen Beteiligten, die Schaffung geeigneter Kommunikationsstrukturen und Kommunikationssysteme sowie deren bestmöglicher Einsatz bilden demnach nicht nur ein Merkmal, sondern auch eine Voraussetzung für eine zukunftsfähige Führungskultur. Die Bandbreite der relevanten Aspekte erscheint so groß, dass an dieser Stelle angemessene Checklisten-Empfehlungen den Umfang sprengen würden.

9.6.3 Ein kurzer Ausblick

Was kann ein Unternehmen tun, um eine zukunftsfähige Führungskultur zu etablieren? Ein sinnvoller erster Schritt besteht sicher darin, die Bedeutung und den Wert einer solchen Führungskultur überhaupt erst einmal zu erkennen und den Verantwortlichen bewusst zu machen.

Ein zweiter praktischer Schritt kann darin bestehen, anhand der vorstehend genannten sieben Haupteigenschaften der Führungskultur 4.0 und mithilfe der Checklist-Fragen im Sinne eines Quick-Check-Selbsttests zu überprüfen, welchen Status die Führungskultur im Unternehmen im Augenblick hat.

Nach Erfahrung des Führungskultur-Monitor Instituts für Führungsforschung und Beratung ist die Durchführung einer qualifizierten Mitarbeiter- und Führungskräftebefragung zur Führungskultur dann ein idealer Einstieg in einen gezielten Entwicklungsprozess, der durch die Daten und Erkenntnisse der Befragung unternehmensindividuell gesteuert wird.

Das Kapitel „Führungskultur 4.0" hat ausführlich beschrieben, was eine zukunftsfähige Führungskultur als Schlüsselfaktor für die digitale Transformation auszeichnet und wie eine zukunftsfähige Führungskultur in Unternehmen etabliert wird. Das nun folgende Kapitel widmet sich mit dem Thema „Erfahrungswissen" einem weiteren unverzichtbarem Baustein für erfolgreiche Smart Services und liefert eine detaillierte Methodik für den Wissenstransfer von Erfahrungswissen bei ausscheidenden Experten.

9.7 Literatur

[aca 16] acatech – Deutsche Akademie der Technikwissenschaften: Die digitale Transformation gestalten. Was Personalvorstände zur Zukunft der Arbeit sagen. acatech IMPULS. Studie 4/2016. URL: *http://www.acatech.de/fileadmin/user_upload/Baumstruktur_nach_Website/Acatech/root/de/Publikationen/Stellungnahmen/acatech_IMPULS_HR-Kreis_WEB.pdf* (Zugriff am 23.2.2017).

[Ber 15] Bertelsmann Stiftung u.a. (Hrsg.): Arbeiten 4.0. Wie werden wir in Zukunft arbeiten? Ergebnisse des BarCamps Arbeiten 4.0. Studie 2015. URL: *http://wissensmanagement-steuerberatung.de/wp-content/uploads/2015/11/Bertelsmann_Stiftung_BarCamp_11digital2015.pdf* (Zugriff am 23.2.2017)

[BMF 10] Bundesministerium für Familie, Senioren, Frauen und Jugend (Hrsg.): Vereinbarkeit von Beruf und Familie in Apotheken. Studie 7/2010. URL: *https://www.abda.de/uploads/tx_news/Branchenservice_Apotheke_V01.pdf* (Zugriff am 23.2.2017).

[Bon 15] Bonin, Holger u.a.: Kurzexpertise Nr. 57. Übertragung der Studie von Frey/Osborne (2013) auf Deutschland. Studie 4/2015. URL: *http://ftp.zew.de/pub/zew-docs/gutachten/Kurzexpertise_BMAS_ZEW2015.pdf.*

[Bra 16] Braunberger, Gerald: Digitaler Wandel in der Finanzwelt, in: Frankfurter Allgemeine Zeitung, Finanzen, 19.12.2016.

[Cap 15] Capgemini Consulting: Superkräfte oder Superteam? Wie Führungskräfte ihre Welt wirklich verändern können. Studie 1/2015. URL: *https://www.de.capgemini-consulting.com/resource-file-access/resource/pdf/change-management-studie-2015_4.pdf* (Zugriff am 23.2.2017).

[Gal 12] Gallup GmbH: Gallup Engagement Index 2012.

[Gle 13] Glesner, Hagen u.a.: Die Beurteilung der Arbeitgeberattraktivität aus Sicht von regionalen Unternehmen und Studierenden der Hochschule Osnabrück. Studie 10/2013. URL: *http://docplayer.org/15507699-Die-beurteilung-der-arbeitgeberattraktivitaet-aus-sicht-von-regionalen-unternehmen-und-studierenden-der-hochschule-osnabrueck.html* (Zugriff am 23.2.2017).

[Gre 16] Greenwald, Michelle: R/GA Moves into the World's Most Connected Office, in: Forbes, 23.5.2016. URL: *http://www.forbes.com/sites/michellegreenwald/2016/05/23/rga-moves-into-to-the-worlds-most-connected-office/#6cf6096e6515* (Zugriff: 25.7.2016).

[Gro 15] Gropp, Martin: Bewerber haben heute viel mehr Macht. Interview mit Thomas Vollmoeller, Vorstandsvorsitzender XING AG, in: Frankfurter Allgemeine Zeitung, 20.2.2015.

[Gro 15a] Gross, Stefan F.: Die Zukunft gelingt nur mit begeisterten Mitarbeitern. Führungskultur-Monitor Institut für Führungsforschung und Beratung, München 2015.

[Han 15] Hank, Rainer und Meck, Georg: Geld wirkt demotivierend. Interview mit Volkmar Denner, Vorsitzender der Geschäftsführung der Robert Bosch GmbH, in: Frankfurter Allgemeine Sonntagszeitung, 20.9.2015.

[Hof 15] Hofmann, Josephine: Digitale Arbeitswelt. Wir brauchen mutige Entscheidungen, in: Frankfurter Allgemeine Zeitung, Beruf und Chance, 16.11.2015.

[Ing 16] Ingold, David (2016): Tesla's Betting You'll Pay $9,000 for a Software Upgrade, in: Bloomberg, 10.6.2016. URL: *https://www.bloomberg.com/graphics/2016-tesla-model-s/* (Zugriff am 10.2.2017).

[Kno 16] Knop, Carsten: Das beste Fachwissen kann heute nachgeahmt werden, in: Frankfurter Allgemeine Zeitung, Wirtschaft, 21.1.2016.

[Kno 16a] Knop, Carsten: Es kommt auf die Plattform an, in: Frankfurter Allgemeine Zeitung, Wirtschaft, 31.12.2016.

[Leb 13] Lebrenz, Christian und Regnet, Erika (Hrsg.): Arbeitgeberattraktivität 2013. Betriebsklima vor Gehalt: Was macht Arbeitgeber interessant? Die Sicht der Absolventen der Hochschule Augsburg. Studie 2013. URL: *http://www.hs-augsburg.de/~eregnet/Veroeffentlichungen/Arbeitgeberattraktivitaet_2013_Broschuere_gesamt.pdf* (Zugriff am 23.2.2017).

[McK 11] McKinsey Deuschland: Wettbewerbsfaktor Fachkräfte. Strategien für Deutschlands Unternehmen. Studie 3/2011. URL: *https://www.mckinsey.de/files/fachkraefte.pdf* (Zugriff am 23.2.2017).

[Pre 16] Preuss, Susanne: Lidl duzt sich, in: Frankfurter Allgemeine Zeitung, Wirtschaft, 4.6.2016.

[Sen 12] Sensor Märkte bis 2016, in: Sensor Magazin 1/2012, S. 6–8. URL: *http://www.sensormagazin.de/dateien/smonline/redaktion/markt_messe/markt_intechno_sm1_12.pdf* (Zugriff am 8.2.2017).

10 Wissenstransfer von Erfahrungswissen bei ausscheidenden Experten

Christine Erlach

Abstract

Erfahrene Mitarbeiter/innen sind aufgrund ihres großen Erfahrungswissens von enormer Bedeutung in Unternehmen. Nicht nur bei der Bearbeitung von Störungen oder Abweichungen zwischen Planung und Praxis, sondern etwa in der Instandhaltung, in Innovationsprozessen oder in der betrieblichen Weiterbildung sind erfahrene Mitarbeiter/innen unersetzbar. Doch was passiert, wenn diese Experten in Rente gehen? Digitale Transformation der Arbeitswelt hin oder her, noch ist die Antwort auf diese Frage die gleiche wie vor zehn oder vor 50 Jahren auch: Der Experte nimmt sein Erfahrungswissen mit, das Unternehmen erleidet mitunter schmerzhafte Wissensverluste.

Dieses Problem des Wissensverlustes verschärft sich im Zuge des demografischen Wandels zusehends. Unternehmen sind daher mehr und mehr gezwungen, das Erfahrungswissen beim Fach- und Führungskräftewechsel zu erfassen, zu bewahren und im Unternehmen zu verbreiten.

Dieses Kapitel stellt einen Wissenstransferprozess vor, der das Erfahrungswissen ausgewiesener Experten erfasst, dokumentiert und im Unternehmen verbreitet. Er wurde bereits viele Male eingesetzt, entweder um beim Fach- und Führungskräftewechsel das Erfahrungswissen der ausscheidenden Experten zu bewahren oder aber am Ende von Großprojekten, um das Erfahrungswissen der Projektmitarbeiter zu sichern und für Folgeprojekte zu dokumentieren.

Er zeichnet sich durch eine Kombination von einem strukturierten Prozessvorgehen mit einer offenen Herangehensweise für das Schaffen von Dialogräumen und für das Heben von Erzählungen des Experten aus.

10.1 Das Besondere am Erfahrungswissen – warum es so schwer zu fassen ist

Experten sind sehr wertvoll für ein Unternehmen, denn sie zeigen auch in für sie neuen, komplexen und kritischen Situationen durchgängig kompetentes Problemlöseverhalten [Böh 12]. Im Gegensatz zum Berufsanfänger konnte der Experte etwa aus ungeplanten Stillständen einer Anlage lernen, sowohl aus den guten Entscheidungen als auch aus den Fehlern, die dabei gemacht wurden. Ein Berufsanfänger kann also im Gegensatz zum erfahrenen Experten nicht auf einen Erfahrungsschatz zurückgreifen. Eben dieses Erfahrungswissen macht den einzelnen Wissensträger erst zum „erfahrenen Experten" und befähigt ihn zu seinem hochkompetenten Handeln [Gru 96]. Denn wo ein Anfänger noch viel Informationen und Zeit braucht, um eine Sache konkret einzuschätzen, kann der erfahrene Experte rascher Muster erkennen und an das Ende der logischen Kette springen. Sein Vorwissen fungiert als Filter, um in der Fülle der verfügbaren Informationen die relevanten Momente und Muster zu erkennen [Spi 12; Erl 13].

Dieses Erfahrungswissen hat jedoch einen entscheidenden Haken, der einem die Aufgabe schwermachen kann, Wissen zu managen, also für dessen Aktualität, Bewahrung und Verbreitung im Unternehmen zu sorgen: Es verbirgt sich im Kopf der Wissensträger, versteckt hinter vielen weniger wichtigen Erinnerungen, unbewusst geworden durch die Routine, nicht als Wissensschatz bemerkt vom Wissensträger – es liegt implizit vor. Erfahrungswissen ist sehr stark an die Person gekoppelt, durch persönlich erlebte, bedeutsame Erlebnisse entstanden, im Handeln manifestiert. Damit ist es schwer zu verbalisieren und dementsprechend schwer zu erfassen und weiterzugeben [Erl 13]. Sogar der Wissensträger selbst kann oftmals keine Worte mehr dafür finden und hat so ohne methodische Unterstützung keine Möglichkeit, jenes implizite Wissen zu explizieren [vgl. Erl 15a].

Vor der Industrialisierung wurde dieses Expertenwissen ganz selbstverständlich weitergegeben. Die alten Handwerkerzünfte bildeten im Schnitt zehn Jahre lang den jungen Lehrling aus, bis dieser selbst zum Meister wurde. Die Ausbildung verlief – in Begriffen aus der modernen Arbeitswelt beschrieben – in Form von Tandems und on-the-job. Der Lehrling konnte also direkt mit dem Meister zusammen am Werkstück selbst die Fachkenntnis des Älteren beobachten, hinterfragen, nachahmen und sich so Stück für Stück selbst aneignen.

In unserer modernen Arbeitswelt ist eine zehn Jahre andauernde Tandem-Einarbeitung vollkommen undenkbar geworden. Eine Überlappung von Experte und Nachfolger von zwölf Monaten ist bereits Luxus, oft genug wird der Nachfolger auch erst eingestellt, wenn der Experte bereits seinen Schreibtisch geräumt hat. Es liegt auf der Hand: Das Erfahrungswissen des ausscheidenden Experten kann nur teilweise an einen unerfahrenen Nachfolger übertragen werden, sofern keine gemeinsame Zeit der Einarbeitung und der Übergabe zur Verfügung steht.

Seit Beginn dieses Jahrtausends haben sich einige Herangehensweisen etabliert, die möglichst viele Anteile des Erfahrungswissens von Experten zu retten versuchen. Gemeinsam ist ihnen, dass der Experte im Rückblick in einer Gesprächssituation gebeten wird, sein Erfahrungswissen zu rekapitulieren. Darüber hinaus gibt es in diesen spezialisierten Wissenstransfer-Herangehensweisen deutliche Unterschiede. Die verschiedenen Ansätze lassen sich grob in zwei Gruppen aufteilen [Erl 13]:

- Ansätze mit einer individualisierten Herangehensweise, die eine Ausrichtung auf den Dialog und auf Reflexionsprozesse bei der Erfassung und der Weitergabe von Wissen haben
- Ansätze mit einem standardisierten, strukturierten Vorgehen für Erfassung und Transfer, die mit leitfadengestützten Interviews arbeiten

Diese beiden Ausprägungen lassen sich allerdings als „Endpole" eines Kontinuums verstehen. Viele Wissenstransfer-Methoden sind nicht eindeutig zuzuordnen, sondern mischen methodische Schritte und Tools aus diesen beiden grundlegenden Herangehensweisen [Erl 14].

Eine dieser Mischformen sind die Transfer Stories [Erl 14a]. Bei dieser Methode wird der individualisierten Herangehensweise Rechnung getragen, indem sie Wissen als untrennbar vom Wissensträger wahrnimmt, einen Wissenstransfer in Dialogräumen anstrebt und dafür narrativ-offene Methoden einsetzt. Zugleich erkennen die Transfer Stories auch die Vorgehensweisen der strukturierten Ansätze an: Diese sehen im Wesentlichen ein Prozessvorgehen, leitfadengestützte Interviews und das Ableiten von konkreten Maßnahmen für den Wissenstransfer vor [vgl. Erl].

10.2 „Transfer Stories" – ein narrativ-strukturierter Wissenstransferprozess

Der Wissenstransferprozess, der im Folgenden vorgestellt wird, vereint narrative Methoden und strukturierte Interviews, um das Erfahrungswissen von Experten handhabbar zu machen. Ein narrativer Zugang an die Befragungssituation bedeutet, dem Experten möglichst wenige, am besten gar keine Fragen zu stellen, sondern ihn stattdessen zum Erzählen zu ermuntern.

Doch was ist der Mehrwert vom Erzählenlassen, warum sollte ein so ungerichteter Zugang in der Lage sein, wirklich das relevante Erfahrungswissen des Experten zu heben? Wird er nicht einfach abschweifen oder erst gar nicht wissen, was genau er eigentlich erzählen soll? Folgende Metapher mag diese kritischen Fragen beantworten.

Der Angler und der trübe Teich – warum Zuhören besser als Fragen ist

Bild 10.1 Erfahrungswissen entzieht sich direkter Befragung und muss durch das Schaffen von Erzählsituationen ans Tageslicht gelockt werden

Ein trüber Teich. Ein Angler steht davor und will herausfinden, welche Fischarten in diesem trüben Gewässer leben. Er hält seine Angel mit einem bewährten Köder, den viele Fischarten gerne verspeisen, ins Wasser – hurra, bald schon beißt der erste Fisch an, dann der zweite! Er wechselt den Köder und – voilá, eine dritte Fischart ist gefangen. Wunderbar! Doch ... der Angler runzelt die Stirn: niemals wird er sich mit seiner Angel sicher sein können, dass er seine Kernfrage beantwortet hat – denn es ist gut möglich, dass eine Fischart im trüben Teich lebt, die schlicht all seine Köder verschmäht! Der Angler muss also andere Methoden wählen, um seine Frage zu beantworten, er muss etwa ein Netz auswerfen, das den Teich in seiner Gesamtheit erfassen und möglichst viele Fische auf einmal fischen kann.

Erfahrungswissen verhält sich wie der scheue Fisch im trüben Teich: je impliziter seine Anteile, desto schwerer fällt es, es zu finden und es durch Kodifizierungen wie Wort, Bild etc. handhabbar zu machen. Man stelle sich eine Interviewsituation vor, in der ein Wissensträger (sei es nun ein bald in Rente gehender Experte oder ein Projektmitarbeiter am Ende eines großen Projektes) nach seinen Erfahrungen befragt wird. Direkte Fragen, die der Interviewer dem Wissensträger stellt, werden beantwortet - das ist nicht das Problem. Das Problem ist vielmehr, dass jede Frage einen bestimmten Antwortraum öffnet, der die Grenzen aller möglichen Antworten vorgibt - das Wissen „links und rechts“ neben diesem Antwortraum aber geht verloren [Erl 11; siehe auch And 83; And 96]. So wie also der Köder an der Angel nur von bestimmten Fischen angenommen wird, ergeben sich für jede Frage nur bestimmte Antworten.

Das methodische Dilemma liegt auf der Hand: Je konkreter man den Experten nach seinem Wissen befragt - und die meisten Wissenstransfer-Ansätze arbeiten mit leitfadengestützten Interviews, vordefinierten Wissenskategorien, vorgegebenen Fragenkatalogen etc. - desto mehr gleicht dieses Vorgehen der Angel des Fischers. Explizites Wissen, wie etwa spezifisches Fachwissen, kann man durchaus mit solchen methodischen Zugängen erfassen. Beim impliziten Erfahrungswissen allerdings trifft genau das Gegenteil zu: je weniger genaue Fragen, je mehr Kontext, je konkreter die Schilderung, je lebendiger und ausformulierter die Begleitumstände für komplexe Problemlösestrategien, desto eher gelingt es, das Erfahrungswissen handhabbar zu machen [vgl. Tot 05].

Hier kommt nun das „Netz“ ins Spiel und der Angler wird zum Fischer: Es gilt, zu enge Antworträume zu vermeiden und den Kontext des Erfahrungswissens mit zu erfassen. Der Methodenpool im narrativen Management stellt sich genau dieser Aufgabe: narrative Methoden geben durch die offene Erzählsituation keine Antworträume vor und bewahren den Kontext in dem Speicherformat „Geschichte“ [vgl. Erl 15a].

Wie lässt sich nun aber das „Netz“ mit der „Angel“ verbinden, wie sieht eine Kombination aus einem narrativen und einem strukturierten Zugang auf das Erfahrungswissen aus?

Die Leitfragen, die durch den Wissenstransferprozess „Transfer Stories“, führen, sehen wir in Bild 10.2.

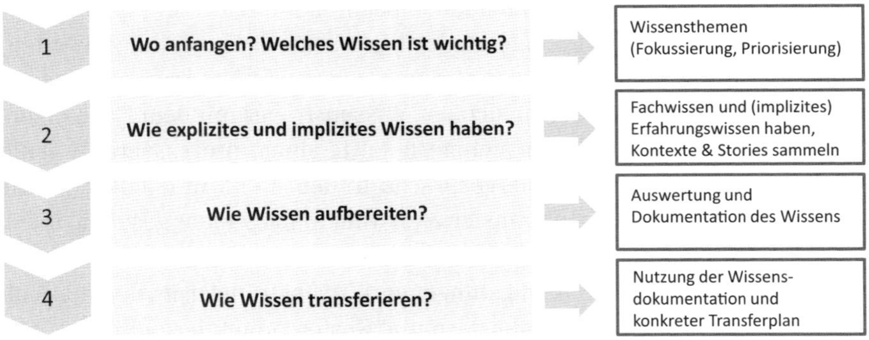

Bild 10.2 Leitfragen des narrativ-strukturierten Wissenstransferprozesses

Diese Leitfragen des narrativ-strukturierten Wissenstransferprozess sollen anhand eines Fallbeispiels mit Methoden gefüllt und beschrieben werden.

Ein ausgewiesener Experte eines auf Dampf- und Hochdruck-Anlagen spezialisierten Unternehmens geht in sechs Monaten in Rente. Zuletzt hält er die Funktion des Leiters der Konstruktion inne und hat damit zum einen Führungsaufgaben rund um sein Team von acht Ingenieuren. Zum anderen obliegen ihm fachliche Aufgaben bezüglich der (Neu-)Konstruktion diverser Anlagenkomponenten wie beispielsweise von Wärmetauschern in Syngasanlagen oder bei der Auswahl passender Ventile für Anlagen unter Hochdruck. Nun ist bereits der Nachfolger benannt und in das Unternehmen eingetreten. Dabei handelt es sich um einen jungen Ingenieur, der in die großen Fußstapfen des Vorgängers treten soll. Die Übergabezeit für die beiden, den Wissensträger und den Nachfolger, ist mit sechs Monaten reichlich knapp, um wirklich einen gelungenen Wissenstransfer zu gewährleisten. Daher wird ein moderierter Wissenstransferprozess unter externer Begleitung aufgesetzt, um den Wissensträger bei der Systematisierung und der Weitergabe seines reichen Erfahrungsschatzes zu unterstützen. Auch der Nachfolger wird durch den Wissenstransferprozess unterstützt, nicht zuletzt aufgrund der festen Zeiteinheiten, die ihm nun dank des Wissenstransferprozesses für den Austausch mit dem Wissensträger zur Verfügung stehen.

10.2.1 Prozessschritt 1: Festlegen von relevantem Wissen

Im ersten Prozessschritt werden in einem Kick-off-Workshop möglichst viele Personen versammelt, die geeignet sind, den Wissensbedarf des Unternehmens zu beschreiben. Welches Wissen benötigt der Nachfolger, welches Wissen die Abteilung? Gibt es darüber hinaus Wissen, das anderen Abteilungen oder gar dem ganzen Unternehmen Nutzen bringt? Welches Wissen nennt der Wissensträger selbst als relevant für diese Zielgruppen? Am Ende dieses ersten Schritts des Wissenstransferprozesses sind alle Beteiligten über das weitere methodische Vorgehen informiert und jene Wissensthemen gemeinsam identifiziert, die als wichtig und wertvoll für das Unternehmen und zugleich als kritisch eingeschätzt werden, die also mit dem Weggang des Experten verloren gehen würden. Darüber hinaus werden Termine festgelegt, an denen sich der Wissensträger mit dem Nachfolger und mit eventuellen weiteren Wissensnehmern sowie einem prozessverantwortlichen Moderator für die Wissenstransfergespräche treffen. Denn in der Regel wird die Notwendigkeit für den Wissenstransfer zwar vom Management gesehen, die dafür benötigten zeitlichen Ressourcen aber nicht berücksichtigt. Daher ist es von entscheidender Bedeutung für einen gelungenen Wissenstransferprozess, dass dieser analog zu einem Projekt mit Zeitfenstern und Kosten projektiert wird.

Im Fallbeispiel des Leiters der Konstruktion wurden fünf Wissenstransfergespräche vereinbart, die jeweils drei Stunden in Anspruch nehmen sollten. Darüber hinaus wurde festgelegt, dass an den Terminen der Wissensträger, sein Nachfolger sowie zwei weitere junge Ingenieure aus der Abteilung Technischer Vertrieb am Wissenstransferprozess teilnehmen würden. Die Wissensbedarfsanalyse ergab einen großen Bedarf, die einzelnen Komponenten für die Konstruktion aufzugliedern, also etwa über die je nach angelegten Drücken und Temperaturen zu wählenden Legierungen, Ventile, Isolierungen, Farben etc. zu besprechen. Ebenso wurde der Wissensbedarf ermittelt, die konstruktiven Elemente von verschiedenen alten Röstkesselanlagen zu besprechen, die das Unternehmen zwar nicht mehr baut, für die es aber noch in der Wartungsverantwortung steht und die nur der bald in Rente gehende Experte sowohl in der Entwicklung als auch beim Bau und der Inbetriebnahme begleitet hat.

10.2.2 Prozessschritt 2: Explizites Fachwissen und implizites Erfahrungswissen heben

Um dem Erfahrungswissen hinter dem Fachwissen des Experten beizukommen, wäre es wie oben beschrieben ein methodischer Fehler, direkt mit den in der Wissensbedarfsanalyse gesammelten Themen zu starten und den Experten eine Frage nach der anderen zu stellen, ihm also wie in der eingangs vorgestellten Metapher einen Köder nach dem anderen vor die Nase zu halten.

Stattdessen legt nun der Angler die Angel aus der Hand und nimmt ein Netz zur Hilfe, um an die verborgenen Schätze im undurchsichtigen Teich heranzukommen: Die ersten Wissenstransfergespräche nutzen daher narrative Interviews, die dem Experten viel Raum zum Erzählen seiner Erinnerungen, Anekdoten, positiver wie negativer Ereignisse etc. geben.

Narrative Interviews geben dem Experten die Themenhoheit zurück, da er selbst bestimmt, welche Themen er einbringt. Die Erzählaufforderung lautet: Was haben Sie an Höhepunkten und Tiefen in Ihrem beruflichen Leben erlebt? Der Experte wird mit einer Visualisierungshilfe dabei unterstützt, seine „Ereigniskurve" über einen vorab definierten Zeitraum zu skizzieren (siehe Bild 10.3): Der Experte trägt nach seiner subjektiven Einschätzung Erinnerungen an bestimmte Ereignisse ein, die er entweder als emotional positiv oder aber negativ bewertet. Die Ausprägung dieser zugeschriebenen Emotionen ist ein Indiz für die Relevanz, die er dem Ereignis zuschreibt – je höher also der Wert auf der y-Achse, desto bedeutsamer ist für den Experten dieses Ereignis. Die Hochs und Tiefs markieren also emotional bedeutsame Ereignisse im Berufsleben des Experten, in denen er mit kritischen Situationen konfrontiert war und so sein Erfahrungswissen bildete, anwendete und vermehrte (zum Entstehen von Expertenwissen siehe [Gru 96]). Ereigniskurven helfen dabei, emotional bedeutsame Ereignisse zu identifizieren - der situative Kontext zum Erfahrungswissen des Experten wird entdeckt.

Beispiele für solche kritischen Situationen sind etwa Pannen bei der Inbetriebnahme einer Anlage, Kundenreklamationen und knifflige Wartungssituationen, aber auch Reorganisationen im Unternehmen, die personelle Aufstockung der Abteilung etc. Die narrative Gesprächsführung folgt nun diesen vom Experten selbst definierten Themen und Ereignissen und lässt viel Raum, damit der Wissensträger erzählen und der Wissensnehmer nachfragen kann. Diese narrative, offene Vorgehensweise eignet sich besonders, um implizites, vorbewusstes, noch nicht verbalisiertes Erfahrungswissen zu explizieren. Die Rolle der Moderation ist die Prozessverantwortung sowie die des naiv Nachfragenden, wodurch auch scheinbar Selbstverständliches vom Experten näher erläutert werden muss [vgl. Erl 15].

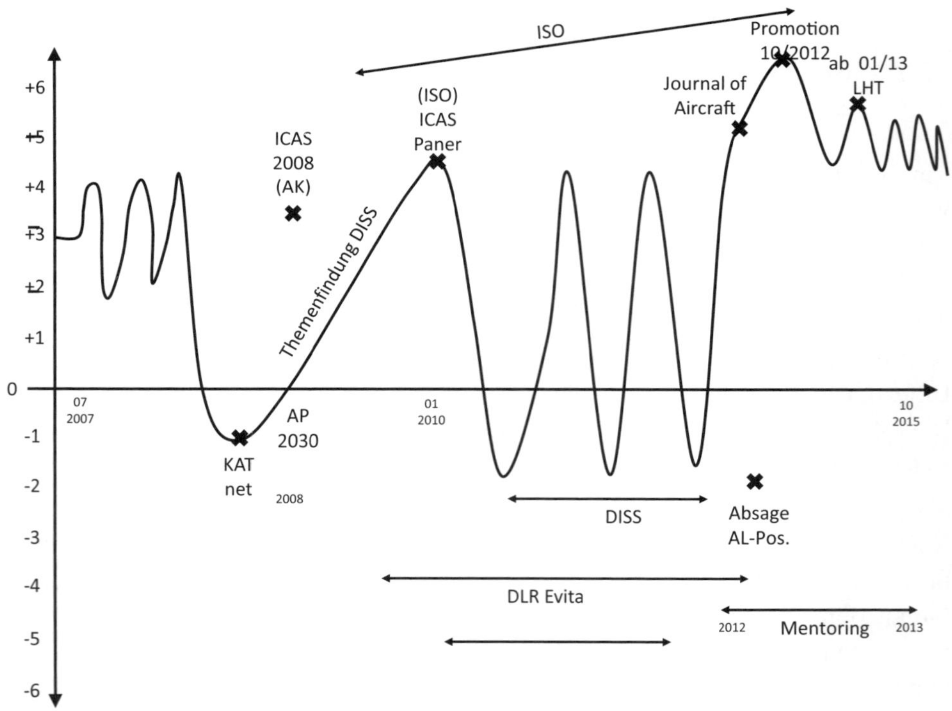

Bild 10.3 Beispiel für eine Ereigniskurve

Im Anschluss an die narrativen Gespräche und aufbauend auf der Wissensbedarfsanalyse folgen halbstrukturierte Interviews, um die Erfahrungen des Experten zu den genannten Wissensbereichen zu heben. Diese Gespräche widmen sich anhand des aus der Wissensbedarfsanalyse entstandenen Themenleitfadens den einzelnen Wissensbedarfen, die der Reihe nach tiefer betrachtet werden.

10.2.3 Prozessschritt 3: Auswertung und Dokumentation des Wissens

Hat man nun erst das Netz und dann die Angel ausgeworfen und eine stattliche Anzahl von „Fischen“ an Land gebracht, geht es nun darum, den „Fang“ zu ordnen und besonders wertvolle Stücke heraus zu sortieren. Nun werden also jene Schilderungen von Problemsituationen festgehalten, die in keiner Dokumentation, in keinem Konstruktionsplan oder Aktennotizen stehen. Es geht hier um die Erfahrungen des Wissensträgers, die er „nebenbei“ in der Erzählsituation der Wissenstransfergespräche erwähnt: die Tücken in einem Bauplan, die besten rechnerischen Eselsbrücken beim Ermitteln der richtigen Stähle im ASME oder im DIN-Regelwerk, den Ärger mit dem einen Lieferanten, die Daumenregeln zum Entscheiden für Schweiß- oder aber Flansch-Armaturen etc. Durch diese Erzählungen und Anekdoten kann das Erfahrungswissen des Experten zu bestimmten Ereignissen und zu seinem Fachwissen gehoben werden.

Die Dokumentation umfasst darüber hinaus auch das explizite Fachwissen des Experten, indem weiterführende Unterlagen, Konstruktionspläne, Materiallisten und so fort mitsamt den Erläuterungen des Experten festgehalten werden.

Die Wissensdokumentation hat also die Aufgabe, sowohl das (implizite) Erfahrungswissen zu bestimmten Ereignissen als auch das relevante Fachwissen zu bewahren. Denn es soll nicht nur der unmittelbare Nachfolger, der idealerweise bereits an den Wissenstransfergesprächen teilnimmt, sondern auch andere Wissensnehmer zu späteren Zeitpunkten vom Erfahrungswissen des Experten profitieren können.

Doch wie genau soll diese Wissensdokumentation aussehen? Bleiben wir bei der Metapher des Anglers bzw. Fischers: er möchte seinen Fisch nun verkaufen und wird sich daher bemühen, ihn so auf dem Markt zu präsentieren, dass die Marktbesucher seinen Fisch kaufen und ihn „sich einverleiben“. Gleiches gilt in Unternehmen. Dort ist es von zentraler Bedeutung, eine Aufbereitungsform zu finden, die den Wissensnehmern hilft, sich das Wissen des Experten „einzuverleiben“. Wissenskommunikation geht vor Wissensdokumentation!

Eine genaue Abstimmung mit den internen Verantwortlichen bezüglich des Formates der Wissensdokumentation ist unumgänglich. Im Zuge der Digitalisierung der Arbeitswelt werden sich auch die Formate für die Wissensdokumentation verändern. Doch eine wichtige Erkenntnis sollte bei allen Bemühungen, das Wissen des Experten festzuhalten, nie aus den Augen verloren werden: Die Wissens*kommunikation*, der direkte Austausch über die Erfahrungen, die ein Experte im Laufe seiner Berufslaufbahn gemacht hat, ist um ein Vielfaches wichtiger und auch gewichtiger als jede Wissens*dokumentation*. Dies liegt allein schon daran, dass der Wissensnehmer direkt Fragen stellen kann und dass der Experte im Dialog viel Kontextwissen liefert, das nur in einem Volltranskript des Dialoges festzuhalten wäre – allerdings nur theoretisch, denn praktisch liest kein Wissensnehmer bis zu 80 eng beschriebene Seiten Text pro Wissenstransfergespräch durch!

Mit der Einschränkung, dass jede auch noch so gute Wissensdokumentation nicht an den direkten Austausch von Wissen in wie auch immer gestalteten (auch virtuellen) Dialogräumen herankommt, bleibt trotzdem die Frage im Raum, wie eine möglichst gute Wissensdokumentation aussehen könnte. Aufgrund der schieren Fülle an Kontextinformationen aus den Wissenstransfergesprächen muss eine Form der Wissensdokumentation gewählt werden, die diese Masse an Informationen auf eine verträgliche Menge reduziert. Und es muss auf eine Aufbereitungsform zugeschnitten werden, die den Wissensnehmer motiviert, sich der Wissensdokumentation anzunehmen.

Natürlich sind kurze Videosequenzen in YouTube oder Podcasts auf dem eigenen MP3-Player eine wunderbare, kurzweilige Form, sich mit dem Wissen des Wissensträgers auseinanderzusetzen. Doch mal abgesehen vom Aufwand, solche Formate zu erstellen: sie sind in der Regel nicht das beste Medium, um die Fülle der (impliziten) Erfahrungen und der Kontextinformationen zu den expliziten faktischen Informationen und Ereignissen gemeinsam wiederzugeben. Denn die Aufmerksamkeitsspanne beim Konsum von Film und Audio nimmt bereits nach zwei bis drei Minuten drastisch ab [Spi 12].

Daher münden die Transfer Stories oft in einem textuellen Format, das aber dennoch eine gute Übersichtlichkeit über die diversen Wissensthemen aus den vorangegangenen Gesprächen bewahrt: Eine in den Transfergesprächen und anhand der anfänglichen Wissensbedarfsanalyse abgeleitete Wissenslandkarte bzw. Netzwerkkarte (meist in Form einer Mindmap) ermöglicht eine schnelle Orientierung über das Erfahrungswissen des Experten. Diese Mindmap kombiniert strukturierte Elemente mit narrativen Einheiten, denn die weiterführenden Links führen zu den Originalzitaten des Wissensträgers und erzählen so den Kontext, das „Drumherum“ zur Situation, in der wichtige Erfahrungen gesammelt wurden, seine Empfehlungen, Hinweise auf erfolgreiche Strategien und seine Lessons Learned (siehe Bild 10.4). In den Notizen werden die Erzählungen des Experten zu den einzelnen Themen, also etwa Schilderungen von Problemen mit Kunden, kritische Situationen an den Anlagen und Erläuterungen zum Fachwissen festgehalten. Attachments führen weitere fachspezifische Informationen auf.

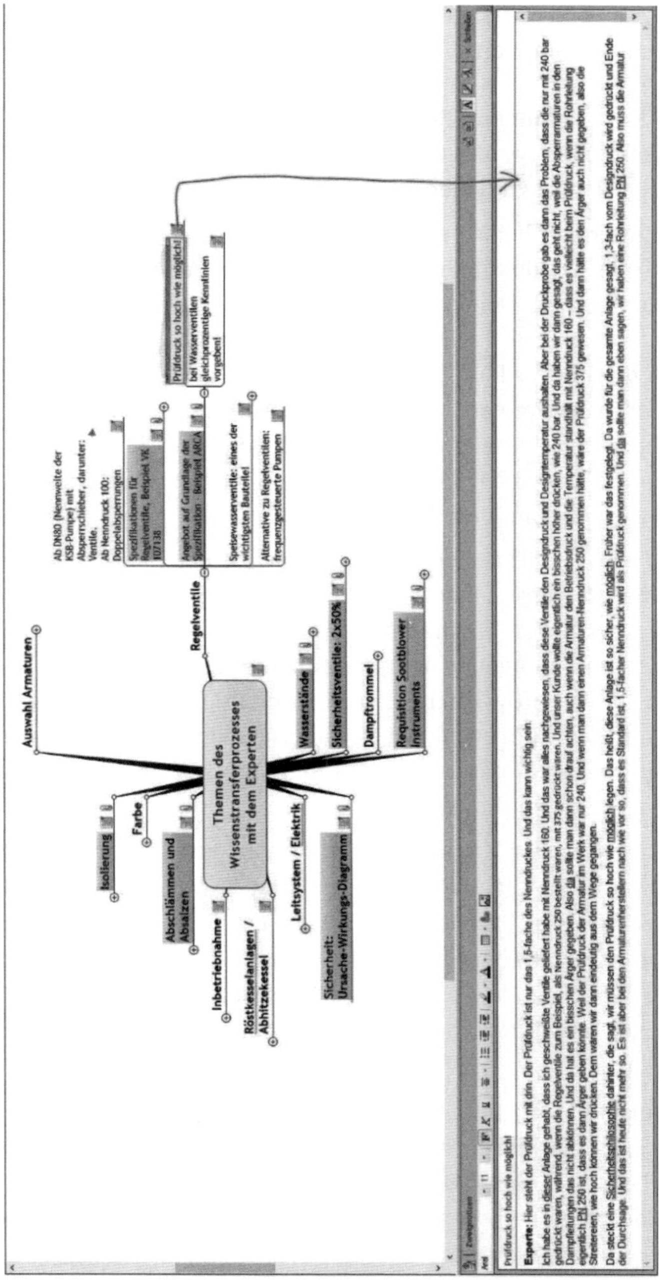

Bild 10.4 Wissensthemen aus der Wissensbedarfsanalyse

10.2.4 Prozessschritt 4: Unterstützung für die Nutzung des Wissens im Unternehmen

Wenn die Wissensdokumentation einmal vorliegt, gibt es oft einen interessanten Effekt: Man lehnt sich beruhigt zurück mit dem wohligen Gefühl, nun das Wissen des Experten gesichert zu haben.

Das ist aber ein großer Fehler, denn, wie schon weiter oben angemerkt, keine auch noch so gute Wissensdokumentation kann einem Austausch von Wissensträger und -nehmern in einem Dialograum das Wasser reichen! Damit das erhobene und dokumentierte Wissen also wirklich zur Anwendung kommt, reicht es bei Weitem nicht aus, es im Stile vieler Wissensmanagement-Denkmodelle „bereitzustellen", es – wie perfekt auch immer – allen Unternehmensmitgliedern auf Abruf zugänglich zu machen. Der Wissenstransferprozess geht weit über das Dokumentieren hinaus und unterstützt die Beteiligten in einem möglichst umfassenden Übergabeprozess vom Experten auf den Wissensnehmer.

Dafür kommt ein sog. Transferplan zum Einsatz, der parallel zu den narrativen und strukturierten Gesprächsterminen befüllt wird: Er steuert den Wissenstransferprozess, indem er alle Maßnahmen festhält, die in Angriff genommen werden müssen, um einen gelungenen Wissenstransfer zu gewährleisten. Diese Maßnahmen werden mit Verantwortlichkeiten, Deadlines und Prioritäten versehen und gemeinsam mit der Führungskraft des ausscheidenden Experten in einem abschließenden Transfer-Workshop abgestimmt, um (zeitliche) Ressourcen für deren Abarbeitung zu schaffen [Erl 17].

Im Falle des Leiters der Konstruktion umfasste der Transferplan zum Beispiel Schulungen von einer Gruppe von Auszubildenden bezüglich der Produktlisten einiger Lieferanten von Pumpen und Ventilen. Darüber hinaus wurden mehrere weitere Gespräche zwischen dem Experten und dem direkten Nachfolger sowie vier weiteren Wissensnehmern terminlich vereinbart, in denen der Experte bestimmte Anlagen und deren konstruktiven Bedingungen anhand von den Originalplänen erläuterte.

Nach dem Transfer-Workshop, der das Ende des eigentlichen begleiteten Wissenstransferprozesses markiert, geht es für den Experten und den Nachfolger bzw. andere Mitarbeiter aus dem Team also an das weitere Abarbeiten der noch offenen Maßnahmen auf dem Transferplan. Fehlt den Beteiligten die dafür benötigte Methodenkompetenz, kann es mitunter von Nutzen sein, die Umsetzung der Maßnahmen durch die prozessverantwortliche Moderation zu begleiten (siehe Bild 10.5, Prozessschritt 5). Schließlich stehen am Ende des Wissenstransferprozesses die Evaluation des Vorgehens und evtl. Anpassungen für eine Implementierung des Prozesses in das Methoden-Repertoire des Unternehmens (Prozessschritt 6). So kann Wissenstransfer zu einem Standardprozess im Unternehmen werden.

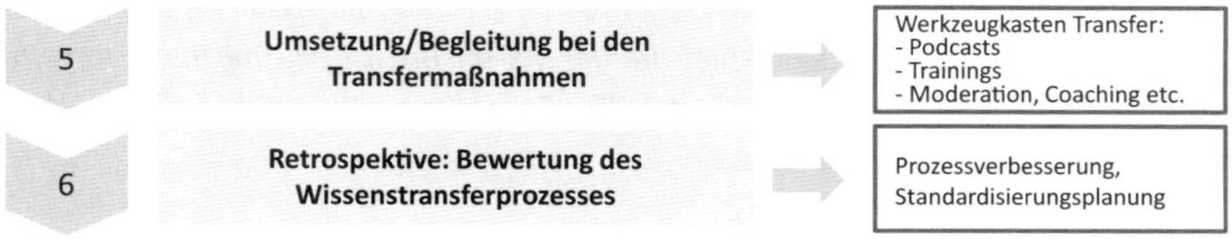

Bild 10.5 Weitere Prozessschritte des Wissenstransferprozesses „Transfer Stories“

Maßnahmen wie der Transferplan und die Unterstützung bei der Abarbeitung der einzelnen Punkte aus dem Transferplan durch weitere Personen aus dem Unternehmen (etwa aus der Personalentwicklung) reichen über den aufgesetzten Wissenstransferprozess, die Wissensdokumentation und den abschließenden Transfer-Workshop hinaus. Dadurch werden auch nach den Transfer Stories Dialogräume für den direkten Austausch geschaffen.

■ 10.3 Zusammenfassung

Das Erfahrungswissen von Experten ist von großem Wert für Unternehmen. Doch kann es nicht ohne Weiteres erfasst und weitergegeben werden, da es sich oft dem direkten Zugang entzieht und im impliziten, bislang nicht in Worte gefassten Bereich „zwischen den Ohren“ des Experten liegt. Ein Wissenstransferprozess wird benötigt, der in der Lage ist, das mit direkten Fragen nicht zu erfassende implizite Erfahrungswissen ebenso zu erheben wie auch das leichter zugängliche explizite Fachwissen. Der hier vorgestellte Wissenstransferprozess „Transfer Stories“ setzt einerseits im Sinne der strukturierten Wissenstransfer-Ansätze auf die Erstellung eines Leitfadens für die Befragung des Wissensträgers und liefert eine solide Wissensdokumentation. Andererseits wird dieses Prozessvorgehen durch die narrativen Elemente der offenen Interviews, die Konzentration auf emotional bedeutsame Ereignisse, die Kombination von Kontext- und Sachinformation in der Wissensdokumentation und das fortwährende Schaffen von Dialogräumen angereichert – und kann so auch die schwer fassbaren, impliziten Anteile des Wissensschatzes eines Experten heben und weitergeben und eine wirkliche Nutzung des gehobenen Wissens im Unternehmen unterstützen.

Das vorangegangene Kapitel hat eine detaillierte Methodik für den Wissenstransfer von Erfahrungswissen bei ausscheidenden Experten beschrieben und damit einen weiteren zentralen Baustein für die Entwicklung erfolgreicher Smart Services mit dem Menschen im Mittelpunkt geliefert. Der folgende Beitrag wechselt den Fokus und stellt im Besonderen ein Best-Practice-Beispiel dafür dar, wie durch ein stark Stakeholder-fokussiertes Vorgehen in der Entwicklung einer internen und externen Plattform zügig

Potenziale gehoben und so (Entwicklungs-)Kosten schnell amortisiert werden können. Weiter untermauert das Praxisbeispiel die bereits im Buch diskutierten Erfolgsfaktoren von IoT-Projekten (siehe Kap. 2*) und die disruptiven Potenziale IoT-basierter Geschäftsmodelle auf ganze Branchen.*

10.4 Literatur

[And 83] Anderson, J. R.: The Architecture of Cognition. Cambridge, MA 1983.

[And 96] Anderson, J. R.: ACT. A Simple Theory of Complex Cognition, in: American Psychologist 51 (1996), S. 355 - 365.

[Böh 12] Böhle, F., Erfahrungswissen - und berufliche Bildung? Zur Präzisierung des Verständnisses von Erfahrungswissen. Online-Artikel 9/2001. URL: *http://www.nakif.de/index.php?main=projekt&qID=2&bsID=36* (Zugriff im August 2012).

[Erl 11] Erlach, Christine: Wissenstransfer mit Story Telling. Das Potential narrativer Methoden bei Erfassung und Weitergabe von Erfahrungswissen, in: Reinhardt, Rüdiger (Hrsg.), Wirtschaftspsychologie und Organisationserfolg. Lengerich 2011, S. 481 - 491.

[Erl 13] Erlach, Christine u. a.: Wissenstransfer bei Fach- und Führungskräftewechsel. Erfahrungswissen erfassen und weitergeben. München 2013.

[Erl 14] Erlach, Christine: Wissenstransfer-Methoden für Fach- und Führungskräftewechsel, in: Cress, Ulrike u. a. (Hrsg.): Wissenskollektion. 100 Impulse für Lernen und Wissensmanagement in Organisationen. Wiesbaden 2014, S. 37 - 38.

[Erl 14a] Erlach, Christine: Wissenstransfer mit Storytelling, in: Cress, Ulrike u. a. (Hrsg.), Wissenskollektion. 100 Impulse für Lernen und Wissensmanagement in Organisationen. Wiesbaden 2014, S. 184 - 186.

[Erl 15] Erlach, Christine; Klein, J.: Storytelling von Erfahrungswissen. Wissenstransfer im After Sales Service eines mittelständischen Maschinenbauunternehmens, in: Geißler, Peter; Kruse, Paul (Hrsg.): Das vernetzte Unternehmen. Wie der Digital Workplace unsere Zusammenarbeit neu gestaltet. Norderstedt 2015, S. 185 - 196.

[Erl 15a] Erlach, Christine; Thier, Karin (2015): Narratives Management - was trübe Teiche mit Organisationen zu tun haben, in: Beier, Heiko u. a. (Hrsg.): Wissensmanagement beflügelt. Wie Sie einen unbegrenzten Rohstoff aktivieren. Berlin 2015, S. 103 - 122.

[Erl 17] Erlach, Christine: Wissenstransfer mit Geschichten. Narrative Methoden für das Heben und Weitergeben von Erfahrungswissen, in: Chlopczyk, Jacques (Hrsg.): Beyond Storytelling (im Druck).

[Gru 96] Gruber, Hans; Mandl, Heinz: Das Entstehen von Expertise, in: Hoffmann, Joachim; Kintsch, Walter (Hg.), Lernen. Enzyklopädie der Psychologie, C/II/7, Göttingen 1996, S. 583 - 615.

[Spi 12] Spitzer, Manfred: Digitale Demenz. Wie wir uns und unsere Kinder um den Verstand bringen. München 2012.

[Tot 05] Totzke, Reiner: Erinnern - Erzählen - Wissen. Was haben (Erfahrungs-)Geschichten mit echtem Wissen zu tun?, in: Reinmann, Gabi (Hg.), Erfahrungswissen erzählbar machen. Narrative Ansätze für Wirtschaft und Schule. Lengerich 2005, S. 19 - 35.

TEIL E
Best Practices

11 IoT @ Kärcher – vom klassischen Maschinenbau zu *Industry as a Service*

Friedrich Völker

Abstract

Der folgende Beitrag stellt im Besonderen ein Best-Practice-Beispiel dafür dar, wie durch ein stark Stakeholder-fokussiertes Vorgehen in der Entwicklung einer internen und externen Plattform zügig Potenziale gehoben und so (Entwicklungs-)Kosten schnell amortisiert werden können. Weiter untermauert das Praxisbeispiel die bereits im Buch diskutierten Erfolgsfaktoren von IoT-Projekten (siehe bspw. Kapitel 2) und die disruptiven Potenziale, die IoT-basierte Geschäftsmodelle auf Branchen haben können.

11.1 Einleitung

Sucht man bei Google nach dem Begriff „Internet of Things“, erhält man aktuell (März 2017) rund 232 000 000 Treffer. Die Popularität des Begriffs spiegelt sich auch in zahlreichen Veröffentlichungen, Pressemitteilungen und Veranstaltungen wider. Industrieübergreifend ist man sich einig: Das Internet der Dinge birgt gewaltiges Potenzial für verschiedenste Geschäftsbereiche. Auch im deutschen Maschinenbau hat man sich dem Thema angenommen, ist aber in den meisten Fällen über die Formulierung beeindruckend klingender Visionen nicht hinausgekommen. Bereits umgesetzte IoT-Transformationsprojekte sind rar.

Hier setzt dieses Kapitel an. Es stellt ein Beispiel für ein IoT-Projekt, die Entwicklung von „Kärcher Fleet“, einem Web-basierten Flottenmanagementsystem für Reinigungsmaschinen bei der Alfred Kärcher GmbH & Co. KG, vor. Im Folgenden wird anhand der einzelnen Bestandteile von Kärcher Fleet der Nutzen für die Kunden und für das Unternehmen dargestellt. Darauf aufbauend werden fünf Erfolgsfaktoren von IoT-Projekten in Maschinenbauunternehmen eingeführt und erörtert. Ein Ausblick auf das disruptive Potenzial von IoT-basierten Geschäftsmodellen schließt den Beitrag ab.

11.2 Die Vernetzung der Reinigung am Beispiel von „Kärcher Fleet“

11.2.1 Nutzen für Kunden

Das Familienunternehmen Kärcher ist Weltmarktführer im Bereich Reinigungsmaschinen und -systeme. Die weltweit über 11 500 Mitarbeiter stellen rund 3000 verschiedene Produkte her, die im Jahr 2015 über 2,2 Milliarden Euro Umsatz erwirtschaftet haben. Zu den wichtigsten Kundengruppen zählen professionelle Gebäudereinigungsunternehmen. Sie grenzen sich von anderen Kunden vor allem dadurch ab, dass Reinigen ihr primärer Geschäftszweck ist. Gebäudereinigungsunternehmen stehen vor der großen Herausforderung, auf regionaler, nationaler und mitunter internationaler Ebene große Flotten von Reinigungsmaschinen und Mitarbeiterteams möglichst effizient zu koordinieren. Da bei Ausschreibungen in aller Regel das günstigste Angebot den Zuschlag erhält, stehen Gebäudereiniger unter einem hohen Preisdruck.

Kärcher Fleet ist als Antwort auf dieses Kundenproblem entstanden. Die IoT-Lösung bringt Transparenz in das Tagesgeschäft der Gebäudereiniger und ermöglicht es ihnen so, informierte Investitionsentscheidungen zu treffen, den Reinigungsprozess zu optimieren und Kosten einzusparen. Ein zentrales Feature von Kärcher Fleet, das hierauf eingeht, ist die Positionsermittlung jeder Reinigungsmaschine. Wird beispielsweise spontan eine zusätzliche Scheuersaug- oder Kehrmaschine in einem Reinigungsobjekt benötigt, können über eine Umkreissuche passende verfügbare Maschinen ermittelt werden. Etwa 10 % aller Reinigungsmaschinen, die bei Gebäudereinigern im Einsatz sind, gehen jährlich verloren oder werden gestohlen. Um dem vorzubeugen, informiert Kärcher Fleet den zuständigen Mitarbeiter aktiv über eine Nachricht auf dem Smartphone, wenn eine Maschine den ihr zugewiesenen Einsatzbereich verlässt.

Eine weitere wichtige Funktion ist die Erfassung der Maschinenbetriebsstunden. Sie ermöglicht zahlreiche Auswertungen über den Auslastungsgrad der Reinigungsmaschinen. Läuft eine Maschine beispielsweise über längere Zeit am Rande der Belastungsgrenze, könnte sie gegen ein leistungsfähigeres Modell, das in einem anderen Objekt nur eine halbe Stunde pro Tag eingesetzt wird, getauscht werden. Hinterlegt ein Gebäudereiniger Einsatzpläne im System, kann ein Soll-Ist-Vergleich durchgeführt werden. Beginnt eine Maschine zu spät mit der Arbeit, erfolgt eine entsprechende Benachrichtigung in Echtzeit.

Kärcher Fleet gibt außerdem Auskunft über die Maschinengesundheit. Ist die Maschine nicht einsatzbereit, wechselt ihr Status auf rot. Auf Wunsch kann dann direkt im System ein Reparaturtermin für die spezifische Maschine vereinbart werden. Außerdem sind gerätespezifische Zusatzinformationen wie der Zustand der Batterie einsehbar.

Die Bild 11.1 und 11.2 zeigen Beispiele für die Darstellung von Kärcher Fleet für den Kunden.

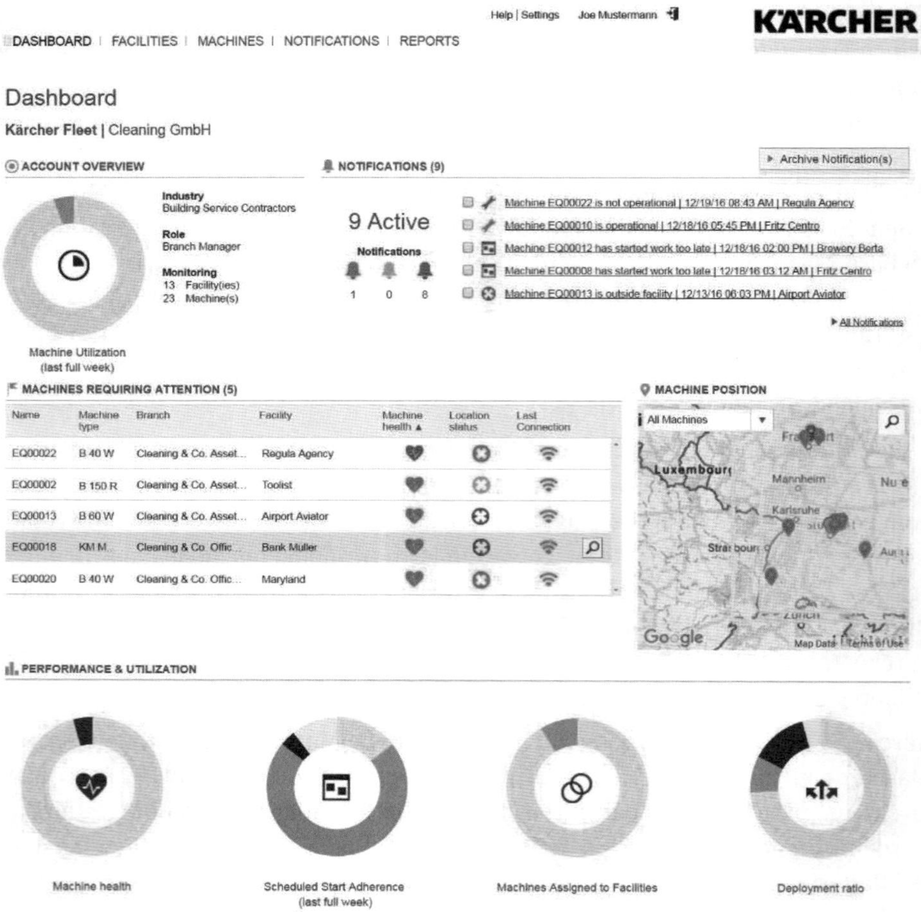

Bild 11.1 Dashboard Kärcher Fleet: Übersicht über die gesamte Flotte (Kärcher)

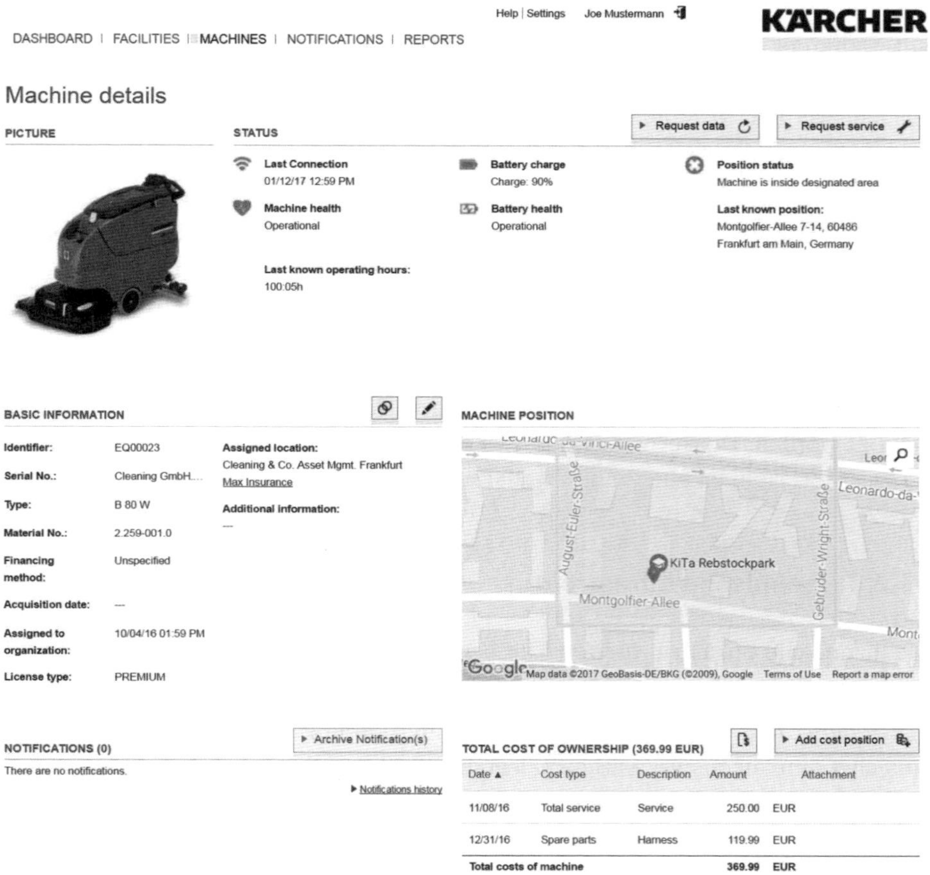

Bild 11.2 Dashboard Kärcher Fleet: Eigenschaften einer einzelnen Reinigungsmaschine (Kärcher)

11.2.2 Nutzen für das Unternehmen

Aus Sicht von Kärcher ergibt sich der größte Nutzen der Fleet-Lösung im Bereich des Kundendiensts. Fällt eine Kundenmaschine aus, wird dies dem zuständigen Servicetechniker in Echtzeit im System angezeigt. Idealerweise weiß er also schon über das Problem Bescheid, bevor es der Kunde überhaupt bemerkt. Außerdem entfällt das mühsame und fehlerbehaftete Durchgeben von Teile- und Seriennummer via Telefon, da beides in Fleet angezeigt wird. Hier kann der Mitarbeiter vom Schreibtisch aus auch detaillierte maschinenindividuelle Fehlercodes inklusive Lösungsvorschläge einsehen. In der Vergangenheit waren diese Informationen nur verfügbar, indem der Fehlerspeicher der Maschine vor Ort ausgelesen wurde. Heute weiß der Servicetechniker bereits vor der Anfahrt Bescheid, um welches konkrete Problem es sich handelt, und nimmt direkt die notwendigen Ersatzteile mit. Dank der Lokalisierungsfunktion muss die zu reparierende Maschine in den mitunter riesigen Reinigungsobjekten (z. B. Flughäfen, Bürokomplexe) nicht lange gesucht werden. In Summe ergeben sich so große Einsparpotenziale für Kärcher und die Kundenzufriedenheit steigt aufgrund der deutlich kürzeren Ausfallzeiten.

Quasi als Nebeneffekt der Einführung des Fleet-Systems werden zahlreiche Maschinendaten erhoben, die die Basis für mögliche Big-Data-Analysen bilden. Beispielsweise lassen sich Korrelationen zwischen Laufzeiten und Batterielebenszyklen verschiedener Maschinentypen unter den tatsächlich vorliegenden Einsatzbedingungen ermitteln. Erstmals kann anhand einer großen Stichprobe verlässlich festgestellt werden, wie eine bestimmte Kundengruppe verschiedene Funktionen einer Maschine nutzt, und dies kann bei der Entwicklung künftiger Produkte berücksichtigt werden. Dieser Nutzen lässt sich zwar unter monetären Gesichtspunkten schwer bewerten, ist aber ohne Zweifel wertvoll.

11.2.3 Technische Infrastruktur

Die technische Infrastruktur von Kärcher Fleet hat drei Bestandteile: 1) Telematikhardware, 2) Middleware und 3) Front-End.

1) Telematikhardware: Um eine Reinigungsmaschine Fleet-fähig zu machen, wird zunächst eine eigens für Kärcher Fleet entwickelte Telematics Control Unit (TCU) verbaut und mit der Maschinensteuerung verbunden. Auf dieser TCU sind ein GSM-Modul und eine SIM-Karte verbaut, die eine weltweite Übertragung von Daten ermöglichen. Via GPS-Modul und zugehöriger Antenne ermittelt die TCU ihre Geoposition. Sollte GPS nicht verfügbar sein, etwa weil eine Maschine unterirdisch eingesetzt wird, kann die Position via WLAN oder GSM festgestellt werden. Alle maschinenspezifischen Informationen wie Fehlercodes, Arbeitsstunden oder der Batterieladestand werden über eine Schnittstelle zum Bussystem der Maschinensteuerung ausgelesen. Diese Daten werden vorübergehend auf dem Speicher der TCU abgelegt und in regelmäßigen Intervallen übertragen. Wenn unvorhergesehene Ereignisse wie etwa das Verlassen des zugewiesenen Arbeitsortes eintreten, wird die entsprechende Information sofort übermittelt.

Prinzipiell ist die TCU universell einsetzbar, d. h. sie kann mit verschiedensten Maschinensteuerungen kommunizieren. Aktuell wird sie in Scheuersaug- und Kehrmaschinen, Wasserspendern, Autowaschanlagen, Industriesaugern und Höchstdruckpumpsystemen verbaut, wo sie jeweils unterschiedliche Datenpunkte ausliest.

2) Middleware: In der Fleet-Middleware werden die übertragenen Daten aller TCUs abgespeichert. Es handelt sich hierbei, vereinfacht gesprochen, um eine Cloud-basierte Datenbanklösung. Zwischen jeder TCU und dieser Datenbank wird ein sicherer Datenkanal aufgebaut, der das Mithören unbefugter Dritter unterbindet.

Dieser Datenkanal lässt sich als Gartenschlauch umschreiben, durch den ein Datenstrom fließt. Wird der Schlauch in der Mitte angebohrt, um Teile des Datenstroms abzuzapfen, wird sofort der Durchlauf gestoppt.

Über die Middleware wird außerdem die Konfiguration der TCUs gesteuert. Hier wird jeder TCU ihre „Identität" zugewiesen, d.h. sie bekommt mitgeteilt, ob sie sich in einem Wasserspender oder in einer Scheuersaugmaschine befindet. Dementsprechend erfasst und überträgt sie unterschiedliche Informationen.

3) Front-End: Der Zugriff der verschiedenen Nutzergruppen auf Kärcher Fleet geschieht über das Front-End. Unter der URL *fleet.kaercher.com* loggt man sich mit den jeweiligen Zugangsdaten in das Nutzerportal ein. Unterschiedliche Rollen erhalten unterschiedliche Sichten auf das Portal – ein Spiegel der Heterogenität der Bedürfnisse verschiedener Nutzer. Beispielsweise benötigt das Management eines Gebäudereinigungsunternehmens flottenübergreifende Informationen über die Auslastung aller Maschinen, während ein Objektleiter primär an der Einsatzbereitschaft und Leistungserbringung „seiner" Maschinen interessiert ist. Kärcher-Servicemitarbeiter wiederum sind auf detaillierte Fehlerauswertungen angewiesen, haben aber keine Verwendung für Reinigungspläne. Alle Nutzergruppen erhalten eine Übersicht der für sie jeweils wichtigsten Informationen auf der Startseite von Fleet. Von dort können sie zu detaillierteren Ansichten und Auswertungen springen. Das Front-End kann so konfiguriert werden, dass alle kritischen Informationen per aktiver Benachrichtigung auf das Smartphone des jeweiligen Nutzers geschickt werden. Man muss sich also nicht ständig in Fleet einloggen, um auf dem Laufenden zu bleiben.

■ 11.3 Herausforderungen bei der Einführung von IoT-Lösungen

Als Anfang 2013 der offizielle Startschuss für die Entwicklung von Kärcher Fleet fiel, sah man sich mit mehreren großen Herausforderungen konfrontiert. Zum einen sorgte das existierende operative Geschäft von Kärcher für eine hohe Komplexität, die es bei der Entwicklung der IoT-Lösung zu bewältigen galt: Über 3000 heterogene Produkte, zwölf Kundenzielgruppen mit unterschiedlichen Bedürfnissen, Tochtergesellschaften in 60 Ländern und ein ausgeprägter Omnichannel-Vertrieb. Zum anderen gab es im Unternehmen keine nennenswerten Erfahrungen mit dem Thema IoT.

Warum es Kärcher trotzdem gelang, in relativ kurzer Zeit eine kundenorientierte, skalierbare und wirtschaftliche IoT-Lösung auf den Markt zu bringen, soll im Folgenden dargestellt werden. Dabei werden allgemeingültige Erfolgsfaktoren aufgezeigt, die prinzipiell auf andere Unternehmen übertragbar sind.

11.3.1 Kundenfokussierte Produktdefinition

Die Grundvoraussetzung für den wirtschaftlichen Erfolg eines jeden IoT-Projekts ist eine klare Definition des angestrebten Endprodukts. Dafür bedarf es einer tiefgehenden Analyse der Bedürfnisse der Nutzer bzw. Kunden und der bei ihnen vorherrschenden Prozesslandschaft. Diese vermeintlich selbstverständliche Leitlinie wird in der Unternehmenspraxis überraschend häufig missachtet. Die Ursache hierfür liegt typischerweise in der Tatsache begründet, dass IoT-Projekte zu technologiegetrieben gesteuert werden. Über Messen, Medienberichte oder Verkaufsgespräche kommen Entscheider mit innovativen Anwendungsbeispielen in Berührung, die dann auf das eigene Unternehmen übertragen werden sollen. Es wird also zuerst eine Technologie gewählt und dann darüber nachgedacht, wie man diese mit möglichst großem Nutzen für den Kunden implementieren könnte. Hier wird die falsche Frage beantwortet! Stattdessen muss gefragt werden: „Welche Bedürfnisse hat mein Kunde? Gibt es IoT-Technologien, die diese Bedürfnisse adressieren können? Wenn ja: Welche ist am besten geeignet?“

Um diese Fragen beantworten zu können, ist die enge Zusammenarbeit von Mitarbeitern mit unterschiedlichen Fähigkeiten erforderlich: Bei der Erfassung der Kundenanforderungen ist ein tiefes Verständnis des jeweiligen Absatzmarktes gefragt, bei der Technologieauswahl eine gute Übersicht über am Markt verfügbare IoT-Produkte. Dies gilt es bei der Zusammenstellung des Projektteams zu berücksichtigen, dem sich das nächste Unterkapitel widmet.

Das notwendige Wissen über die bei Gebäudereinigern vorherrschenden Prozesse wurde im Falle von Kärcher Fleet über mehrere Kanäle ins Team geholt. Zum einen wurde das Produktmanagement der zu vernetzenden physischen Produkte (z. B. Scheuersaugmaschinen) eng in die Konzept- und Entwicklungsphase mit einbezogen. Zum anderen fanden zahlreiche Gespräche mit und Besuche bei potenziellen Kunden statt. Dabei wurden Ideen einem ersten „Reality Check“ unterzogen. So wurde beispielsweise eine Reinigungskraft einen Tag lang bei ihrer Arbeit begleitet. Eine wichtige Erkenntnis dabei: Der Einsatz von Smartphones kommt für sie nicht in Frage, da der Touchscreen mit Reinigungshandschuhen nicht bedient werden kann. Gerade wenn es um komplett neuartige Technologien geht, ist ein solches Ausprobieren und Überprüfen von Arbeitshypothesen zielführender als eine klassische Marktforschung. Die Ursache hierfür liegt hauptsächlich darin begründet, dass der mögliche Nutzen einer imaginären, nichtexistenten Lösung für potenzielle Kunden schwer vorstellbar und greifbar ist.

Sobald eine erste Version einer IoT-Lösung am Markt eingeführt wurde, entsteht besonders in traditionellen Maschinenbauunternehmen, die wenig Erfahrung mit dem Verkauf von Software haben, eine neue potenzielle Stolperfalle: Der Vertrieb beginnt, das Produkt zu definieren. Da Software in der Organisation im Gegensatz zu physischen Produkten als beliebig leicht anpassbar wahrgenommen wird, neigt der Vertrieb dazu, Funktionswünsche von potenziellen Kunden leichtfertig zuzusagen. Winkt ein großer Auftrag, steigt der Druck auf das Entwicklerteam, die IoT-Lösung entsprechend anzupassen. Das Produktmanagement verliert die Hoheit über das eigene Produkt und wichtige strategische Produktentwicklungsziele werden verwässert.

11.3.2 Projektmanagement

Bei Kärcher hat man sich bewusst dafür entschieden, ein festes Projektteam außerhalb der bestehenden Organisationsstruktur als relativ eigenständiges Kompetenzzentrum aufzustellen, um eine hohe Entwicklungsgeschwindigkeit zu ermöglichen. Der fachliche Hintergrund der Mitarbeiter ist äußerst heterogen. So arbeiten beispielsweise Produktmanager, Maschinenbauer mit starkem Softwarefokus, Requirement Engineers, Roll-Out-Manager und der IT-Support in einem Team zusammen. Dadurch können alle relevanten Themen relativ eigenständig angegangen werden. Die Reibungsverluste, die typischerweise bei der Zusammenarbeit zwischen verschiedenen Unternehmensfunktionen entstehen, werden minimiert. Durch diese Eigenständigkeit, die durch das Beziehen eigener Projekträume unterstrichen wird, entsteht ein „Start-Up-Feeling", das für eine höhere Dynamik sorgt und gerade bei jungen Mitarbeitern äußerst motivierend wirken kann.

Allerdings wäre es illusorisch anzunehmen, ein IoT-Projekt könne komplett am Unternehmen vorbei umgesetzt werden. Bei Kärcher war beispielsweise eine enge Abstimmung mit dem Produktmanagement der betroffenen Reinigungsmaschinen, der Entwicklung der Maschinensteuerungen, dem Vertrieb und weiteren wichtigen Organisationsschnittstellen nötig. Um trotzdem eine hohe Schlagzahl beizubehalten, ist eine offensive Unterstützung des Projekts durch das oberste Management unabdingbar. Die Zusammenarbeit mit verschiedenen Technologie- und Wissenslieferanten außerhalb des Unternehmens sollte entweder direkt über das Projektteam oder gebündelt über einen externen Generalunternehmer erfolgen, der die Soft- und Hardwareentwicklung ganz oder teilweise steuert. Ein kompetenter Generalunternehmer kann als enormer Katalysator wirken, da keine Entwicklungsressourcen in der Organisation vorhanden sein bzw. aufgebaut werden müssen. Allerdings bleiben dann ein entscheidender Teil der notwendigen Kompetenzen und das damit verbundene Wissen außerhalb des Unternehmens, es entsteht eine nicht zu unterschätzende Abhängigkeit.

11.3.3 Hard- und Softwareentwicklung

Bei der Hard- und Softwareentwicklung und der damit verbundenen Auswahl von Technologien und Lieferanten gilt es, zwischen zahlreichen Alternativen mit Vor- und Nachteilen, die man oft erst auf den zweiten Blick erkennt, abzuwägen. Eine der grundsätzlichsten Entscheidungen, die früh getroffen werden müssen, ist die Wahl zwischen einer Out-of-the-box Lösung und einer ganz freien Neuentwicklung. In letzter Zeit finden sich vermehrt Anbieter, die auf Standardkomponenten basierende umfassende IoT-Komplettlösungen anbieten, die sich vermeintlich problemlos individuell anpassen lassen. Gerade diese Anpassungen sind es aber, die später zu äußerst großem Aufwand und damit verbundenen Kosten führen können. Darum sollten die einzelnen Bestandteile einer IoT-Lösung gesondert betrachtet werden. Dazu zählen insbesondere die Umsetzung der Datenerfassung (Auslesen von Maschinendaten über Bussysteme, Implementierung zusätzlicher Sensorik), Datenübertragung (WLAN, GSM, LPWAN, Bluetooth), Datenspeicherung (Cloud im In- oder Ausland, On-premise), Datenverarbeitung (Intelligenz dezentral auf Telematikeinheiten oder zentralisiert z. B. in einer Middleware), das Management der Connected Devices (Softwarestände, Zuweisung zu Kundenaccounts), Management von Kundenlizenzen (unterschiedliche Versionen, unterschiedliche Preise, Upgrades) und die Funktionalität des Front-Ends (zielführende Abbildung der Use Cases, UX-Design).

Damit die Hard- und Softwareentwicklung möglichst zielführend verläuft, ist der Aufbau von Kompetenz im Requirements Engineering im Projektteam erforderlich. Der Requirements Engineer übersetzt die vom Produktmanagement aufgenommenen Kundenbedürfnisse in Anforderungen an die IoT-Lösung und priorisiert diese. Dabei sind die fachliche, technische und die UX-Ebene konsequent voneinander zu trennen.

11.3.4 Geschäftsmodell und Return on Investment

Um die Wirtschaftlichkeit eines IoT-Projektes bewerten und steuern zu können, ist so früh wie möglich ein aussagekräftiger Business Case und daraus abgeleitet eine Investitionsrechnung zu erstellen. Prinzipiell kann eine Vielzahl unterschiedlicher Faktoren auf die Amortisation einer IoT-Investition einwirken. Diese lassen sich in die folgenden drei Kategorien einteilen: 1) Erhöhung von Erträgen, 2) Verminderung von Aufwänden, 3) Big Data und Analytics.

1) Erhöhung von Erträgen: IoT-Lösungen, die beim Kunden einen Mehrwert generieren, lassen sich direkt durch Lizenz- bzw. Nutzungsgebühren monetarisieren. Zusätzlich kann die Vernetzung bestehender physischer Produkte, wie im Falle von Kärcher Reinigungsmaschinen, zu einer Absatzsteigerung derselben führen.

Dabei spielen neben der Differenzierung von Wettbewerbsangeboten Lock-In-Effekte eine wichtige Rolle. Ist ein Kunde mit einer IoT-Lösung zufrieden, wird er den zukünftigen Erwerb physischer und virtueller Produkte (auch) davon abhängig machen, ob sie sich in sein bestehendes System einbinden lassen.

2) Verminderung von Aufwänden: Prinzipiell haben IoT-Lösungen immer dann das Potenzial, Kosten einzusparen, wenn durch das zentrale Zurverfügungstellen von objektspezifischen Informationen wie Ort oder Zustand Prozesse optimiert werden können. Eines der am häufigsten eingesetzten Anwendungsbeispiele hierfür findet sich im Bereich Fernwartung. Durch das automatische Sammeln und die zentralisierte Auswertung von vernetzten Geräten im Feld lassen sich Fehler aus der Ferne analysieren oder gar beheben. Anfahrten und Reparaturzeiten werden so minimiert. Findet die Aufwandsreduktion beim Kunden statt, bietet sich ein Savings-Sharing-Geschäftsmodell an, d.h. der Kunde zahlt mit einem Teil der Ersparnisse.

3) Big Data und Analytics: Nicht selten liegt der eigentliche Hauptnutzen von IoT-Lösungen (auch) im traditionellen Maschinenbau in der intelligenten Auswertung der erfassten Daten. So können beispielsweise detaillierte Analysen über die Wünsche und das Verhalten individueller Kundengruppen durchgeführt werden. Durch das Abgleichen verschiedener maschinenspezifischer Datenpunkte mit dem Einsatz von Ersatzteilen können Vorhersagen über mögliche Ausfälle getroffen werden (Predictive Maintenance).

Durch die Einführung von IoT-Lösungen kann es auch zur kompletten Infragestellung des bestehenden Geschäftsmodells eines Unternehmens kommen. Mit diesem disruptiven Potenzial beschäftigt sich Abschnitt 11.4.

11.3.5 Organisation, Prozesse und Unternehmenskultur

Die gleichermaßen größte wie am meisten unterschätzte Herausforderung bei der Umsetzung von IoT-Projekten in klassischen produzierenden Industrien bilden die bestehende Organisations- und Prozessstruktur sowie die Unternehmenskultur. Kaum eine Unternehmensfunktion bleibt unberührt: Der Vertrieb muss lernen, wie man komplexe virtuelle Lösungen verkauft. Das Marketing muss dem Kunden Produkte greifbar machen, die man nicht berühren kann. Buchhaltung und Controlling müssen neue Transaktionsmodelle wie Lizenzverrechnungen abbilden können.

Der gesamte Produktentwicklungsprozess, den sich viele Organisationen mühsam über Jahre hinweg erarbeitet haben, ist in aller Regel nicht auf IoT-Lösungen übertragbar. Dies äußert sich unter anderem in einer um den Faktor zwei bis drei schnelleren Time to Market von IoT-Produkten. Durch diesen Geschwindigkeitsunterschied kollidierte auch das Projektteam von Kärcher Fleet regelmäßig mit bestehenden Prozessen. Gerade deswegen waren ein gutes Schnittstellenmanagement und die Rückendeckung des obersten Managements für den Erfolg des Projekts unabdingbar.

Nicht zu unterschätzen sind außerdem Berührungsängste der Unternehmenskultur mit virtuellen Produkten. Zum einen wird der Nutzen von nicht-physischen Produkten gerade in der Anfangsphase eines Projekts häufig in Frage gestellt. Wieso soll ein Kunde für etwas bezahlen, dass er nicht anfassen kann? Zum anderen wirkt die notwendige Einarbeitungszeit in das neue, komplizierte Themenfeld abschreckend. Beispielsweise muss sich ein Außendienstmitarbeiter im Vertrieb nicht nur mit der Bedienung des Front-Ends beschäftigen, sondern sich auch auf nie dagewesene Fragen der Kunden vorbereiten: „Wie sicher sind meine Daten? Wo steht der Server? Findet das Bundesdatenschutzgesetz Anwendung?“ Es ist darum unabdingbar, dass den Mitarbeitern genügend Zeit für notwendige Schulungen eingeräumt wird.

11.4 Ausblick: Das disruptive Potenzial von IoT in der Reinigungsbranche

Bisher wird Kärcher Fleet als eine Art Add-On zu den jeweiligen Reinigungsmaschinen mitverkauft. Am Geschäftsmodell von Kärcher – Kunde tauscht Geld gegen Maschine – hat sich dadurch bisher nichts Grundlegendes verändert. Künftig könnte dies dank des disruptiven Potenzials von Fleet anders aussehen. Da sich über das Auslesen des Maschinenstundenzählers automatisiert und in Echtzeit feststellen lässt, wie lange ein Kunde eine Maschine genutzt hat, könnte Kärcher die Maschinen dem Kunden in Zukunft nur noch zur Verfügung stellen und die Nutzungsdauer oder die gereinigten Quadratmeter in Rechnung stellen. Der Kunde hätte dann den großen Vorteil, dass die Bezahlung direkt am eigentlichen Nutzen der Maschine und nicht an deren Besitzverhältnissen ansetzt. Man bewegt sich weg von einer transaktionalen Geschäftsbeziehung hin zu Industry as a Service.

Weiteres disruptives Potenzial des IoT in der Reinigungsbranche liegt in der Verknüpfung verschiedener Datenquellen, z. B. von Schließanlagen, Beleuchtungssystemen oder Aufzügen, in einer Gebäudereinigungsplattform. Diese zielt darauf ab, zu erfassen, wann ein bestimmter Raum verschmutzt ist und gereinigt werden sollte. Ein Gebäudereiniger kann seinen Einsatzplan auf diese Weise bedarfsgerecht erstellen, anstatt, wie es heute üblich ist, in pauschal festgelegten Intervallen zu reinigen.

Die beiden hier aufgezeigten Beispiele finden sich in ähnlicher Form auch in anderen Industrien wieder. Beispielsweise könnte sich ein Vertriebsunternehmen für

Leuchtmittel seine LED-Lampen nicht pro Stück, sondern in „Leuchtstunden" bezahlen lassen. Ideen für derartige IoT-basierte Geschäftsmodelle gibt es viele. Die Güte und Schnelligkeit von deren Umsetzung wird darüber entscheiden, welche Spieler sich damit am Markt durchsetzen können.

Das Flottenmanagementsystem für Reinigungsmaschinen bei der Alfred Kärcher GmbH & Co. KG und seine einzelnen Bestandteile entwickeln sowohl für die Kunden als auch das Anbieterunternehmen Nutzen. Dazu wurden fünf wesentliche Erfolgsfaktoren von IoT-Projekten in Maschinenbauunternehmen besonders beleuchtet. Weiteres disruptives Potenzial von IoT-basierten Geschäftsmodellen wurde aufgezeigt.

Es folgen nun weitere Best-Practice-Beispiele aus dem Aufbau von Smart Services in Unternehmen des Maschinenbaus aus den Sektoren Spritzgussmaschinen, Druckmaschinen und dem Pharma-Bereich.

12 Umsetzung von Industrie 4.0 bei Herstellern von Produktionsanlagen

Peter Barkowsky, Katharina Lantzke

Abstract

Die Welt der Produktionsanlagen unterscheidet sich deutlich von der Welt der Autos, der Windkraftanlagen oder Kompressoren. Auf Produktionsmaschinen werden anfassbare Produkte gefertigt. Dahinter wiederum liegen das Verfahrens-Know-how oder die Rezepturen, die meist deutlich mehr wert sind als die Anlagen an sich. Eines haben diese Welten jedoch gemeinsam: Die voranschreitende Digitalisierung. Die Frage ist, wie sich ein Maschinen- oder Anlagebauer am besten aufstellt, um Kundenbedürfnissen gerecht zu werden und den Anschluss an die fortschreitende Digitalisierung nicht zu verpassen. Wie das funktioniert, zeigen Praxisbeispiele vom Spritzgießmaschinenhersteller DESMA über den Druckmaschinenhersteller KOLBUS bis hin zu Excellence United, der Service-Allianz von fünf Maschinenherstellern in der Pharmabranche.

12.1 Einleitung

„Maschinenhersteller müssen dringend beraten werden. Wenn man sich auf Industrie-4.0-Veranstaltungen umblickt, Vorträge hört oder Presseartikel liest, dann ist es um unsere Maschinenhersteller schlecht bestellt. Schon morgen könnten sie weg vom Fenster sein.“ – So der Berater, 30 Jahre alt, bestens ausgebildet.

Nun ist es ja so, dass es der Maschinenbauer in der Vergangenheit ganz gut ohne Beratung gemacht hat. Manche 300-Personen-Firma war schon vor 50 Jahren ein echter Global Player und hat aus seinem Tal im Sauerland die Welt bedient.

Jetzt soll er lernen – von Google, Netflix oder Uber. Das Eigentum an Produktionsmitteln, gestern noch von höchster Bedeutung, ist plötzlich unwichtig geworden. Digitalisierung, Netzwerke und Daten sind die neuen Werte.

Dafür gibt es Beweise: aus Kompressorenherstellern werden Druckluftdienstleister, Windkraftanlagenhersteller werden zu Energieunternehmen, Autohersteller zu Mobilitätsdienstleistern. Was ist diesen Beispielen gemeinsam? Es handelt sich um vergleichsweise einfache, standardisierte und in großer Stückzahl hergestellte technische Einheiten. Sie produzieren in aller Regel keine anfassbaren Produkte und arbeiten meist unauffällig und alleine vor sich hin. In ihnen stecken keine Geheimnisse, wie sie den schönsten Stoff weben, das komplexeste Kunststoffteil spritzen, das innovativste Medikament oder die leckerste Schokolade herstellen.

Das ist die Sache von Produktionsmaschinen, wie sie hier gemeint sind. Während der Kompressor heute Luft komprimiert und morgen Luft komprimiert, verarbeitet die Produktionsmaschine heute Material A und morgen Material B, jetzt in der Losgröße 1 und gleich in der Losgröße 500. Produktionsmaschinen werden in vergleichsweise kleiner Stückzahl hergestellt. Meist ist jede anders. Sie kosten vielleicht 100 000 oder eine Million oder gar zehn Millionen. Sie werden von Menschen bedient und gesteuert, heute von Herrn X und morgen von Frau Y. Von immer weniger Menschen, aber dennoch von Menschen. Vielleicht liefert schon heute ein Roboter das Rohmaterial an oder transportiert die fertigen Produkte ab. Eine Produktionsmaschine arbeitet meistens in einem komplexen Verbund mit vielen Variablen. Produktionsmaschinen produzieren das, was wir benutzen und konsumieren.

Die Welt der Produktionsmaschinen unterscheidet sich von Uber beispielsweise dadurch, dass sie ständig neue Produkte hervorbringen muss, möglicherweise in sehr kleinen Stückzahlen, keine Chance auf Skaleneffekte. Uber transportiert Menschen oder Güter von A nach B. Das gab es schon immer.

Wie soll ein Hersteller von Produktionsmaschinen sich denn nun aufstellen? Ganz entscheidend ist ja, dass seine Kunden mitmachen, sonst nutzen die tollsten Industrie-4.0-Strategien nichts. Meistens scheitern die Projekte quasi auf den ersten

Metern beispielsweise daran, dass man nicht weiß, wie man seinen Kunden Dienstleistungsprodukte verkaufen soll. Das kollektive Wissen der Branche zu diesem Thema ist sehr übersichtlich. An dieser Stelle setzte die Firma DESMA einen Glanzpunkt: Sie kreierte in wenigen Monaten nicht weniger als 14 neue Industrie-4.0-Produkte, setzte sie prototypisch um, mietete einen Show-Truck und bereiste ihre Kunden in ganz Europa. Am Ende der Reise hatte sie 160 begeisterte Kunden und eine Wanne voll nützlichem Feedback für die Verfeinerung ihrer Dienstleistungsprodukte.

„Daten sind das Gold des 21. Jahrhunderts", sagt der Berater, „bring sie in die Cloud!" Klingt gut, stimmt aber nur bedingt.

Produktionsunternehmen mögen keine Digital Natives sein, aber sie sind nicht dumm. Sie werden die Daten nicht herausgeben. Zumindest dann nicht, wenn sie sich über die Art, *wie* sie produzieren, von ihrem Wettbewerb differenzieren. Auch nicht gegen Geld, denn sie würden Gefahr laufen, ihren Wettbewerbsvorteil zu verlieren. Die Firma KOLBUS hat das ganz hervorragend gelöst. Sie gibt ihren Kunden verschiedene Apps an die Hand, die wirklich nützlich für sie sind. Damit können sie z. B. ihre Produktivität immer wieder verbessern. Es sind keine Daten, die detaillierte Rückschlüsse auf Produktionsprozesse erlauben. Die Kunden stellen sie zur Verfügung und werden Teil des KOLBUS-Ecosystems.

Digitalisierung und Vernetzung bedeutet Chance und Risiko auch für Hersteller von Produktionsmaschinen. Die Besonderheit im Vergleich zu früher ist die dramatisch höhere Geschwindigkeit, mit der diese Herausforderung Antworten verlangt.

Und natürlich stellen sich kleine und große Maschinenbauer dieser Herausforderung, davon sollen die folgenden Beispiele erzählen.

12.2 Digitalisierung in der Druckindustrie und Überwachung der Anlageneffektivität mit dem KOLBUS Serviceportal Assist 360

Das Familienunternehmen KOLBUS aus Rahden ist mit ca. 1100 Mitarbeiterinnen und Mitarbeitern Weltmarktführer in der Herstellung von Buchbindereimaschinen. KOLBUS steht seit Generationen für die Herstellung von Qualitäts-Buch- und Zeitschriftenproduktion und seit über einem Jahrzehnt für die Herstellung von hochwertigen Luxusverpackungen. Das Unternehmen liefert vollautomatische Produktionsanlagen für die Druckweiterverarbeitung und Verpackungsindustrie. Es steht für echte Kundennähe, welche durch ein internationales Servicenetz und auch das Serviceportal Assist 360 geschaffen wird.

Die Druckbranche

Durch die Substitution von Druckmedien durch das Internet und digitale Medien sowie das sich ändernde Kaufverhalten, bedingt durch den demografischen Wandel, entwickelte sich die Druckindustrie in den letzten Jahren rückläufig. Diese Entwicklung hat sich allerdings gewendet, sodass die Druck- und druckweiterverarbeitende Industrie durch Erschließung neuer Marktsegmente heute wieder Zuwächse erfährt.

Dennoch besteht in dieser Industrie die Notwendigkeit, sich vom reinen Maschinengeschäft wegzubewegen und sich zu Mediendienstleistern zu entwickeln. Die Druckindustrie ist im Gegensatz zu einigen anderen Branchen jedoch schon seit Jahren damit beschäftigt, sich digital zu vernetzen und neue Produkte und Dienstleistungen rund um den Druck zu entwickeln.

Das hat dazu geführt, dass die deutschen Druckereien und Bindereien heute zu den vielfältigsten und modernsten Industrien weltweit gehören. Von den modernen Unternehmen dieser Branche wird der Innovationszwang an die Maschinenhersteller weitergereicht. Druckprodukte müssen heute schnell am Markt, flexibel und effizient sein.

Das ist auch Aussage des Bundesverbandes Druck & Medien, der fünf große Trends in der Druckindustrie beschreibt (s. Bild 12.1).

Bild 12.1 Trends der Druckindustrie

Ausgangslage

Durch kleinere Auflagen bis hin zur Stückzahl eins mit einem immer größer werdenden Personalisierungsgrad werden effizientere Prozesse in der Druckweiterverarbeitung vom Markt gefordert. Eine große Herausforderung stellt dabei der steigende Automatisierungsgrad der Maschinen und die damit voranschreitende Vernetzung der druckweiterverarbeitenden Maschinen mit den vor und nachgelagerten Prozessen dar. Diesen Herausforderungen möchte KOLBUS unter anderem mit dem Serviceportal Assist 360 begegnen

Industrie-4.0-Lösung in der Praxis

Seit 2016 wird das Serviceportal Assist 360 durch zwei neue Apps ergänzt, welche den Service und den Zustand einzelner Maschinen transparenter und vor allem mobil verfügbar machen.

Die KOLBUS Plant App dient als Tool, um auch das Management beim Betreiber für den Servicebereich zu sensibilisieren. Die App ist somit eine Art Verkaufstool für das gesamte Serviceportal des Maschinenherstellers. Auf dem Smartphone werden Maschinen-, Produktions- und Servicedaten visualisiert. Außerdem können Serviceanfragen aus der App direkt zum Hersteller der Maschine geschickt werden.

Im Bereich Monitoring bekommen die Betreiber durch die KOLBUS OEE-App die Möglichkeit, jederzeit und überall Verfügbarkeit, Effektivität und Qualität der eigenen Maschinen zu überprüfen und Verbesserungspotenziale aufzudecken.

Gleichzeitig kann KOLBUS von den Daten lernen, die auf dem zentralen Server vorgehalten werden. Diese Daten von den Betreibern sind für KOLBUS enorm wichtig, da sie die Maschinen in der Produktion erfahrbar machen und zusätzlich Kundennähe schaffen. Informationen, die vom Betreiber an KOLBUS geschickt werden, können somit auch dazu genutzt werden, die Serviceleistungen kundenindividueller zu gestalten und genau zum richtigen Zeitpunkt proaktiv auf die Betreiber zuzugehen.

Bild 12.2 Maschinenübersicht innerhalb der OEE-App

In der Maschinenübersicht innerhalb der OEE-App hat der Nutzer alle Maschinen und den aktuellen Status sowie die Effektivität im Blick (s. Bild 12.2 und 12.3). So lassen sich die Gesamtanlageneffektivität anhand der Parameter Verfügbarkeit, Effizienz und Qualität veranschaulichen und Verbesserungspotenziale aufdecken.

Bild 12.3 Gesamtanlageneffektivität innerhalb der OEE App von KOLBUS

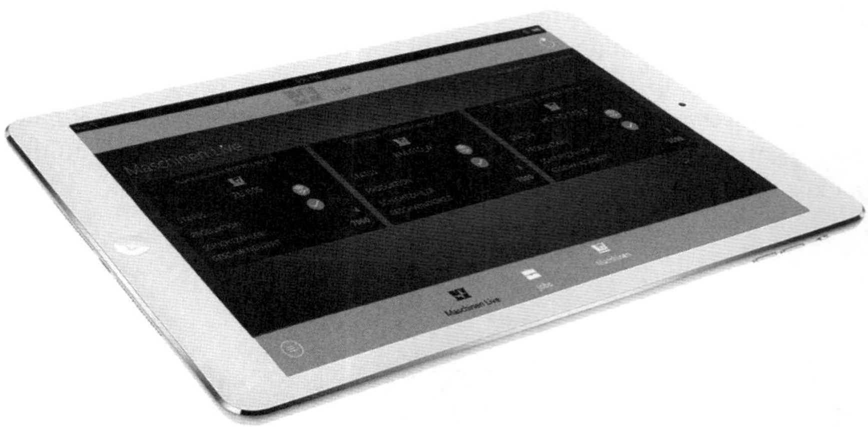

Bild 12.4 Live-Übertragung von Maschinendaten

In der App lassen sich Maschinendaten live ansehen (Bild 12.4). So hat der Nutzer immer einen Überblick darüber, was gerade auf seinen Maschinen gefertigt wird und wie der Status der Druckmaschinen ist.

12.3 Excellence United – Ein Portal für Maschinen mehrerer Anbieter in der Pharmaindustrie

Excellence United ist eine strategische Allianz von fünf führenden Maschinenherstellern für die Pharmaindustrie: Bausch + Ströbel, Fette Compacting, Glatt, Harro Höfliger und Uhlmann. In der Regel betreiben die Pharmahersteller Maschinen von mehreren dieser Maschinenbauer nebeneinander. Alle Beteiligten räumen dem Service innerhalb der Unternehmensstrategie einen hohen Stellenwert ein. Deshalb haben es sich die fünf Unternehmen zum Ziel gesetzt, dem Kunden nur noch eine einzige Schnittstelle zu einem smarten und exzellenten Service zu bieten.

Die Pharmabranche

Die pharmazeutische Industrie befindet sich in einem starken Veränderungsprozess. Die „Pharmerging Markets" erleben derzeit einen beeindruckenden Wachstumsschub. Aufgrund dieser Entwicklungen eröffnen sich für Anbieter von Produktionstechnik zahlreiche Chancen. Die pharmazeutische Industrie ist durch höchste Qualitätsstandards, riesige Stückzahlen und strenge Regulierungsauflagen geprägt. Das bedeutet somit auch besondere Anforderungen an den Maschinen- und Anlagenbau und dessen Service. Innerhalb kürzester Zeit müssen Spezialisten weltweit an jedem Ort zur Verfügung stehen können, um Produktionsunterbrechungen auf ein Minimum zu beschränken.

Ausgangslage

Eine Produktionsanlage ist in der Regel mit Maschinen unterschiedlicher Hersteller ausgestattet, sodass der Anwender bei einem Servicefall gleich mehrere Serviceteams kontaktieren muss. Zudem müssen in der pharmazeutischen Industrie sehr hohe Sicherheitsstandards gewährleistet werden.

„Unsere Kunden müssen sich voll und ganz auf unsere Anlagen verlassen können. Weil Medikamente teilweise sehr teuer in der Herstellung sind, verursachen Maschinenausfälle hohe Kosten. Hinzu kommt der Schutz der hochsensiblen Daten, auf die die Maschinen zugreifen. Hier müssen wir als Hersteller eine zu 100 Prozent sichere Lösung liefern, um lückenlose Datensicherheit zu gewährleisten", so Lars Plüschau von Fette Compacting [Sym 16].

Lösung in der Praxis

Damit Produktionsunternehmen bei Störungen an der Maschine nicht jeden Herstellerservice einzeln kontaktieren müssen, bietet Excellence United mit dem Serviceportal eine einzige Schnittstelle, über die der Kunde sämtliche Services in

Anspruch nehmen kann. Das hat den Vorteil, dass der Betreiber nur ein einziges System für die unterschiedlichen Maschinen benötigt, die er für die Produktion seiner Medikamente im Einsatz hat, und dieses als Maschinenleitstand nutzen kann. Somit hat der Betreiber immer alle Maschinen im Blick. Das Routing der Serviceanfragen im Störfall wird durch das System übernommen. Dies bietet den beteiligten Maschinenherstellern auf der anderen Seite die Möglichkeit eines gezielteren Einsatzes wertvoller Ressourcen zum Kundensupport.

Über das im Bedienteil der Anlage integrierte Excellence-United-Serviceportal kann der Anwender alle beteiligten Hersteller direkt kontaktieren. Die gesicherte symmedia-SP/1-Plattform ermöglicht den Zugriff auf die Maschinen in Form von Ferndiagnosen und Remote-Services, so dass keine wertvolle Zeit für die Anreise von Servicemitarbeitern verloren geht.

In Sachen Sicherheit erfüllt das Portal symmedia SP/1 die für die Pharmabranche extrem hohen Anforderungen und wurde 2015 erneut vom TÜV zertifiziert.

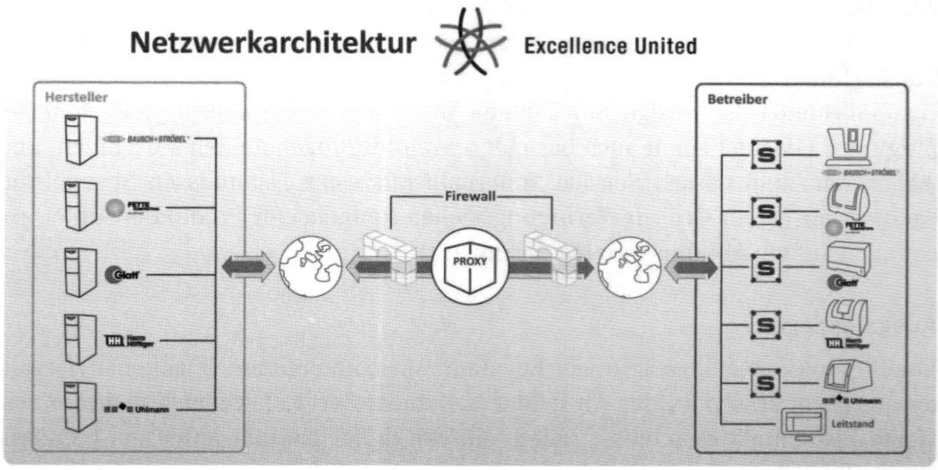

Bild 12.5 Das Serviceportal von Excellence United

Das Serviceportal von Excellence United (s. Bild 12.5) ist so gestaltet, dass jede Maschine an einen Server, das Site Control, angebunden wird. Im Falle einer Störung kann direkt von der Maschine eine Serviceanfrage über das Customer Cockpit abgegeben werden. Diese Anfrage geht über eine sichere Verbindung an den Excellence United Proxy Server, von wo aus automatisch ein Ticket an den entsprechenden Hersteller gesendet wird. Nur dieser Hersteller kann sich anschließend auf genau die Maschine, von der die Serviceanfrage abgesetzt worden ist, rückverbinden. Und das auch nur dann, wenn der Bediener dies noch einmal bewusst freigibt.

12.4 Klöckner DESMA – ein Portal für alle Dienstleistungen rund um die Produktion, die Maschine und den Kundenservice

Der Spritzgießmaschinenhersteller und Weltmarktführer im Bereich der Elastomertechnik Klöckner DESMA zählt mit über 500 Mitarbeitern und Mitarbeiterinnen und einem Jahresumsatz von 100 Millionen Euro zum klassischen Mittelstand in Deutschland. 1965 gegründet, verfügt das Unternehmen heute über Niederlassungen in China, Indien, der Slowakei, den USA und Deutschland und hat etwa 7300 Maschinen im Feld. Für diese Maschinen hat es sich DESMA zum Ziel gesetzt, exzellente digitale Serviceprozesse anzubieten.

Die Gummi- und Elastomerindustrie

Die Gummi- und Elastomerindustrie ist eine Hightech-Branche, die sich rasant entwickelt: Sie ist eine der am höchsten entwickelten Technologiebranchen. Maschinen von Klöckner DESMA werden an unterschiedlichste Industrien geliefert. Sie stellen beispielsweise Dämpfer oder Lager in der Automobilbranche her, Isolatoren und Spannungsableiter für die Elektroindustrie oder Infusionsstopfen, Backformen, Gasmasken usw. für die Pharma-, Haushaltsgeräte- oder Bauindustrie.

Die Herausforderung ist somit, dass DESMA-Spritzgießmaschinen an jedes dieser Einsatzgebiete angepasst werden. Teile sollen dabei in hoher Qualität und gleichzeitig profitabel hergestellt werden können. Anlagen werden von DESMA schlüsselfertig und perfekt auf den geplanten Einsatz abgestimmt ausgeliefert.

Ausgangslage

Als einer der Marktführer ist DESMA immer bestrebt, seinen Kunden nicht nur zuverlässige und qualitativ hochwertige Maschinen zu liefern, sondern die Kunden auch darüber hinaus in der Produktion mit exzellentem Service zu unterstützen. Auch das Thema Industrie 4.0 ist in der Hightech-Branche stets präsent. Deshalb war DESMA auf der Suche nach einer Lösung, die dem Unternehmen die Möglichkeit gibt, Industrie 4.0 in der Praxis umzusetzen und sich noch stärker mit den eigenen Kunden zu vernetzen: „Die vierte industrielle Revolution sorgt für große Umwälzungen im Markt. Deshalb haben wir es uns zur Aufgabe gemacht, Internet of Things, Big Data, Cyber Physical Devices und die intelligente Produktion genauer zu betrachten. Stets ausgerichtet an den Bedürfnissen unserer Kunden, entwickeln wir so ständig neue Lösungen. Dadurch steigern wir langfristig die Wertschöpfung und erhalten die Wettbewerbsfähigkeit“, sagt Martin Schürmann, Geschäftsführer von DESMA [DES 16].

Um den Kundenbedürfnissen auch in Zukunft gerecht zu werden, hat sich DESMA Ende 2015 entschlossen, die komplette Serviceplattform symmedia SP/1 bei sich zu implementieren – schon knapp drei Monate später war die Software einsatzbereit.

Industrie-4.0-Lösung in der Praxis

Auf Basis der symmedia-Tools Remote Service, Maintenance, Parts und Monitoring hat DESMA seine eigene Produktfamilie mit insgesamt 14 Lösungen für die Bereiche Service, Wartung und Instandhaltung sowie Trenddatenerfassung entwickelt. Damit setzt DESMA neue Maßstäbe in Sachen Industrie 4.0 und in der Vermarktung von Serviceprodukten im Maschinen- und Anlagenbau.

Unter dem Namen „smartConnect4.U“ stellte DESMA den Kunden 14 Produkte vor, die wiederum in unterschiedliche Service-Pakete gegliedert sind (s. Tabelle 12.1). DESMA möchte mit den 14 Produkten die drei Bereiche „Produktion“, „Services“ und „Maschine“ abdecken und ein perfektes Zusammenspiel zwischen Mensch und Maschine schaffen.

Tabelle 12.1 Gliederung von Servicepaketen I

Produkt	Name	Leistungs-beschreibung	Bereich	Ziel
SmartConnect	SmartLine	Schnelle Hilfe im Störungsfall	Service	Prozessoptimierung & schnellere Reaktionszeiten
	SmartShop	Das virtuelle Verkaufsregal für Ersatz- und Verschleißteile direkt an der Maschine	Service	Steigerung des Ersatzteilumsatzes und Erhöhung der Kundenbindung
	SmartPage	Dokumente und Unterlagen zu Maschinen und Werkzeugen immer digital verfügbar	Service	Erleichterung des Dokumentenmanagements
SmartConnect+	SmartApp	Mobiler Zugriff auf Maschinendaten	Produktion	Maschinen-, Produktions- und Servicedaten überall auf Managementebene abrufbar
	SmartFocus	Datenerfassung, Auswertung und Aufzeigen von Verbesserungspotenzialen	Produktion	Datenerhebung und Speicherung, um Kunden Produktivitätsanalysen zu bieten und selbst aus den Daten zu lernen

Produkt	Name	Leistungs-beschreibung	Bereich	Ziel
Single Products	SmartRemain	Wartungsbedarfserkennung & vorbeugende Wartungen und Instandhaltung	Maschine	Zustandsdaten-übermittlung für proaktive Wartungs- und Instandhaltungsangebote
	SmartFace	Schnittstelle zu bestehenden ERP-Kundensystemen	Maschine	Vereinfachung der Prozesse zwischen DESMA und Betreibern und Steigerung der Flexibilität
	SmartTrace	Rückverfolgbarkeit und Auslesen von Artikeln via QR-Code	Produktion	Steigerung der Produktionsqualität
	SmartSet	Zuordnung und Verwaltung von Datensätzen	Maschine	Steigerung der Maschinenverfügbarkeit und der Effizienz
	SmartPower	Messung und Visualisierung von Energieverbräuchen	Produktion	Aufdecken und Reduzierung von Energieverbräuchen und Steigerung der Energieeffizienz
	SmartTraining	In das Portal integrierte E-Training-Plattform	Service	Steigerung der Produktionsqualität und Flexibilität bei Weiterbildungen und Mitarbeiterschulungen

Im Bereich Produktion geht es unter anderem um die Steigerung der Effizienz, Produktivität und Flexibilität. Im Bereich Maschine geht es um Maschinenverfügbarkeit und -flexibilität. Der Service-Bereich ist dadurch charakterisiert, dass Reaktionszeiten optimiert und die Prozesse insgesamt besser strukturiert sowie Kosten reduziert werden.

DESMA ist das perfekte Beispiel dafür, wie einfach Mittelständler das Thema Industrie 4.0 für ihr eigenes Geschäft nutzen und dieses zielführend in ihrem Unternehmen umsetzen können. Dass DESMA dabei äußerst kundenorientiert handelt, zeigt sich in der Herangehensweise an die Thematik Industrie 4.0 und die smarten Services. Dabei ist das primäre Ziel erst einmal, die Themen bei den eigenen Kunden greifbar zu machen. Das hat DESMA getan, indem die DESMA „Inspiration Tour" mit einem eigens dafür hergerichteten Truck (s. Bild 12.6) quer durch Europa gereist ist, um Kunden vor Ort zu besuchen. Anhand verschiedener Praxisszenarien wurde dann im Truck veranschaulicht, wie die einfache Einbindung der Servicelösung in bestehende Prozesse aussieht. Störungen an einer Maschine konnten im Truck simuliert und digital behoben werden oder Ersatzteile wurden direkt an der Anlage identifiziert und bestellt. Die ganzheitliche Servicelösung mit umfangreicher Serviceplattform „DESMA SmartConnect4.U" dient zudem als Schnittstelle, mit der bereits bestehende Systeme (ERP oder CRM) miteinander verbunden werden können.

Aus den Ergebnissen der „DESMA Inspiration Tour“ wird DESMA in einem nächsten Schritt genau die Serviceprodukte generieren, die die Kunden sich für ihre DESMA-Maschinen wünschen und die sie noch besser in den Produktionsprozessen unterstützen können. Zukünftig will sich DESMA dann mit jeder ausgelieferten Maschine vernetzen und somit jedem Kunden die Möglichkeit bieten, das smarte Serviceportal zu nutzen.

Bild 12.6 Die DESMA Inspiration Tour

■ 12.5 Fazit

Was lernen wir aus diesen Beispielen – und was lernen wir aus der Vielzahl fehlgeschlagener Industrie-4.0-Projekte, die weder hier noch an anderer Stelle publiziert werden?

Viele Produktionsmaschinen sind für sich oder in ihrem Anwendungsumfeld speziell. Digitalisierungsprojekte brauchen Skaleneffekte, wenn sie wirtschaftlich durchschlagen sollen. Hersteller von Serienmaschinen können durchaus Skaleneffekte nutzen – und sind deshalb umso mehr, insbesondere bei Technologiewechseln, durch neue Player bedroht, siehe Tesla im Automobilbereich.

Der Spezialist, der vielleicht immer wieder bedauert hat, keinen Maschinenstandard durchsetzen zu können, ist heute dagegen in einer vorteilhaften Position. Sein Markt ist für die großen Investoren nicht attraktiv, weil zu kleinteilig. Und sein Know-how ist für seine Kunden, die immer neue und bessere Produkte herstellen müssen, immer wichtiger.

Wie wird sich seine Welt entwickeln? Wo ist er bedroht? Wo hat er Chancen?

Diese Fragen sind vielleicht am besten zu beantworten, wenn wir uns auf den Stuhl seiner Kunden setzen. Ein typischer Kunde ist ein Produktionsunternehmen in China mit vielleicht 500 Produktionsmaschinen, Baujahr 1970 bis 2016, von 50 verschiedenen Herstellern. Natürlich wünscht sich dieser Kunde höchste Flexibilität und geringste Produktionskosten, wie Industrie 4.0 es verspricht. Derjenige, der ihm dieses zu wirtschaftlichen Konditionen liefern kann oder ihn diesem Ziel näherbringt, wird wohl der Gewinner sein.

Industrie 4.0 funktioniert nicht nur in einer neuen Fabrik oder auf einer digitalen Insel. Einem Auto-Oldtimer sollte man vielleicht keine neue Motorelektronik implementieren. Aber ein Clip zum Befestigen des Smartphones bringt die Möglichkeit der Navigation. Das kann sinnvoll sein.

Die Fabrik der Zukunft wird über durchgehende IT-Systeme verfügen. Diese Systeme reichen bis hinunter zur Maschine und zum Werkstück. Damit wird das heutige Schichtenmodell der IT zu Ende sein. Die Automatisierung wird sich dann nur noch auf ihre Echtzeitaufgaben konzentrieren. Die Steuerung der Maschine erfolgt über Software, die auf Standardhardware läuft. So wie Tesla heute seine Autos online updatet, wird das auch bei Maschinen kommen. Das wiederum ist für den Maschinenhersteller eine Riesenchance, seinen Kunden rund um den Globus in jeder Produktionssituation mit Onlinesupport und Softwarefeatures glücklich zu machen.

Findige Maschinenbauer haben das längst erkannt. Das zeigen die vorangegangenen Beispiele. Der „Clip" ist die Vernetzung. Was das Navigationssystem ausmacht, das muss jeder selbst für seine Kunden herausfinden. Es fängt aber fast immer mit dem Service an.

Die Digitalisierung der Kundenbeziehungen ist daher für die meisten Maschinenhersteller der Schlüssel zu Industrie 4.0. Und sie rechnet sich sofort. Die genannten Beispielanwendungen gehen fast durchgängig mit kräftig steigenden Umsätzen im profitablen Servicegeschäft einher. Und was für die Zukunft noch wichtiger ist: Sie sorgen für Kundenbindung. Maschinenhersteller lernen bei Remote Service täglich über die Anwendung ihrer Maschinen hinzu. Sie verstehen die Prozesse ihrer Kunden immer besser und werden sie zukünftig noch enger unterstützen können. Das macht sie fähig, weiterhin im Wettbewerb zu bestehen, beispielsweise mit Betreibermodellen. Sie könnten aber ebenso entscheiden, ihr Know-how durch bessere Maschinen zu monetarisieren, die sie vielleicht gar nicht mehr selbst bauen müssen.

Die Marktgewichte verschieben sich, neue Player kommen auf den Markt, neue Regeln entstehen. Maschinenbauer, die sich mit ihren Kunden vernetzen, tun genau das Richtige.

Das vorangegangene Kapitel beschäftigte sich mit innovativen Industrie-4.0-Lösungen wie beispielsweise einer Service Portal App, die die Kundenbetreuung vor Ort ermöglicht. Am Beispiel ausgewählter Anlagenbauer aus insgesamt drei unterschiedlichen Branchen wurde veranschaulicht, wie genau diese Unternehmen die Digitalisierung aktiv mitgestalten.

Das folgende Kapitel setzt sich ebenfalls mit einem neuen Konzept auseinander, das in Zeiten des Internets der Dinge enormen Mehrwert auf Kundenseite schafft. Die Rede ist vom sogenannten Value Based Pricing (VBP), einem neuen Preisprinzip, das von der Deutschen Telekom AG eingesetzt wird.

■ 12.6 Literatur

[DES 16] DESMA bringt Industrie 4.0 ins Rollen. Online-Artikel, 3.5.2017. URL: *http://www.das-kommt-aus-bielefeld.de/aktuelles/details/news/3/5/2016/desma-bringt-industrie-40-ins-rollen.html* (Zugriff am 6.3.2017).

[Sym 16] Symmedia GmbH: Im Ernstfall schnelle Hilfe. Fette Compacting vernetzt Maschinen mit symmedia SP/1. Online-Artikel 2.2.2016. URL: *https://www.symmedia.de/im-ernstfall-schnelle-hilfe-fette-compacting-vernetzt-maschinen-mit-symmedia-sp1/* (Zugriff am 6.3.2017).

13 Value Based Pricing bei der Deutschen Telekom

Diana Conrad, Johannes Kaumanns

Abstract

In einer Zeit, in der Begriffe wie Industrie 4.0 und Internet der Dinge unseren Alltag bestimmen, wird es immer wichtiger sich von einer stetig wachsenden Anzahl nationaler und internationaler Wettbewerber hervorheben zu können. Die Befriedigung von Kundenbedürfnissen und die Generierung eines größtmöglichen Nutzens für den Kunden entscheiden hierbei maßgeblich über Erfolg oder Misserfolg eines Unternehmens. Mit der Durchsetzung des Preisprinzips „Value Based Pricing" (VBP) will die Deutsche Telekom sich stärker auf ihre Kunden fokussieren, Kundenbeziehungen stärken und dadurch Mehrwert auf Anbieter- sowie Kundenseite generieren. Wie genau dies ablaufen soll und welche Vorteile dieses noch nicht sehr weit verbreitete Modell hat, soll in diesem Kapitel erläutert werden.

13.1 Der perfekte Preis im IoT-Markt

Eigentlich ist es relativ einfach: Ein Produkt kostet, was es wert ist. Und was ist der Maßstab des Produktwertes? Der Nutzen, den der Anwender daraus zieht. Dieses Preismodell, das als Value Based Pricing bezeichnet wird, ist jedoch weniger verbreitet, als man vielleicht denkt. Neben der Entwicklung, dem Betrieb und der Verbreitung innovativer Produkte verfolgt die Deutsche Telekom nun das Ziel, das Prinzip des Value Based Pricing auf die eigene IoT-Sparte ausgewählt anzuwenden. Damit soll sichergestellt werden, dass alle Beteiligten ihre Gewinne steigern können und dem Kunden die bestmögliche Lösung zum bestmöglichen Preis zur Verfügung gestellt wird.

Das Internet der Dinge und Industrie 4.0 sind auf dem Vormarsch. Fast alles, was mit anderen Dingen vernetzt werden kann, wird in Kürze vernetzt sein – von Industriemaschinen und Autos über Automatiktüren bis hin zu Kaffeemaschinen. Im IoT werden kleine Netzwerkcomputer in Alltagsgegenstände eingebaut. Diese Computer sind in der Lage, automatisch Daten über ihre „Dinge" zu sammeln und zu teilen. Dabei könnte es sich um die Temperatur eines Frachtcontainers, den Füllstand eines Verkaufsautomaten oder den Status eines Haushaltsgeräts handeln. Ein Server sammelt alle diese Daten und verarbeitet sie. Die neue Technologie ist in der Lage, den Alltag zu vereinfachen, indem sie es beispielsweise ermöglicht, von unterwegs aus zu kontrollieren, ob der Herd ausgeschaltet ist. Unternehmen profitieren vom IoT, indem etwa ein Logistikunternehmen jederzeit genau im Internet verfolgen kann, wo sich seine LKW gerade befinden.

Es wird erwartet, dass das Internet der Dinge in den nächsten fünf Jahren jährlich fast 500 Milliarden US-Dollar an zusätzlichen Verkäufen und mehr als 400 Milliarden US-Dollar an Kosteneinsparungen erzielen wird. Dies zeigen die Ergebnisse einer kürzlich durchgeführten Studie der Wirtschaftsprüfungsgesellschaft PwC [Gei 16].

Noch vor wenigen Jahren waren Netzwerkgeräte und Industrieausrüstung für viele Unternehmen unbezahlbar. Da sich die Technik jedoch weiterentwickelt hat und zunehmend zum Standard wird, ist die Nutzung von IoT-Lösungen einfacher geworden – und deutlich günstiger. Eine wachsende Anzahl von ausgereiften, standardisierten Lösungen wartet daher auf eine schnelle und unkomplizierte Bereitstellung. Sogar Firmen ohne besonderes Know-how im IT-Bereich oder der Netzwerkindustrie sind jetzt in der Lage, den Vorteil von IoT für ihr Tagesgeschäft zu nutzen und die Verbreitung der Technologie voranzutreiben.

Welche Unternehmen profitieren besonders vom IoT? Nicht nur große Konzerne können in die Industrie 4.0 einsteigen, auch kleine und mittelständische Unternehmen aus verschiedenen Industrien haben attraktive Möglichkeiten, wenn sie digitale Technologien anwenden. Ein Maschinenbauer beispielsweise, der komplexe, meist hochpreisige Maschinen konstruiert, kann diese an seine Kunden weitervermieten oder verkaufen. Die Maschinen werden zur Herstellung von Produkten jeglicher Art genutzt, welche anschließend wiederum an die eigenen Kunden verkauft werden. Außerdem gewinnen die Besitzer der Maschinen durch effizientere Prozesse und niedrigere Kosten.

Doch die Mehrwerte, die Unternehmen aus dem IoT ziehen, sind so unterschiedlich wie die Bedürfnisse der Firmen selbst. Das produzierende Gewerbe profitiert davon, wenn die selbst hergestellten Maschinen und Geräte lange Haltbarkeitszyklen und für die Dauer ihrer Nutzung niedrige Kosten aufweisen. Dadurch ist das Unternehmen in der Lage, seine eigenen Kosten zu reduzieren. Beispielsweise können sich die Wartungs- und Reparaturkosten für die Geräte der Firma minimieren, indem die IoT-Lösung zum einen dank Vernetzung aus der Ferne gewartet werden kann, wodurch geringere Personalkosten auflaufen. Zum anderen gibt es IoT-Lösungen, die selbstständig frühzeitig warnen, bevor größere und kostenintensivere Reparaturarbeiten überhaupt notwendig werden. Die sogenannte Predictive Maintenance reduziert ungeplante Ausfallzeiten erheblich. Weitere mögliche Kosteneinsparungen erreicht das Unternehmen durch die Vereinfachung von Arbeitsschritten und -prozessen, indem die gesammelten Daten zu Arbeitsabläufen der vernetzten Maschinen mit der IoT-Lösung ausgewertet und auf Optimierungspotenzial überprüft werden. Die Ergebnisse fließen dann in die künftigen Prozessabläufe mit ein.

Doch das Internet der Dinge verändert nicht nur interne Abläufe oder Produktionsprozesse. Es macht auch vollkommen neue Produkte und Geschäftsmodelle möglich. Eine Vernetzung von Produkten bedeutet auch eine konstantere Verbindung aller Geschäftspartner. So sind etwa Mietangebote auf dem Vormarsch oder Konzepte, in denen Wartung und Service Teil des Gesamtpakets sind – gerade im komplizierten Anlagenbau ein echter Bonus für die Nutzer, da sie keine eigenen Techniker mit tiefem Fachwissen vorhalten müssen. Vielmehr übernimmt der Hersteller als Fachmann für seine Produkte alle Reparaturen.

Ein weiteres Beispiel, wie das IoT ganze Branchen verändert, ist der Handel. Die Möglichkeit, einzelne Produkte innerhalb einer gesamten Lieferkette zu verfolgen, bietet großes Optimierungspotenzial. Etwa bei Lebensmitteln: Hier kann das IoT dafür sorgen, dass das Haltbarkeitsdatum Informationen zu Lagerungsbedingungen und Kühlkette mit einbezieht. Oder Produkte können über ihre Herkunft, Bestandteile oder ihre richtige Verwendung Auskunft geben. Also: Mit dem IoT entsteht zusätzlicher Warenwert.

Ein Kranhersteller kann dank IoT künftig ein anderes Abrechnungsmodell einführen. Kosten für geliehene Maschinen werden nicht mehr pauschal per Tag, sondern exakt pro Stunde oder sogar gehobener Tonne berechnet. Dies eröffnet nicht zuletzt neue Kundensegmente, die zusätzlichen Umsatz generieren.

Innovative IoT-Technologie wird in der Regel zu einem Festpreis für jedes angeschlossene Gerät erworben. Jedoch profitieren nicht alle Kunden von diesem Preismodell. Dies ist der Fall, wenn der Fokus der IoT-Anwendung zu sehr auf den immanenten Funktionen und zu wenig auf den Kundennutzen gerichtet ist, wenn das Produkt in der Anwendung zu technisch und für den potenziellen Nutzer unverständlich ist. Bringt IoT nicht den gewünschten Erfolg, so muss das Unternehmen eine Fehlinvestition bewältigen. Um dieses Risiko zu umgehen, prüft die Deutsche Telekom ein neues Preiskonzept für ihre Lösungen mit Maschine-zu-Maschine(M2M)-Kommunikation und im Internet der Dinge: Value Based Pricing. Mit diesem Modell möchte die Deutsche Telekom die Ausgangsrisiken für ihre Kunden senken.

13.2 Was bedeutet Value Based Pricing?

Konventionelle Zahlungsmodelle beinhalten die kostenorientierte Preisgestaltung, bei der die Herstellungskosten und der angestrebte Gewinn entscheidend sind, sowie die wettbewerbsorientierte Preisgestaltung, die sich am Marktangebot orientiert. Tabelle 13.1 vergleicht diese Methoden der Preisgestaltung mit der wertorientierten Preisgestaltung (VBP).

Tabelle 13.1 Beschreibung ausgewählter Preisgestaltungsmethoden

	Kostenorientierte Preisgestaltung	Wettbewerbsorientierte Preisgestaltung	Wertorientierte Preisgestaltung (VBP)
Beschreibung	Die Preisgestaltung basiert hauptsächlich auf Kostenrechnungsdaten.	Die Preisgestaltung basiert hauptsächlich auf Informationen über die Preise und Angebote der Mitbewerber.	Die Preisgestaltung basiert hauptsächlich auf Informationen über den Mehrwert, den das Angebot für den Kunden generiert.
Spezifischer Ansatz	Der Preis setzt sich aus der Kostenrechnung und einem Gewinnzuschlag zusammen.	Die Preisgestaltung basiert auf der Bestimmung der Mitbewerberpreise und der Festlegung der gewünschten Preisdifferenz.	Die Preisgestaltung basiert auf dem spezifischen Nutzen aus Kundensicht.
Vorteile	Die Basisdaten sind leicht zu beschaffen und werden vom Kunden häufig als fair wahrgenommen.	Die Basisdaten sind leicht zu beschaffen und berücksichtigen den Preisdruck aufgrund der Wettbewerbssituation.	Ist auf den langfristigen Gewinn ausgerichtet und schafft eine höhere Kundenbindung
Nachteile	Keine Fokussierung auf die Bedürfnisse der Kunden oder den Wettbewerb; die Preise können schnell zu hoch oder zu niedrig werden.	Keine Fokussierung auf die Bedürfnisse des Kunden; dies kann schnell zu einem Preiskampf führen.	Die Basisdaten sind schwer zu beschaffen; die Preisgestaltung kann zusätzliche laufende Kosten verursachen; die Preise können von den Kunden als unfair wahrgenommen werden.

Beim Value Based Pricing wird also der Preis eines Produktes hauptsächlich anhand des Mehrwertes bestimmt, den dieses Produkt für den Kunden generiert (s. Bild 13.1). Damit VBP erfolgreich ist, muss das Produkt nachweislich positive Effekte für die Produktions- oder Serviceabläufe des Kunden erzielen. Somit soll für den Geschäftskunden ein Preis erzielt werden, der neben der Schaffung eines Mehrwerts für den Kunden gleichzeitig auch die Herstellkosten des Lieferanten für das IoT-Produkt deckt. Folglich setzen Hersteller die Produktpreise völlig anders fest, wenn sie VBP anwenden.

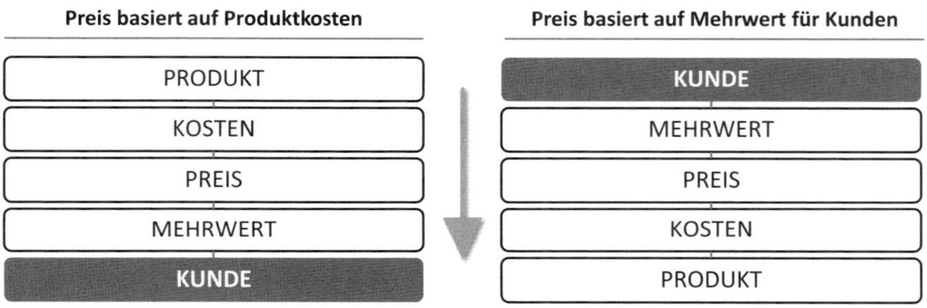

Bild 13.1 Orientierung des VBPs zuerst am Kunden (Deutsche Telekom)

Somit begünstigt beim VBP-Ansatz der Erfolg einer technischen Lösung sowohl den Hersteller als auch den Kunden. Eine höhere Wertschöpfungskraft bedeutet einerseits Gewinne für den Anwender, andererseits ist sie die Basis für die Entlohnung des Lieferanten, welche steigt, je höher der durch die Lösung geschaffene Mehrwert für den Anwender ist. Es ist denkbar, nur einen VBP-Ansatz zu vereinbaren, bei welchem dem Kunden lediglich Kosten entstehen, wenn auch ein Mehrwert für ihn geschaffen wird. Folglich wird der Lieferant nicht entlohnt, wenn seine Lösung nicht den gewünschten Effekt auf das Geschäft seines Kunden hat.

Die Deutsche Telekom testet dieses innovative Preiskonzept nun für ausgewählte Produkte, die für Netzwerkgeräte, die Industrie 4.0 und das Internet der Dinge relevant sind. Das bedeutet, dass eine Lösung nicht pro Gerät, das mit dem Netzwerk verbunden ist, berechnet wird, sondern sich der Preis nach der erfolgreichen Anwendung richtet. Dieser Erfolg wird anhand einer Kennzahl, die von der Deutschen Telekom als sogenannter Zero Point Indicator (ZPI) bezeichnet wird, gemessen.

Damit messbar wird, wann die Lösung einen Erfolg liefert und wann nicht, müssen der Kunde und der Lieferant den ZPI bereits bei Vertragsabschluss festlegen. Wichtig ist hierbei, dass der Kunde und der Lieferant bereits vor Vertragsabschluss eine gemeinsame Sicht auf die Treiber der Wertschöpfung des Kunden haben, um somit eine optimale Entscheidung treffen zu können. Anschließend müssen diese Faktoren kontinuierlich überwacht werden. Der ZPI kann sich beispielsweise auf höhere Gewinne oder Einsparungen bei den Betriebskosten beziehen. Er wird gemeinschaftlich durch beide Seiten festgelegt. Es ist wichtig, dass er quantifizierbar ist, sodass der Mehrwert deutlich abgelesen werden kann, während die IoT-Lösung beim Kunden aktiv ist. Als Lösungsanbieter erhält die Deutsche Telekom einen vordefinierten Prozentsatz dieser durch die Lösung gewonnenen Einnahmen oder Kosteneinsparungen als Bezahlung.

13.3 Ein Vertrauensverhältnis mit dem Kunden ist Grundvoraussetzung

Basis für VBP ist die beidseitige vertrauensvolle Zusammenarbeit: Der Anbieter muss das Geschäftsmodell des Kunden verstehen und als werthaltig einstufen. Ein Geschäftsmodell gilt als werthaltig, wenn durch das verkaufte Produkt in der angestrebten Vertragsbeziehung Substanz geschaffen werden kann. Dies bedeutet, dass der Kunde durch das Produkt Kosten einsparen bzw. zusätzlichen Gewinn erwirtschaften kann. Um den Mehrwert einer IoT-Technologie für ein Unternehmen zu bestimmen, benötigt der Anbieter jedoch Zugang zu vertraulichen Informationen über die Geschäftsprozesse und sensiblen Kennzahlen wie Gewinn oder EBIT-Margen. Je nach gewähltem ZPI müssen dauerhaft Einblicke in die Geschäftsabläufe, Gewinnzahlen und mehr gewährt werden, was für den Kunden bedeutet, dass er sich auf die Vertrauenswürdigkeit des Anbieters vollkommen verlassen können muss. Daher ist Vertrauen für Value Based Pricing unverzichtbar.

Das erfordert ein Umdenken von Seiten des Kunden, das jedoch durch beträchtliche Produktivitätssteigerungen und eine höhere Zufriedenheit mit der erbrachten Leistung ausgeglichen werden kann.

Sollten Unternehmen ihre Daten jedoch nicht offenlegen wollen, besteht hierzu weiterhin kein Zwang. Der Kunde kann sich auch zukünftig wie bisher für ein kostenorientiertes Preismodell entscheiden. Jedoch kann er oder sie in diesem Fall nicht von den Vorteilen des Value Based Pricing profitieren. Alternativ ist es auch möglich, eine Kombination aus traditioneller kostenorientierter Preisgestaltung und VBP zu wählen, wenn sich der Kunde dies wünscht oder wenn rechtliche oder regulatorische Rahmenbedingungen nur dies zulassen. Hier bleibt die Deutsche Telekom flexibel, um die Kundenbedürfnisse zu erfüllen.

13.4 Vorteile des VBP für Kunden und Hersteller

Alle profitieren vom VBP – auch der Anbieter und der Entwickler der IoT-Technologie. Obgleich der Anbieter das Risiko trägt, dass er nicht bezahlt wird, falls seine Produkte keinen Mehrwert für seine Kunden generieren, kann er diese Erfahrungen nutzen, um seine Lösungen zu verbessern und sie künftig effektiver zu entwickeln. Außerdem profitiert er vom Wert, den seine Lösung für das Geschäft seines Kunden bringt. VBP ist somit Teil eines langfristig ausgelegten, strategischen Ansatzes. Da die Kunden keine Einmalzahlung, sondern fortlaufende Zahlungen leisten, wächst zudem ihr Vertrauen in die dauerhafte Qualität eines Produkts. Dies macht VBP zu einem äußerst kundenorientierten Geschäftsansatz, der das Kundenverständnis, den Service und die Bindung verbessert.

Der Kunde geht darüber hinaus kein Risiko betreffend eines Fehlkaufes der Leistung ein, denn er teilt sich das Investitionsrisiko mit dem Hersteller. Erzielt er den erwarteten Nutzen, so profitieren beide Seiten davon. Liefert eine Lösung nicht das gewünschte Ergebnis, so bezahlt der Kunde nichts. Somit ist das Investitionsrisiko des Kunden für die Bereitstellung einer innovativen Technologie deutlich geringer als bei herkömmlichen Preismodellen.

Der partnerschaftliche Ansatz wird darüber hinaus ebenfalls bei der gemeinschaftlichen Bestimmung des Mehrwerts eines Produktes sowie der Festlegung des ZPI herausgestellt. Anhand des Reifegradmodells der Kundenorientierung von Arndt Borgmeier wird gezeigt, dass bei einer partnerschaftlichen Beziehung mit dem Kunden langfristig ein beidseitiger Nutzen entwickelt werden kann (Bild 13.2).

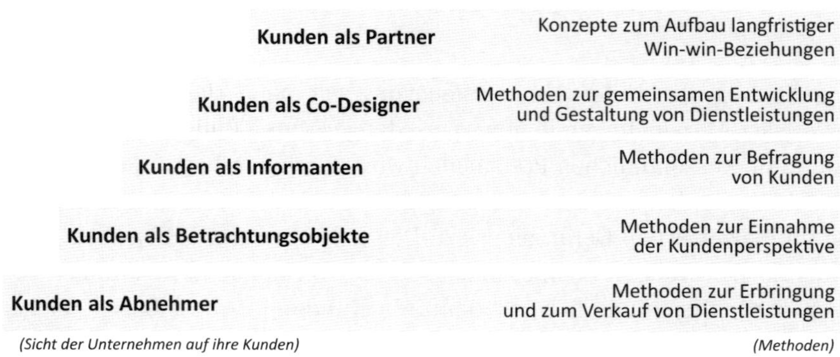

Bild 13.2 Reifegradmodell der Kundenorientierung [Mei: 230]

Der Hauptnachteil besteht darin, dass die Daten, die zur Bestimmung dieses Wertes erforderlich sind, oft schwer zu beschaffen sind. Außerdem kann die Implementierung des VBP im Vergleich zu anderen Preismodellen zusätzliche Kosten verursachen, beispielsweise Einstiegskosten für interne Fakturierungs- und Finanzierungsabläufe. Sollte das VBP öffentlich erfolgen, besteht zudem die Gefahr, dass dies von verschiedenen Kunden mit unterschiedlichen Preisen als ungerecht wahrgenommen wird. Eine Übersicht über die Vor- und Nachteile der Methode bietet Bild 13.3.

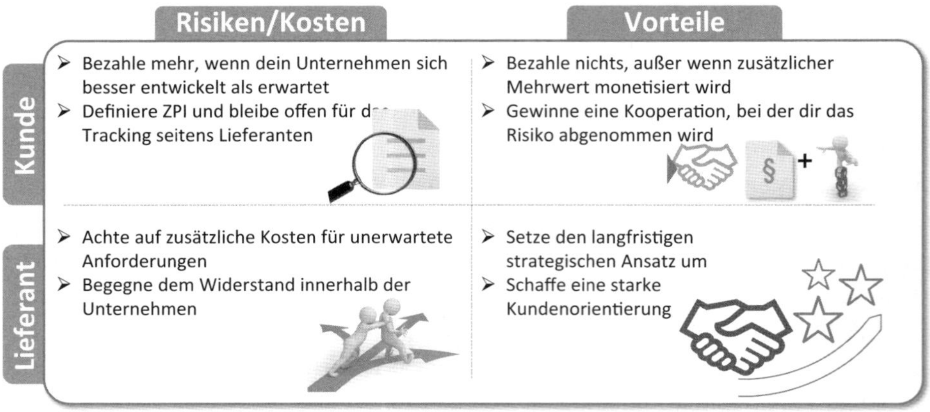

Bild 13.3 Übersicht der Vor- und Nachteile von VBP (Deutsche Telekom)

13.5 Herausforderungen des VBP für Kunden und Lieferanten

VBP stellt auch die Unternehmenssteuerung vor neue Herausforderungen, da dieser Ansatz Abweichungen in einer periodengerechten Budgetdarstellung bewirken kann. Im herkömmlichen Preismodell wird durch den Verkauf einer bestimmten Anzahl an Geräten mit der IoT-Lösung direkt ab Vertragsabschluss monatlicher Umsatz pro aktiviertem Gerät generiert. Dieser bleibt beim VBP-Ansatz zunächst aus, was für den Kunden-Business-Case, der bei Verkaufsentscheidungen zu Rate gezogen wird, eher hinderlich ist. Denn ein Kunden-Business-Case, welcher die ersten Jahre negativ bleibt, wird in Entscheidungsgremien selten priorisiert. Erschwerend kommt hinzu, dass die Umsatzhöhe in den Folgejahren unter Umständen ebenfalls nicht genau beziffert werden kann, da diese zum großen Teil vom Geschäftserfolg des Kunden abhängt. Somit muss das liefernde Unternehmen zu Beginn des Vertrags alle Investitionskosten tragen, die bisher zu diesem Zeitpunkt der Käufer übernahm. Einnahmen können noch nicht verbucht werden. Umsätze kommen mit Value Based Pricing für den Lieferanten erst, sobald die Lösung beim Kunden auch den nötigen Erfolg gezeigt hat. Somit sind die Einnahmen also deutlich nach hinten verlagert und von den Investitionskosten zeitlich abgekoppelt. Darüber hinaus muss geprüft werden, ob bestehende Prozesse für eine Abrechnung des Kunden anhand des VBP-Ansatzes ausgelegt sind. Bei Bedarf müssten sie entsprechend angepasst werden.

Das Unternehmen, welches Value Based Pricing anbietet, geht das Risiko ein, dass nur Umsatz entsteht, wenn sich die zuvor getroffenen Annahmen materialisieren und tatsächlich Mehrwerte für den Kunden geschaffen werden. Schwierig wird es ebenfalls, wenn der ZPI im Vorhinein nicht adäquat festgesetzt wurde, sodass der gemeinschaftlich festgesetzte Mehrwert der IoT-Lösung nicht deutlich quantifizierbar ist. Eine weitere Gefahr ist Widerstand im eigenen Unternehmen gegenüber neuen, noch nicht etablierten Pricing-Modellen, was die Einführung erschweren oder verlangsamen kann.

Auf Kundenseite ist ein weniger klassischer Budgetbedarf von Kosten notwendig, da sich die Kosten durch die Anknüpfung an den finanziellen Mehrwert des Kunden variabilisieren und dadurch faktisch keine indirekten Kosten mehr existieren. Somit entstehen dem Kunden nur Kosten, wenn ein positiver Effekt erzielt wird. Dies reduziert das Risiko beim Kunden und stellt sicher, dass die Kosten nur anfallen, wenn Mehrwerte geschaffen werden. Daher gibt es auf Seiten des Kunden im Vergleich zu einer traditionellen Lösung nur die Möglichkeit, einen Gewinn zu erzielen. Allerdings lassen sich die Kosten des VBP für den Kunden nicht immer genau kalkulieren. Macht er dank der IoT-Lösung unerwartet viel Gewinn, muss er eventuell auch mehr zahlen als vorher gedacht.

Trotzdem ist Value Based Pricing ein starkes Argument für die Einführung von IoT-Technologie in einem Unternehmen. Die Vorteile einer vernetzten Lösung können nach der Einführung intensiv analysiert und überprüft werden, Vorteile werden exakt definiert. So können auch kleinere und mittelständische Unternehmen risikolos den Schritt ins Internet der Dinge wagen.

13.6 Die Anwendung des Value Based Pricing auf das IoT-Geschäft

Wie will die Telekom dieses Preiskonzept für ihre IoT-Produkte implementieren? Bisher haben die Kunden für ihre Lösung einen Preis gezahlt, der auf der Anzahl ihrer angeschlossenen Geräte basiert.

Besonders Unternehmen, die gerade erst mit der Bereitstellung von IoT-Lösungen beginnen, können von VBP profitieren, da sie mit dem erfolgsbasierten Preismodell kein finanzielles Risiko eingehen. Der VBP-Ansatz kann dazu beitragen, das zunehmend wettbewerbsorientierte IoT-Segment profitabler zu machen, indem das Pricingmodell dazu beiträgt, die Lösung langfristig für den Kunden zu verbessern und das Produkt effektiver zu gestalten. Mit seiner Unterstützung steigt die Wahrscheinlichkeit der Rentabilität der Arbeit auf dem IoT- und M2M-Markt, welcher künftig immer stärker vom Wettbewerb geprägt sein wird.

Aufgrund niedriger oder keiner Investitionskosten für Kunden zu Anfang geht die Deutsche Telekom davon aus, dass das VBP-Modell hauptsächlich für mittelständische Unternehmen sehr attraktiv sein wird, da Mittelständler typischerweise eine niedrigere Investitionskapazität haben als große Unternehmen oder Konzerne.

■ 13.7 VBP – drei Beispiele

Eine Vielzahl von Industrien und Unternehmen können vom Value Based Pricing profitieren. Nehmen wir zum Beispiel den virtuellen Gesundheitsmarkt. Eine verbesserte Vernetzung von Patienten, Ärzten und medizinischer Ausrüstung spart Prozesskosten in Höhe von drei Millionen Euro ein. Ein VBP-Vertrag könnte dazu führen, dass die Telekom bei vereinbarten 20 % Gewinnanteil durch diese Betriebskosteneinsparungen 600 000 Euro erhält.

Ein weiteres Beispiel ist die Nutzung von vernetzten Produktionsmaschinen. Ein ZPI könnte in diesem Fall der Bruttogewinn sein. Hat der Kunde 100 000 Maschinen, erzielt mit jeder zusätzliche Einnahmen in Höhe von zwei Euro und spart auf der anderen Seite 500 000 Euro ein, so beläuft sich der Mehrwert für den Kunden auf 700 000 Euro. Als Hersteller der IoT-Lösung könnte die Telekom 20 % der Bruttogewinnsteigerung als Gewinnanteil vereinbaren, was zu Einnahmen von 140 000 Euro führen würde.

Die Industrie ist nicht der einzige mögliche Anwender, auch Dienstleister wie z. B. Straßenreinigungsunternehmen können VBP einsetzen. Die Kosten für die Vernetzung der Fahrzeugflotte, um diese besser zu verwalten und einzusetzen, belaufen sich beispielsweise auf 270 000 Euro. Wenn man davon ausgeht, dass es 150 000 IoT-Geräte gibt und jedes dieser Geräte 9 Euro an zusätzlichen Einnahmen generiert, so beläuft sich der Mehrwert für den Kunden auf 1 350 000 Euro.

13.8 Abschlussbemerkung

Sofern die passenden Rahmenbedingungen gegeben sind und Value Based Pricing richtig angewandt wird, kann das Modell einen fundamentalen Wertbeitrag für das Geschäft des Kunden darstellen. Gleichzeitig stärkt es strategische und kundenbindende Aspekte für den Lieferanten und kann bei richtiger Handhabung zwar das Risiko zu Beginn erhöhen, dafür jedoch in den Folgejahren einen stärkeren Wertbeitrag leisten.

Wenn also eine solide Geschäftsbeziehung existiert und ein fundamental wertschöpfendes Digitalisierungsmodell gefunden wird, stellt VBP ein Werkzeug dar, welches echte partnerschaftliche Beziehungen auch monetär untermauern kann.

Die Bedeutung und neue Möglichkeiten von Preismodellen durch IoT und Smart Services sind enorm. Darin liegt ein Werttreiber, wenn man bedenkt, dass unter sonst gleichen Bedingungen jede erreichte Marge über der Deckung der variablen Kosten direkt positiv ertragswirksam wird. Umgekehrt kann aber jede Preiskonzession direkt eine mögliche positive Marge erodieren bzw. sogar im Extremfall negative Deckungsbeiträge liefern.

Insbesondere die initiale Preisfestlegung auch in Verbindung mit den praktizierten Geschäftsmodellen ist von großer Bedeutung.

Entsprechend setzen die folgenden Ausführungen genau dort an und vertiefen dies für die Branche Energiewirtschaft (Utilities). Ausgehend von durch IoT und Smart Services geprägte Trends und Entwicklungen werden Geschäftsmodelle konzeptionell aufgegriffen und durch Fallbeispiele erfolgreicher Umsetzungen ergänzt.

13.9 Literatur

[Gei 16] Geissbauer, Reinhard u.a.: Industry 4.0. Building the digital enterprise. Studie 2016. URL: *https://www.pwc.com/gx/en/industries/industries-4.0/landing-page/industry-4.0-building-your-digital-enterprise-april-2016.pdf* (Zugriff am 6.3.2017).

[Mei] Meiren, Thomas (FhG-IAO) (Hrsg.): Vorlesungsskript Service Engineering an der Universität Stuttgart (ohne Jahr).

14 Digitale Geschäftsmodelle im Energiemarkt – Ein Leitfaden

Frank Reichenbach, Andreas Schmitt, Jochen Schneider

Abstract

Der Energiemarkt durchlebt derzeit vielfältige Veränderungen. Getrieben wird dies u. a. durch die weitere Verbreitung des Prosumers, das Aufkommen von Sharing-Economy- oder Crowd-X-Ansätzen in der Energiewirtschaft, die zunehmende Digitalisierung, die sinkenden Erzeugungskosten der Erneuerbare-Energien-Anlagen und die CO_2-Reduktionsziele. Im Ergebnis entsteht neben der zentralen eine dezentrale Energiewelt mit verschiedenen Erfolgsfaktoren und Wertschöpfungsstufen. Vor allem Letztere bietet für Energieversorger, aber auch für neue Spieler aufgrund des Einsatzes neuer Technologien und den veränderten Kundenanforderungen Möglichkeiten für neue Geschäftsmodelle, speziell im Zusammenhang mit datenbasierten bzw. digitalen Produkten und Services. Eine Beschreibung der Kerntrends und Charakterisierung der beiden Energiewelten zeigt mögliche Ansätze für diese neuen Geschäftsmodelle auf und macht anschließend deutlich, warum Unternehmen mehr an ihren Kompetenzen als an bestimmten Geschäftsmodellen arbeiten sollten. Ergänzt wird der theoretische Teil durch einige Fallbeispiele, die aufzeigen, wie Unternehmen ihre Vorhaben umgesetzt haben.

14.1 Energiemarkt 2020 plus

14.1.1 Markttreiber

Die Energiemärkte in Europa, darunter auch der deutsche Energiemarkt, sehen sich mit einer Reihe von globalen, sowohl technologischen und politischen als auch gesellschaftlichen Trends konfrontiert – z. B. zunehmende Urbanisierung oder die Entwicklung einer Null-Grenzkosten-Gesellschaft (Jeremy Rifkin) –, die zu nachhaltigen Veränderungen im Markt führen werden. Fünf Treiber beeinflussen die Veränderungen im Energiemarkt besonders stark (vgl. Bild 14.1).

Bild 14.1 Kerntreiber der Energiewirtschaft

Eine besondere Bedeutung kommt in Zukunft der Kundengruppe der Prosumer zu. Unter diesem Begriff versteht man Personen oder Unternehmen, die Energie nicht nur verbrauchen, sondern auch erzeugen und ggf. verkaufen. Die Motivation der Prosumer ist dabei nur z. T. durch Autarkiebestrebungen erklärbar. Derzeit sieht eine zunehmende Anzahl von Kunden die Eigenerzeugung unter Lifestyle-Aspekten, wodurch sozio-ökonomische Entscheidungskriterien in den Vordergrund treten. Die sinkenden Kosten für Eigenerzeugung mit und ohne Speicherlösung werden schließlich dazu führen, dass sich die Prosumergruppe auch auf rein ökonomisch getriebene Kunden ausweiten wird. Unabhängig von der Motivation stehen die Prosumer dem Thema Energie nicht mehr gleichgültig gegenüber, sondern erwarten von ihrem Lieferanten – sei es der traditionelle Energieversorger oder der Technologieanbieter – bestmögliche Unterstützung bei ihrem Vorhaben. Dabei schafft die Digitalisierung erst die Grundlagen für das Phänomen bzw. das Geschäftsmodell des Prosumers, wobei der Überbegriff Digitalisierung eine Vielzahl von technologischen Entwicklungen beschreibt. Als vereinfachte Definition kann Folgendes gelten: Einsatz von Technologien zur Vernetzung von z. B. Geräten oder Kunden und für den bi-direktionalen Austausch von Daten. Dies bildet die Grundlage für automatisierte Prozesse, z. B. für den simplen Austausch von Informationen zum Status der Erzeugungsanlage bis hin zum lokalen Energiehandel. Infolge dieser verstärkten Vernetzung steigen die erhobenen Datenvolumina, die sich zu einer wertvollen und nutzbaren Ressource entwickeln. Der Zugang zu diesen Daten wird sich als ein Erfolgsfaktor erweisen. Data Analytics und Ansätze künstlicher Intelligenz bilden zudem die Grundlage zur Entwicklung neuer Steuerungsmechanismen für Assets, Kundeninteraktionen und Geschäftsprozesse.

Diese beiden Treiber stehen in engem Zusammenhang mit Treiber 4, der Sharing-Economy oder auch Crowd-X. Sie stehen für die Tatsache, dass sich Menschen zusammenschließen, um Ressourcen miteinander zu teilen. Dabei verzichten Kunden insbesondere auf den Anspruch, einzelne Güter ausschließlich persönlich zu besitzen. Dies bietet insbesondere die Möglichkeit, Erzeugungsanlagen in Kombination mit Speichertechnologien in Kooperationen zu finanzieren und zu nutzen. Energie kann unter den Beteiligten aktiv ausgetauscht und so die gemeinschaftlichen Assets optimiert und besser ausgelastet werden.

Ergänzt werden diese drei Treiber durch Treiber 3 und 5. Durch weitere Lernkurveneffekte ist von einer weiteren starken Senkung der Stromgestehungskosten von erneuerbaren Energien auszugehen [Frau 13], insbesondere im Bereich Photovoltaik. Erneuerbare Energien, gekoppelt mit dezentralen Speichern und unter Nutzung von Flexibilitäten in Erzeugung und Verbrauch, werden bis zum Jahr 2030 weltweit die mit Abstand billigsten Formen der Energieerzeugung sein. Darüber hinaus werden in Zukunft die CO_2-Reduktion und die Vision einer CO_2-armen Gesellschaft weiterhin eine starke Rolle spielen. Es ist davon auszugehen, dass aufgrund regulatorischer Rahmenbedingungen und steigendem Druck von Verbrauchern und Investoren eine CO_2-arme Energieerzeugung weiter vorangetrieben wird, wodurch verstärkt dezentrale und erneuerbare Erzeugungstechnologien eingesetzt werden.

Aus Sicht der Energiewirtschaft ist es wichtig zu verstehen, dass keiner der Treiber isoliert auf die Branche wirkt, sondern sich die Entwicklungen und Auswirkungen durch die Kombination der einzelnen Faktoren gegenseitig beschleunigen. So erfolgt die weitere Ausbreitung des Prosumers nicht nur dadurch, dass zu dem ursprünglichen Autarkiegedanken auch Lifestyle-Aspekte oder der Wunsch nach planbaren Energiekosten hinzukommt, sondern die Kombination von Prosumer-Wünschen mit Ansätzen zur Sharing Economy beschleunigt den Prozess. Kunden vor allem mit bestimmten sozio-ökonomischen Werten wie z. B. Umweltschutz und lokale Wertschöpfung sind immer öfter bereit, ihre Anlagen mit anderen Verbrauchern zu teilen (vgl. Netzwerkkonzepte wie buzz'n) oder via Crowdfunding gemeinsam in Anlagen zu investieren (vgl. econeers oder DZ4). Diese Entwicklungen führen letztlich dazu, dass die energetische und kommerzielle Optimierung über mehrere Kunden oder Wohneinheiten hinweg technisch und finanziell realisierbar wird und damit die Attraktivität der Business Cases steigt. Die Digitalisierung im Sinne der Vernetzung von Anlagen oder auch der automatisierten Analyse der erzeugten Daten schafft dafür eine notwendige Grundlage.

14.1.2 Energiemarktszenario

Als Ergebnis dieser Entwicklungen entsteht parallel zur zentralen Energiewirtschaft eine neue dezentrale Energiewelt (vgl. Bild 14.2):

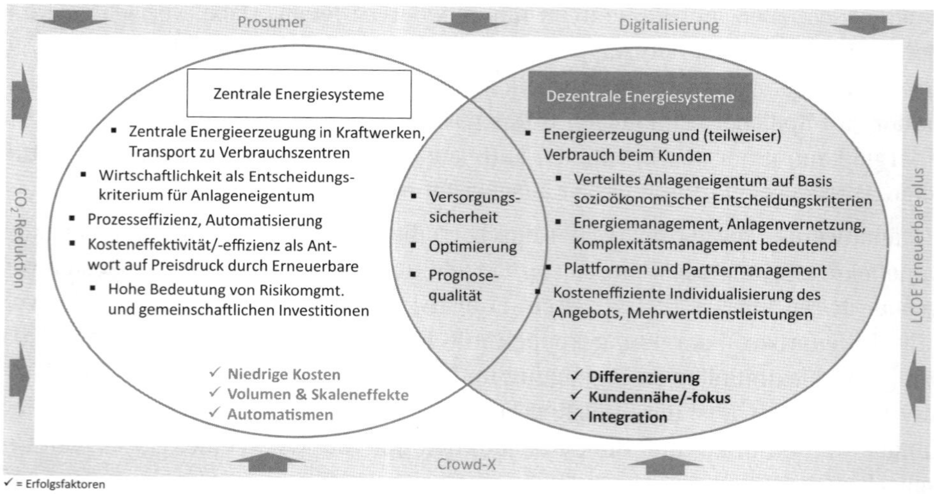

Bild 14.2 Zukunftsszenario und Erfolgsfaktoren für beide Energiewelten

Die zentrale Welt ist seit Jahrzehnten etabliert: Wenige große Erzeugungsanlagen stellen die Energie bereit. Diese wird über große Netzinfrastrukturen verteilt. Die wichtigsten Steuerungskriterien bleiben weiterhin die Wirtschaftlichkeit von Erzeugungs- und Speicheranlagen sowie der profitable Handel und Vertrieb von Strom und Gas. Um dem zunehmenden Druck durch dezentral erzeugte Energien entgegenzutreten, kann das Motto für diese Welt nur höchstmögliche Effizienz lauten. Letzten Endes gilt es, entlang aller zentralen Wertschöpfungsstufen durch noch höhere Prozesseffizienz, v. a. durch weitreichende Automatisierung, die Kosten je Kilowattstunde zu senken. Diese Welt scheint prädestiniert für große nationale oder auch internationale Spieler, die mit hohen Volumina und/oder vielen Kunden arbeiten und so die notwendigen Investitionen in IT-Systeme gut verteilen können.

Die dezentrale Welt ist hingegen durch andere Faktoren zu charakterisieren. Auch hier gelten ökonomische Entscheidungskriterien, diese werden aber um Kriterien wie z. B. Lifestyle-Aspekte („schickes Design") oder soziale Faktoren („der Nachbar hat auch eins") ergänzt. Die Komplexität in der dezentralen Welt ist hoch, weil es deutlich mehr Anlagen und Entscheidungsträger gibt (z. B. mehrere Millionen Photovoltaikanlagen (PV) in Deutschland), Systeme häufig mehrere Energieformen und Technologien integrieren (z. B. PV und Batteriespeicher oder Mini-Blockheizkraftwerke (BHKW) für Strom und Wärme) oder zu sogenannten Microgrids zusammengeschlossen werden. Genau diese Entscheidungskriterien gilt es zu adressieren und die Komplexität zu managen. Bedingt durch die Tatsache, dass dezentrale Anlagen in einem räumlich abgegrenzten Gebiet vorzufinden sind und vor allem Nähe zum Kunden eine Grundvoraussetzung darstellt, ist diese Welt u. a. für lokal verankerte Versorger mit entsprechendem Kundenzugang attraktiv oder aber für Technologieunternehmen mit standardisierten Produkten und Zugang zum Kunden (z. B. via Online-Kanälen).

Ein weiterer wichtiger Aspekt ist, dass beide Welten miteinander verbunden sind. So wird in beiden Welten die Versorgungssicherheit ein sehr hohes Gut sein, genauso wie es Optimierungsansätze über beide Welten hinweg geben wird. Die Qualität von Erzeugungs- oder Verbrauchsprognosen wird dabei eine entscheidende Rolle spielen. Sowohl energetische Optimierungen als auch das Thema Prognosen sind Ansatzpunkte für neue Services, die entweder durch Energieversorger oder durch andere Spieler adressiert werden können. Prinzipiell stellt sich für die Unternehmen die Frage nach der zukünftigen Wertschöpfung und den damit verbundenen Geschäftsmodellen.

14.2 Veränderung der Wertschöpfung

Aus der Logik der zwei Energiewelten und den damit verbundenen Erfolgsfaktoren lassen sich Rückschlüsse auf die zukünftigen Wertschöpfungsstufen ziehen. Dabei wird deutlich, dass in der dezentralen Energiewelt die klassische Top-Down-Logik einer übergreifenden Wertschöpfungskette aufgelöst und durch frei kombinierbare Mehrwertelemente ersetzt wird (vgl. Bild 14.3).

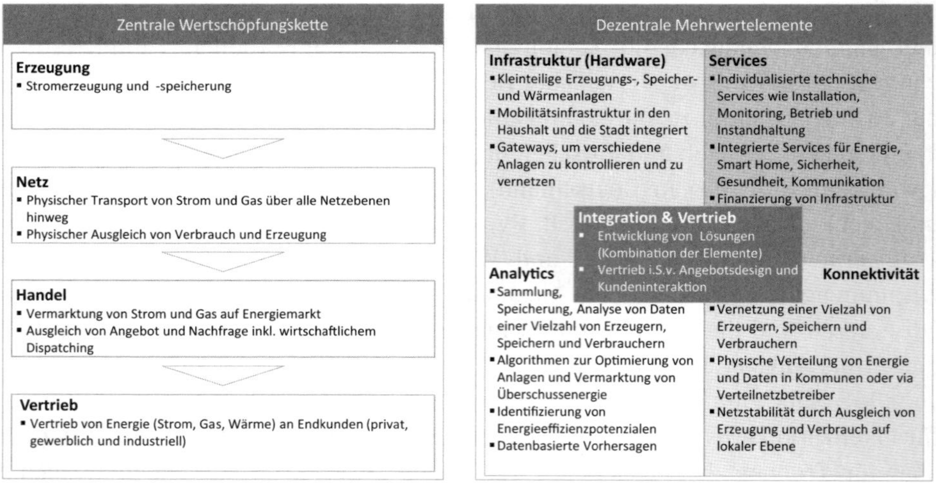

Bild 14.3 Zentrale Wertschöpfungskette und dezentrale Mehrwertelemente

14.2.1 Zentrale Wertschöpfungskette

Die einzelnen Stufen der zentralen Wertschöpfungskette (Erzeugung, Netz, Handel, Vertrieb) bleiben grundsätzlich erhalten, es ändert sich jedoch die Ausgestaltung. Hierbei spielt die Digitalisierung der einzelnen Stufen eine bedeutende Rolle, wobei der Schwerpunkt insbesondere auf Effizienzsteigerungen liegen wird. Die Kernprozesse auf allen Wertschöpfungsstufen können mittels der Digitalisierung stärker automatisiert und bestehende Dienstleistungen zu reduzierten Kosten oder verbessert angeboten werden.

Die Wertschöpfungsstufen Erzeugung und Netz sind vor allem durch die Verbreitung von Sensoren und Aktoren und deren Vernetzung getrieben. M2M-Kommunikation in Kombination mit automatisierten Prozessen bzw. Entscheidungsregeln wandelt reparaturanfällige Anlagen und Systeme in „selbstheilende" Organismen. Bereits heute gibt es intelligente Stromnetze, die in einem Störfall automatisiert die Lokalität der Störung ermitteln und nicht betroffene Netzabschnitte wieder zuschalten. Solche Smart-Grid-Technologien sind auf Übertragungsnetzebene bereits etabliert. Auf Verteilnetzebene wird mit der Einführung von Smart Metern und dem Ausbau von steuerbaren, intelligenten Netzkomponenten (bspw. regelbare Ortsnetz-Trafos) die Stabilität und die Auslastung des Netzes verbessert.

Der Handel kann die Smart-Meter-Daten wiederum für die Verbesserung von Einspeise- und Verbrauchsprognosen nutzen. Tools für Data Analytics und selbstlernende, Algorithmen-basierte Optimierungssysteme leiten automatisiert Handelsempfehlungen ab. Erhöhte Handelsvolumina sind somit bei gleichbleibenden oder verminderten Transaktionskosten realisierbar.

Dem Vertrieb ermöglicht die Digitalisierung und das damit erhöhte Informationsaufkommen – unter anderem – die Erstellung von kundenindividuellen Angeboten („Segments of One"). Verbesserungen in der Kundenkommunikation und im Kundenservice (bspw. Verfügbarkeit von Chatbots rund um die Uhr) führen zu einer erhöhten Kundenzufriedenheit bei gleichzeitig reduzierten Kosten. Darüber hinaus kann durch Etablierung von digitalen Angeboten und Dienstleistungen die Kundenbindung gestärkt werden (bspw. elektronische Abrechnung, Mobile App für Energieverbräuche oder Preisindikationen, Echtzeit-Verbrauchsinformation, Analysen und Prognosen, Störungsmeldungen, Wartungsinformationen).

Dies sind nur einige Beispiele für die Chancen der Digitalisierung und damit verbundener Services für die bestehende Wertschöpfung in der zentralen Energiewelt

14.2.2 Dezentrale Mehrwertelemente

Der zentralen Wertschöpfungskette stehen dezentrale Mehrwertelemente gegenüber. Diese Elemente lassen sich frei zu Mehrwertnetzwerken kombinieren und in fünf Gruppen einteilen: Infrastruktur, Konnektivität, Analytics, Services sowie Integration und Vertrieb. Unter **Infrastruktur** werden alle hardwareseitigen Produkte für die dezentrale Energieerzeugung, -speicherung, -steuerung sowie Mobilitätsinfrastruktur zusammengefasst, bspw. BHKW, Batterien, Smart Meter, Ladestationen. Hierzu gehören auch die verschiedenen Gateways, die vor Ort Daten einsammeln und verteilen. Technologien und Dienstleistungen zur Vernetzung der unterschiedlichen Infrastrukturkomponenten und Anlagen, zur physischen Verteilung von Energie und Daten und zur Gewährleistung der Netzstabilität werden im Cluster **Konnektivität** zusammengefasst. Durch die Konnektivität in Verbindung mit der entsprechenden Hardware werden u. a. die Daten für die Gruppe **Analytics** geliefert. Hierin sind alle Elemente um das Thema Datensammlung und -speicherung von Erzeugungsanlagen, Speichern und Verbrauchern sowie der anschließenden Datenanalyse zur technischen oder ökonomischen Optimierung gruppiert. Technische Dienstleistungen wie Installation, Betrieb und Instandhaltung ebenso wie die Finanzierung von Anlagen werden zum Cluster **Services** gezählt. Weiterhin fallen in dieses Cluster integrierte Dienstleistungen oder Managementservices für Energie, Smart Home, Sicherheit, Gesundheit und Kommunikation. Ein fünftes Element verbindet schließlich die einzelnen Cluster: **Integration und Vertrieb**.

Die einzelnen Mehrwertelemente sind heute bereits vorhanden. Zum Beispiel gibt es zahlreiche Projektgesellschaften, die BHKWs für eine sichere Strom- und Wärmeversorgung von Wohnsiedlungen installieren und warten (z. B. Mieterstrommodell). Spezialisten für die Direktvermarktung übernehmen den Anlagenbetrieb und die ökonomische Optimierung des BHKWs. Ein dritter Dienstleister bietet für den lokal verbrauchten bzw. abgesetzten Strom eine Abrechnungsplattform. Ein echter Mehrwert entsteht jedoch in der Regel erst durch die Integration der Mehrwertelemente. Im oben genannten Fall zum Beispiel, wenn das Unternehmen, welches das BHKW errichtet, neben einem Wartungsvertrag auch einen Servicevertrag für die Vermarktung und Abrechnung der erzeugten Energie anbietet. Dem Kunden entsteht der Vorteil, nur einen Ansprechpartner für all seine Bedürfnisse zu haben (One-Stop-Shop). Der Dienstleister erreicht hingegen eine tiefere Wertschöpfung und eine höhere Kundenbindung. Die Integration kann multidimensional erfolgen, das heißt verschiedene Technologien, Medien, Geografien etc. umfassen. Bezüglich des Vertriebs gilt es zu beachten, dass die dezentrale Energiewelt eine große Kundennähe erfordert. Für Dienstleister ist es daher wichtig, ihre Kunden zu verstehen, entsprechende Kundenbedürfnisse zu erkennen und zu priorisieren, um daraus bedarfsgerechte Dienstleistungen abzuleiten. Genau diese Aufgabe liegt im Vertrieb des Versorgers oder des Technologieherstellers, der die verschiedenen Bedürfnisse mit den Optionen, die sich aus den Mehrwertelementen ergeben, in Einklang bringen muss. Die Aufgabe des Vertriebes ist es in Zukunft, die Kundenbedürfnisse in konkrete quantifizierte Anwendungsfälle (Business Cases) für den Kunden/die Kundengruppen zu übersetzen.

14.3 Geschäftsmodellprototypen als Grundlage für die Bewertung strategischer Optionen

Die beschriebenen Treiber und die neue Sortierung der Wertschöpfungen führen zu deutlich vielfältigeren Geschäftsmodellen in der Energiewirtschaft der Zukunft als bisher. Für die strategischen Überlegungen von Versorgern oder neuen Spielern im Markt bedeutet diese Vielfalt zugleich auch viele Optionen und die damit verbundene Herausforderung, sich aufgrund begrenzter Ressourcen zu fokussieren.

14.3.1 Geschäftsmodellprototypen

Eine Möglichkeit, diese Vielfalt zu strukturieren, sind sogenannte Geschäftsmodellprotoypen oder Blaupausen. Sie beschreiben in wenigen Worten die Grundlogik des Geschäfts und dienen als Grundlage für strategische Diskussionen zur Zieldefinition. In Bild 14.4 sind acht grundlegende Blaupausen für die zentrale und dezentrale Energiewelt dargestellt. Die acht Modelle sind beliebig kombinierbar:

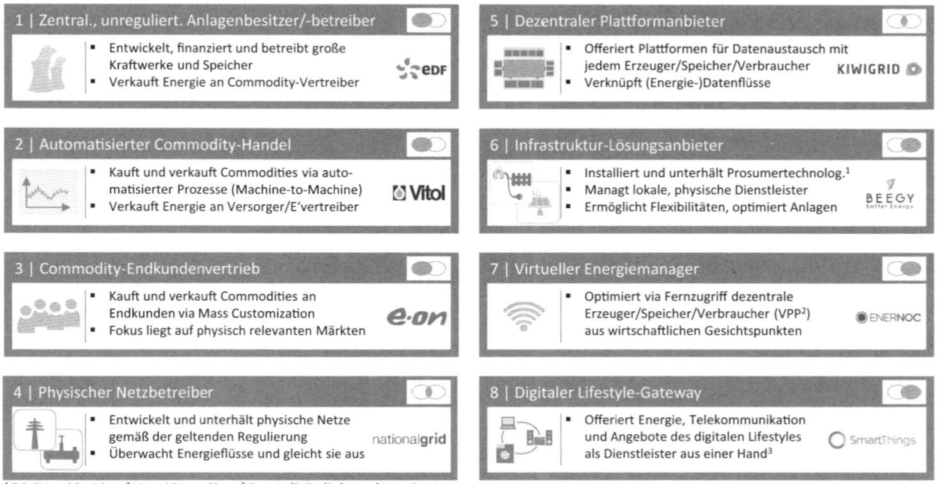

[1] Z.B. PV und Speicher; [2] Virtual Power Plant; [3] Energie/Telko/Software/X as a Service

Bild 14.4 Geschäftsmodellprototypen und Firmenbeispiele

Zentrale Modelle

Die zentralen Geschäftsmodellblaupausen sind identisch mit der Wertschöpfungskette. Hierzu gehört zunächst die Erzeugung von Energie durch einen **Anlagenbesitzer/-betreiber**. Er zeichnet sich aus durch großes technisches Know-how im Bereich Anlagenbau, Kraftwerkstechnik und -steuerung sowie Speichersysteme. Die erzeugte Nutzenergie wird hauptsächlich bilateral an Commodity-Endkundenvertriebe oder über den Großhandelsmarkt vertrieben. Kernerfolgsfaktor des Geschäfts sind Skaleneffekte, z. B. in Form von mehreren Anlagen im Gigawattbereich in Europa oder sogar weltweit. Größte Herausforderung sind die enormen Investitionssummen, die langen Investitionszyklen und die damit verbundenen Risiken. Beispiele für dieses Geschäftsmodell sind Firmen wie EDF oder STEAG.

Der traditionelle Energiehandel wird noch stärker automatisiert und weiter commoditisiert. So entsteht der **automatisierte Commodity-Händler**, bei dem die Handelsstrategie mittels Algorithmen in einzelne Handelsaktivitäten überführt und durch vollständig automatisierte Prozesse umgesetzt und abgewickelt wird. Kern des Geschäfts ist die Minimierung der Transaktionskosten durch eine Erhöhung der gehandelten Mengen. Beispiele neben den traditionellen Handelsbereichen von Uniper oder RWE könnten in Zukunft auch Firmen wie Vitol oder Glencore sein, die ihre Erfahrungen aus dem Rohstoffhandel in den Energiemarkt einbringen.

Es wird auch in Zukunft Energiekunden geben, die Interesse an der reinen Commodity Strom und/oder Gas haben. Der Vertrieb an diese Kunden erfolgt durch einen **Commodity-Endkundenvertrieb**. Dieser ist zum einen durch hochautomatisierte Prozesse in der Kundengewinnung und -betreuung gekennzeichnet, zum anderen adressiert er mit seinen hochentwickelten Systemen, die bis hin zur Unterstützung durch künstliche Intelligenz gehen, eine Vielzahl von Kunden. Erste Berechnungen zeigen, dass dieses Geschäftsmodell für Firmen mit einer Kundenzahl im oberen sechsstelligen Bereich sinnvoll ist. Das Angebot bedient kundenindividuelle Bedürfnisse durch eine hohe Ausdifferenzierung von Produkten und Produktbausteinen, aus denen sich der Kunde sein Produkt selbst zusammensetzen kann (Baukastenprinzip). Ein Beispiel für erste Ansätze eines solchen Vertriebs ist die Abspaltung des Vertriebsgeschäfts von E.ON.

Der physische Transport des Stroms erfolgt auch in Zukunft durch **Netzbetreiber**. Diese entwickeln, bauen und betreiben die Netze und die dazugehörige Netzinfrastruktur unter Einhaltung der regulatorischen Vorgaben. Zur Gewährleistung der Versorgungsicherheit überwachen sie die Energieflüsse und gleichen diese bei Bedarf aus. Beispiel für dieses Geschäftsmodell sind Firmen wie Amprion, Tenet oder auch Nationalgrid. Kernerfolgsfaktoren sind Prognosegüte und Optimierung der Investitionskosten.

Dezentrale Modelle

In der dezentralen Welt entstehen neue, bisher wenig bekannte Geschäftsansätze. Neben der physischen Verteilung von Energie ist in Zukunft auch die Verteilung von Daten oder Informationen notwendig. Diese Rolle könnte ein **dezentraler Plattformanbieter** übernehmen. Er offeriert Plattformen und intelligente, anpassbare Systeme für Haushalt, Geschäftskunden und Energieunternehmen, welche den Datenaustausch zwischen Erzeugungsanlagen, Speichern und Verbrauchern realisieren. In dieser Funktion ist der Plattformanbieter Dreh- und Angelpunkt für die weiteren zukünftigen Geschäftsmodelle, da im Prinzip alle anderen auf den Zugang und die Nutzung von Daten bzgl. Erzeugung und Verbrauch angewiesen sind. Insofern wird es spannend, zu beobachten, inwiefern diese Rolle nicht dem regulierten Markt im Sinne eines Netzbetreibers zugeordnet wird. Erfolgskritisch sind für diese Rolle zum einen Know-how im IT-Bereich und zum anderen die Frage der Abgrenzung, d. h. welche Daten öffentlich zugänglich sein müssen und welche proprietär durch den Anbieter genutzt und verkauft werden dürfen. Ein Beispiel für eine derartige Plattform ist die Firma Kiwigrid, aber auch etablierte IT-Konzerne wie IBM oder Accenture haben hierfür Lösungen im Angebot.

Bevor der Plattform-Anbieter seine Rolle einnehmen kann, müssen erst die dezentralen Anlagen installiert werden. Diese Aufgabe übernimmt der **Infrastruktur-Lösungsanbieter**. Er plant, finanziert, installiert, betreibt und optimiert Prosumer-Technologien (bspw. PV-Anlage und Speicher) für den Endkunden. Er tritt dabei dem Kunden gegenüber als „Single Point of Contact“ auf. Im Hintergrund greift er auf ein Netzwerk von lokalen Dienstleistern und Fachbetrieben zurück. Dieses Geschäftsmodell ist sehr stark auf den Zugang zum Endkunden ausgerichtet und bietet über Lösungsansätze, z. B. in Form von Leasing-/Contractingverträgen für die

Infrastruktur, die Möglichkeit, die Kunden langfristig zu binden. Eine Beispielfirma für dieses Modell in Deutschland ist Beegy, aber auch internationale Spieler wie SolarCity.

Um die lokale Energieerzeugung und den Verbrauch wirtschaftlich optimal zu nutzen, braucht es **virtuelle Energiemanager**. Diese optimieren unter wirtschaftlichen Gesichtspunkten mittels Fernzugriff einzelne Anlagen ebenso wie Portfolien von Erzeugungsanlagen, Speichern und Verbrauchern. Angebote sind dabei z.B. die Direktvermarktung von Strom, Flexibilität, Demand Response oder Virtuelles Kraftwerk. Beispielunternehmen sind Firmen wie Next Kraftwerke oder Enernoc. Die höchste Ausbaustufe dieses Models ist das Management bzw. die Optimierung von Microgrids.

Verlassen die Anbieter von dezentralen Lösungen die reine energiewirtschaftliche Ebene und integrieren z.B. Telekommunikations- oder Sicherheitsservices in ihr Geschäftsmodell, dann entsteht das Modell eines **Digitalen Lifestyle-Gateways**. In diesem Geschäft wird eine Plattform-/Gateway-Lösung angeboten, die unterschiedlichste Smart Devices aus dem Bereich Energie, Telekommunikation und Sicherheitssysteme miteinander verknüpft und steuerbar macht. Aufbauend auf den verschiedenen Daten werden den Kunden personalisierte Services, wie z.B. das Monitoring älterer Mitmenschen oder die integrierte Betreuung von Energieerzeugung und Elektromobilität vermittelt. Beispiele hierfür sind Firmen wie SmartThings oder auch die Deutsche Telekom mit ihrer Qivicon-Plattform.

Kombination der Prototypen

Wie bereits angedeutet, sind Kombinationen der Geschäftsmodellprototypen möglich und sinnvoll. Innerhalb der zentralen Welt werden z.B. die Modelle mit Fokus auf Erzeugung und Handel – etwa bei Uniper – kombiniert. Die Kombination dieses Modells mit dem Anlagenbetreiber ist bereits heute ein gängiges Modell, z.B. bei Statkraft. Über beide Welten hinweg ist die Kombination von Commodity-Vertrieb und dem virtuellen Energiemanager zu sehen, beispielsweise bei E.ON oder dem Mannheimer Energieversorger MVV Energie.

Innerhalb der dezentralen Welt wird wiederum die Kombination aus Infrastruktur-Lösungsanbieter und virtuellem Energiemanagement gerne gewählt. Beispiele hierfür sind Lichtblick oder die neuesten Entwicklungen von SolarCity. Und auch das Thema Plattformanbieter und virtuelles Energiemanagement bietet gute Kombinationsmöglichkeiten. Ein Beispiel hierfür ist die Firma Schneider Electric, die ihre Erfahrungen aus Pilotprojekten in Frankreich und den USA in Lösungen für das Management von Microgrids übersetzt hat.

14.3.2 Kompetenzprofile als Basis zur Bewertung der strategischen Optionen

Für Energieversorger, aber auch für Technologiefirmen, die in den Energiemarkt einsteigen möchten, bieten insbesondere die dezentralen Modelle viele Ansatzpunkte. Die hohe Unsicherheit in diesen noch jungen Märkten macht es schwierig, mehr als ein neues Geschäftsmodell gleichzeitig umzusetzen, vor allem dann, wenn vorhandene Ressourcen nicht überlastet werden sollen oder die Investitionsrisiken beschränkt werden müssen. Mit dieser notwendigen Fokussierung steigt aber zugleich die Gefahr, auf das falsche Pferd zu setzen. Einen Ausweg für die strategische Bewertung bietet hierfür die Betrachtung der für die unterschiedlichen Geschäftsmodelle benötigten Kompetenzen.

Kompetenzzielbild als Baustein der Unternehmensstrategie

Jedes Produkt, jede Dienstleistung und jedes Geschäftsfeld in der dezentralen Welt erfordert ein bestimmtes Set an Kompetenzen. So sind für den Vertrieb von Smart-Home-Produkten über einen Onlinekanal entsprechende Kompetenzen im Onlinevertrieb, im Partnermanagement (für Lieferanten und Logistik) und im Kundenservice notwendig. Das Management von Microgrids wiederum verlangt u. a. detailliertes informationstechnologisches und energiewirtschaftliches Know-how und die Fähigkeit, komplexe Datenströme auszuwerten, daraus Maßnahmen abzuleiten sowie diese mit Partnern umzusetzen. Diese Kompetenzen können wiederum in einer Reihe weiterer Geschäftsfelder von Nutzen sein (vgl. Bild 14.5):

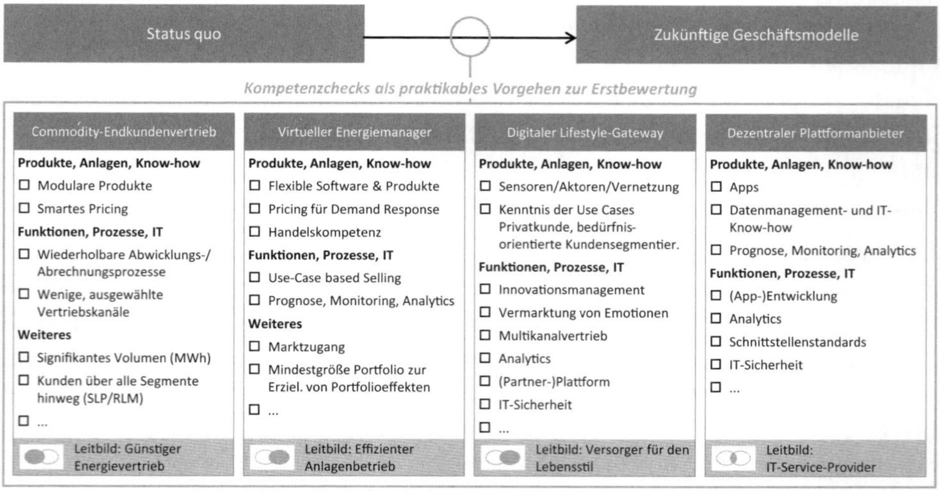

Bild 14.5 Zukünftige Geschäftsmodelle und Kompetenzen

Vor dem Hintergrund der skizzierten Unsicherheiten empfiehlt es sich für Unternehmen, anstelle der Entwicklung einzelner Geschäftsmodelle mit den oben skizzierten Risiken gezielt auf die Entwicklung von zukunftsfähigen Kompetenz(bündeln) zu setzen. Diese wiederum sollten als Grundlage für eine ganze Reihe von relevanten Geschäftsmodellen dienen. Insofern baut die abschließende Festlegung der zu verfolgenden Geschäftsmodelle und -felder auf den festgelegten Kompetenzbündeln auf und nicht andersherum.

Der Entwicklungsprozess ist ein iteratives Vorgehen, bei dem die Diskussion um Kompetenzen im Vordergrund steht. Prinzipiell ist es sinnvoll, eine „Longlist" an potenziellen Geschäftsmodellen anzulegen, um die Kompetenzbündel zu bewerten. Für die Identifikation und Festlegung der Kompetenzbündel bietet sich ein mehrstufiges Verfahren an: Unternehmensstrategie und Vision bilden zunächst den strategischen Rahmen für die Identifikation relevanter Geschäftsfeldcluster bzw. deren expliziten Ausschluss. Zusätzlich sollten die in den Clustern benötigten Kompetenzen definiert und diskutiert werden. Dies kann entweder Top-down auf Cluster-Ebene oder Bottom-up durch die Analyse einzelner Geschäftsfelder oder auch -modelle geschehen. Entscheidend in diesem Schritt ist ein adäquates Abstraktionsniveau der Analyse, ohne zugleich wesentliche Details zu vernachlässigen. Hierfür ist ein Verständnis für und Expertise in der Umsetzung von Commodity- und Non-Commodity-Geschäftsmodellen unerlässlich.

Als nächstes erfolgt der Abgleich der Kompetenzbündel mit den eigenen vorhandenen Kompetenzen im Sinne einer Gap-Analyse. Daraus leitet sich die strategische Frage ab, welche Kompetenzen das Unternehmen zukünftig selbst abdecken will und welche durch Kooperationspartner eingebracht werden sollen. Bei der Beantwortung dieser Frage bietet es sich an, Kompetenzen (weiter) aufzubauen, die in einer Vielzahl von Clustern bzw. Geschäftsfeldern Verwendung finden. Letztendlich gilt es dann, die Optionen für den Kompetenzaufbau zu entwickeln und in eine Roadmap zu überführen. Bestandteil dieser Roadmap ist dann auch die Entwicklung der entsprechenden Produkte. Nachdem die Kompetenzbündel entwickelt sind, sollten potenzielle Geschäftsmodelle detailliert bewertet bzw. erste Pilotprojekte dazu aufgesetzt werden, um diese Kompetenzen zu entwickeln. Ein wesentlicher Erfolgsfaktor ist gleichzeitig eine regelmäßige Überprüfung und Weiterentwicklung des Kompetenzzielbildes, um auf die dynamischen Veränderungen in jungen Märkten reagieren zu können.

Kompetenzorientierung bietet vielfältige Vorteile

Dieses skizzierte Vorgehen bietet eine Reihe von Vorteilen gegenüber dem rein geschäftsmodellgetriebenen Ansatz. Wesentlicher Punkt ist die Verringerung des Risikos von Fehlinvestitionen im Fall des Scheiterns von Geschäftsmodellinnovationen, da dieselben Kompetenzen in weiteren Feldern zum Einsatz kommen. Dies erlaubt eine höhere Umsetzungsgeschwindigkeit, da auf erprobtes Know-how zurückgegriffen werden kann. Zugleich bietet der Ansatz einen robusten Entscheidungsrahmen für die Auswahl und Verfolgung weiterer zukünftiger Geschäftsfelder und -modelle und beschleunigt dadurch die Entscheidungsfindung. Schließlich kann bei der kompetenzorientierten Herangehensweise das Thema Zusammenarbeit mit anderen Versorgern, aber auch anderen Branchen, unter neuen Blickwinkeln betrachtet werden, weil sich z. B. die Kompetenzen der Wettbewerber in Zukunft ergänzen.

14.4 Fallbeispiele

Die einzelnen Beispiele bei den Geschäftsmodellprototypen haben schon deutlich gemacht, dass es bereits eine Vielzahl von Unternehmen auch in der dezentralen Energiewelt gibt, die sich aktiv am Markt bewegen. Die folgenden drei Fallbeispiele beschreiben das konkrete Vorgehen einiger Firmen detaillierter[1]. Als Beispiele wurden dabei bewusst Vertreter von drei unterschiedlichen Firmentypen (großes Energieversorgungsunternehmen, Stadtwerk, internationaler Technologiekonzern) mit sehr unterschiedlichen Herangehensweisen gewählt, um die unterschiedlichen Ansatzpunkte zu verdeutlichen.

14.4.1 Pilotprojekte als Grundlage für die Kompetenzentwicklung

Für einen großen deutschen Energieversorger wurde im Rahmen des Strategieprozesses deutlich, dass der Abwärtstrend im Commodity-Geschäft (Vertrieb von Strom, Gas, Wärme) die Erschließung neuer Erlösquellen notwendig machte. Allerdings hatten die Vorstudien im Bereich Non-Commodity (z. B. Smart-Home-Produkte) und in der dezentralen Energiewelt (z. B. Demand-Response-Lösungen) gezeigt, dass für diese Geschäftsansätze eine Reihe von Kompetenzen fehlten. Neben der strategischen Frage, welche Kompetenzen in Zukunft im Haus vorhanden sein müssten bzw. welche Kompetenzen auch durch Partner besetzt werden könnten, wurde auch das Fehlen von praktischer Umsetzungserfahrung deutlich. Um diese Themen gezielt anzugehen, wurde auf Basis einer Geschäftsfeld- und Kompetenzanalyse wie in Abschnitt 14.3 beschrieben ein Zielbild entwickelt. Um dieses zu erreichen und zugleich schneller zu lernen, entschied man sich, möglichst viele Technologien parallel zu pilotieren. Aus diesem Grund wurde eine Projekt-GmbH gegründet, die Pilotprojekte mit verschiedenen Partnern – z. B. Technologie-Lieferanten, öffentliche Einrichtungen, Wohnungsbaugesellschaften, Forschungsinsti-

1 Vor dem Hintergrund, dass es sich um konkrete Projektbeispiele von The Advisory House handelt und die Projekte auch noch laufen, werden die Kundennamen nicht offengelegt.

tute – zu unterschiedlichen Themen – z. B. aus dem Bereich E-Mobility, Smart Home, Gebäudeautomatisierung – entwickeln und umsetzen sollte. Die Projekt-GmbH diente dabei zum einen als Schnittstelle in die verschiedenen Bereiche und Abteilungen im Konzern, zum anderen entwickelte und erweiterte sie die notwendigen Kompetenzen zur Steuerung der Pilotprojekte unter Anwendung der strategischen Vorgaben des Konzerns. So wurden die Pilotprojekte bei der Auswahl nicht allein nach dem finanziellen Wertbeitrag beurteilt, sondern auch danach, zu welchen Kompetenzzielen sie ggf. beitragen würden, etwa zur Projektsteuerung in Kooperationsverbünden, zu Erfahrungen im Hardware-basierten Endkundengeschäft oder zu Plattform-Modellen im Bereich Smart Home. Im Zweifel wurden dann eher Projekte verfolgt, die zu den gewünschten Kompetenzbündeln beitragen würden, als die rein wirtschaftlich attraktivsten. Neben inhaltlichen Themen wurde besonderes Augenmerk darauf gelegt, unterschiedliche Kooperationsmodelle mit denselben Partnern zu testen. Die Pilotprojekte wurden deshalb entweder als eigenständige GmbHs, in denen die Partner z. T. auch Gesellschafter waren, oder als klassische Projekte aus der Projektgesellschaft heraus betrieben. Bei Letzterem wurde Wert auf eine Erfolgsbeteiligung der Partner gelegt und entsprechende Konstrukte für die Zusammenarbeit entwickelt – z. B. neben meilensteinbasierter Zahlung auch Upsides für eine schnellere Lieferung oder eine kostengünstigere Umsetzung.

Um die Erfahrungen aus den Piloten auszuwerten, wurden die Pilotprojekte alle sechs Monate einer Bewertung unterzogen, in der neben dem traditionellen Messen des Projektfortschritts auch projektübergreifende Themen wie der Einsatz von Software oder Analyticstools, aber auch Erfahrungen bzgl. der Kooperationsmodelle adressiert wurden. Das Ergebnis wurde an die Leiter der einzelnen Projekte zurückgespielt, mit der Bitte, die Erkenntnisse im eigenen Projektvorgehen zu berücksichtigen bzw. zu begründen, warum sie im eigenen Projekt keine Anwendung finden sollten. Auf Basis der Pilotprojekte und des regelmäßigen Vergleichs der Kompetenzen hat das Unternehmen ein breites Spektrum an kundennahen IT-Kompetenzen (z. B. Analytics für Kundenbedürfnisse) und ein dediziertes Partnerschaftsmodell (inkl. technischer Voraussetzungen für die Einbindung externer Partner) als Grundlage für die Kooperationsgespräche aufgebaut. Teile der IT-Kompetenzen werden inzwischen im Commodity-Geschäft eingesetzt. Die im Abschnitt 14.3 beschriebenen Prototypen dienen dabei als Grundlage für die Einordnung der verfolgten Geschäftsmodelle und die Ableitung der übergreifenden Kompetenz-Roadmap.

14.4.2 Innovation Hub außerhalb der Regelorganisation

Für ein deutsches Stadtwerk stand die Frage, inwiefern der Zugang zu Privat- und Gewerbekunden in Zukunft besser genutzt werden könnte, im Mittelpunkt der strategischen Diskussion. Ein Ergebnis der Analyse war, dass der bisherige Innovationsprozess nicht ausreichte: Zwar wurden Innovationen in einzelnen Unternehmensbereichen vorangetrieben, jedoch gab es keinen strukturierten, an der Unternehmensstrategie ausgerichteten Innovationsprozess, an dem entlang Ideen generiert, bewertet und über mehrere Stufen hinweg stetig präzisiert und zu einem fertigen Produkt oder Geschäftsmodell weiterentwickelt wurden. Vor dem Hintergrund der sich abzeichnenden Marktveränderungen durch die Dezentralisierung und Digitalisierung entschied man sich, einen „Innovation Hub" zu gründen, um in diesem außerhalb der Regelorganisation alle Innovationstätigkeiten zu bündeln. Neben der Entwicklung neuer Geschäftsmodelle sollten die Zusammenarbeit mit Start-Ups und weiteren Partnern aus Wirtschaft und Wissenschaft etabliert sowie interne Prozessinnovationen vorangetrieben werden.

Um die Bedeutung von Innovationen zu unterstreichen und dem Innovation Hub das notwendige organisatorische Gewicht zu verleihen, wurde dieser direkt dem Vorstandsvorsitzenden zugeordnet. Parallel zu Gründung des Hubs wurde mit der Besetzung der Stellen begonnen: Die Kombination von erfahrenen Stadtwerksmitarbeitern mit einem breiten Netzwerk innerhalb der Organisation und Mitarbeitern von außen mit Kompetenzen in neuen Märkten und Technologien sowie im Innovationsmanagement sollte sicherstellen, dass auf diese Weise einerseits möglichst innovative Ideen entstehen konnten, andererseits aber auch der Bezug zu den Realitäten innerhalb des Stadtwerks nicht verloren ging. Diese Zielsetzung spiegelt sich auch im gelebten Innovationsprozess wider: Ein Großteil der Ideen werden innerhalb des Hubs generiert, parallel dazu finden Kreativ-Workshops mit interessierten Mitarbeitern oder externen Experten statt. Aus diesen mehreren hundert Ideen im Ideenpool werden die benötigten zukünftigen Kompetenzen strukturiert abgeleitet. Hierbei leistet die Zuordnung der Ideen auf Geschäftsmodell-Prototypen einen wichtigen Beitrag. Außerdem werden auch Innovationen im Kontext existierender Kompetenzen adressiert, um diese Kompetenzen weiterzuentwickeln z. B. der Einsatz von Data Analytics im Bereich Kundenlebenszyklusmanagement. Die Entscheidung über den Aufbau bestimmter Kompetenzen oder den Ausbau existierender Kompetenzen erfolgt im Rahmen des regulären Strategieprozesses in Abstimmung mit der Gesamtstrategie des Unternehmens.

Für die Abschätzung der heutigen Fähigkeiten und des Potenzials kann wiederum die Einschätzung der Mitarbeiter eine wesentliche Rolle spielen. Daher werden die Ideen des Ideenpools den Mitarbeitern aus verschiedenen Unternehmensbereichen in verschiedenen Workshops und Roadshows nicht nur zur Bewertung aus Zielkundensicht, sondern auch aus Unternehmenssicht vorgestellt. Mögliches Ergebnis kann dabei sein, dass Ideen entweder technologisch und/oder kulturell zu weit weg sind, dann kann die Empfehlung lauten, diese Kompetenzen nur extern über einen Partner einzukaufen. Ein solches Vorgehen wurde bei der Entwicklung und dem Vertrieb der lokalen App angewendet, da man sich auch zukünftig nicht als Softwarehaus sieht. Im Gegensatz dazu wurde aus dem Feedback abgeleitet, dass man Modelle im Kontext der Infrastruktur-Lösungen und des Virtuellen Energiemanagements selbst anbieten möchte. Vor diesem Hintergrund wurde damit begonnen, einerseits die entsprechenden Geschäftsmodelle und Produkte (bspw. Contracting-Lösungen und Mieterstrom-Modelle sowie Energiemanagement-Services) aufzubauen, andererseits schuf man mit einer eigenen Abteilung mit dem notwendigen technischen Know-how die Grundlagen für den Rollout dieser Geschäftsmodelle. Nachdem erste Piloten erfolgreich umgesetzt wurden, liegt die Herausforderung nun darin, die neuen Produkte und Projekte in den Regelbetrieb zu überführen, d.h. den Massenmarkt zu adressieren. Im gesamten Prozess zeigt sich deutlich, wie wichtig die regelmäßige Abstimmung mit den existierenden Einheiten ist, um das „Not-invented-here"-Syndrom zu vermeiden.

14.4.3 Technologiefirma wird Energieversorger

Ein internationaler Technologiekonzern hat auf der Suche nach neuen Geschäftsfeldern außerhalb des Kerngeschäfts im Rahmen mehrerer Strategieübungen den Energiemarkt im Privatkundensegment als zukünftigen Zielmarkt definiert. Idee dahinter war, von den vergleichsweise niedrigen Eintrittsbarrieren im dezentralen Energiegeschäft zu profitieren und zugleich das bisher rudimentäre Geschäft mit Privatkunden signifikant auszubauen. Strategisches Ziel war, über einen Zeitraum von fünf bis sieben Jahren einen eigenständigen Geschäftsbereich zu etablieren. Um dieses Ziel zu erreichen, wurde zunächst eine detaillierte Marktanalyse hinsichtlich Trends, Treibern und neuen Geschäftsoptionen durchgeführt. Dann wurden für ausgewählte Ideen, z.B. dezentrale Erzeugung, Energiespeicherung und Elektromobilität, sogenannte Garagenteams aufgesetzt, die den Auftrag hatten, ein konkretes Geschäftsmodell zu entwickeln und geeignete Kandidaten für Akquisitionen zu identifizieren. Ursprünglich waren drei Teams am Start, die im weiteren Verlauf auf sieben Teams ausgebaut wurden, wobei zwischenzeitlich zwei Themen wieder eingestellt wurden. Die Garagenteams standen zueinander im Wettbewerb um interne Ressourcen wie Mitarbeiter, aber vor allen um finanzielle Ressourcen. Zunächst wurden die Investitionen in die einzelnen Teams unabhängig voneinander getätigt, um den Teams einen Markteintritt zu ermöglichen, und z.T. wurde auch mehr als eine Akquisition getätigt, um das identifizierte Geschäftsmodell (z.B. Kombination bestimmter Wertschöpfungsstufen) schneller zu realisieren. Im Verlauf der Jahre wurden die Investitionen immer stärker am strategischen Ziel „eigenständiges Geschäftsfeld" mit Fokus auf Privatkunden ausgerichtet.

Nach ca. fünf Jahren wurden die einzelnen Geschäfte als eigenständiger Geschäftsbereich in den Konzern konsolidiert, um so die nächste Wachstumsphase einzuleiten. Die strategische Bewertung im Zusammenhang mit der Geschäftsbereichsgründung ergab einige interessante Erkenntnisse für die Neuausrichtung des Bereichs: Als große Herausforderung stellte sich für den Konzern das Thema Regionalität des Energiegeschäfts heraus, da die einzelnen Energiemärkte sehr unterschiedlich strukturiert und reguliert sind. Das ursprüngliche Ziel, möglichst globale Hardware-Produkte zu verkaufen, konnte so nicht umgesetzt werden, allerdings zeigte sich auch, dass Software- und Servicekomponenten sehr wohl international entwickelt und vertrieben werden können. Hierin liegt nun ein Fokus des Geschäftsfeldes. Die Softwarekompetenz wurde inzwischen zentral gebündelt und bestimme Elemente (z. B. agile Projekte, Data Analytics) werden durch das Kerngeschäft genutzt.

Eine weitere Herausforderung lag im Auf- bzw. Ausbau des Privatkundenvertriebs. Hier wurden im Laufe der Jahre Partnerschaften u. a. mit Stadtwerken entwickelt (Kooperation anstatt Wettbewerb), aber auch mit Telekommunikationsunternehmen, um eine höhere Marktpenetration zu erreichen. Inzwischen kommt der Technologiekonzern mit seinen Produkten und Lösungen dem Bild des Energieversorgers immer näher, wobei weniger die Erzeugung von Energie und die Belieferung mit Strom oder Gas gemeint ist, sondern die Bereitstellung von Produkten und Software, ergänzt um Managementservices im Sinne des im Abschnitt 14.3 beschriebenen Infrastruktur-Lösungsanbieters in Kombination mit dem virtuellen Energiemanager.

14.5 Fazit

Es besteht weiterhin ein hoher Bedarf an Energie, der durch Anlagenbetreiber befriedigt wird. In einer dezentralen Welt nimmt die Heterogenität in der Erzeugungslandschaft jedoch zu, nicht nur hinsichtlich der Eigentümerstruktur der Anlagen, sondern auch technologisch durch den vermehrten Einsatz von erneuerbaren Energien und Speicherlösungen. Die physikalische Verteilung des Stroms erfolgt weiterhin durch Stromnetze, aber nicht mehr zwangsweise durch die des öffentlichen Netzes, sondern auch etwa in Microgrids. Neue Vermarktungsplattformen und Vertriebsmodelle ermöglichen es, den dezentral erzeugten Strom quasi vor Ort zu vermarkten und zu nutzen.

Das größte Potenzial wird jedoch durch die digitale Durchdringung und Vernetzung auf der dezentralen Seite erreicht. Waren früher zur Steuerung von Anlagen technische Nachrüstungen erforderlich, gehören Kommunikations- und Steuermodule heutzutage in der Regel zur Grundausstattung von Anlagen. Der Informationsaustausch zwischen Einzelanlagen ermöglicht es zum einen, Aufgaben und Geschäftsmodelle der zentralen Energiewirtschaft auf dezentraler Ebene zu realisieren. Zum anderen etablieren sich neue Geschäftsmodelle und Marktspieler. So sammeln etwa Plattformmodelle Daten verschiedenster Herkunft und nutzen diese zum Angebot von Dienstleistungen. Diese reichen von energiewirtschaftsspezifischen (Visualisierungen von Verbrauchsdaten, Abrechnungsservices von Mieterstrommodellen etc.) hin zu Lifestyle-Anwendungen im Privatkundensegment (z. B. Smart Home).

Die Digitalisierung ist der Motor für all diese Entwicklungen. Eintrittsbarrieren für Technologien oder Mindestanlagengrößen werden mit zunehmender Vernetzung von dezentralen Anlagen aufgeweicht. Die Flexibilität auf Erzeugungs-, Verbrauchs-, Speicher- und Netzseite kann besser genutzt und optimiert werden. Dadurch wird die Integration der erneuerbaren Energien beschleunigt. Nicht zuletzt lassen digitale Netzwerke und Plattformen die Energiewirtschaft mit weiteren Domänen verschmelzen. Getrieben wird dieser Trend von mehreren technologischen Entwicklungen. Beispielsweise sind industrielle und private Geräte zunehmend miteinander vernetzt und kommunizieren autonom (Internet of Things). Produktionsgüter bis hin zu ganzen Fabriken werden vernetzt und verbessern Effizienz und Effektivität in der Produktion (Industrie 4.0, M2M Kommunikation). Mobile Endgeräte in Verbindung mit Cloud-Anwendungen ermöglichen den Zugriff auf Daten und Dienstleistungen von überall und ersetzen gleichzeitig stand-alone IT-Infrastrukturen. Kurz gesagt, nahezu jede neue Technologie produziert Daten, die massenhaft gespeichert werden.

Die Beschaffung, das Handling und die Auswertung von Daten sind die Grundlage für die Anpassung bestehender und Entwicklung neuer Geschäftsmodelle. Damit bringt die Digitalisierung Wachstumschancen am Markt, gleichzeitig eröffnen sich Effizienzsteigerungspotenziale für bestehende Unternehmen, insbesondere in der klassischen zentralen Energiewelt.

Um erfolgreich in diesem Marktumfeld zu agieren, empfehlt es sich, anstelle eines rein geschäftsmodellgetriebenen Ansatzes die Geschäftsmodelle ausgehend von Kompetenzbündeln zu entwickeln und im Zweifel die Entwicklung der Kompetenzen als geschäftsmodellübergreifendes Element prioritär voranzutreiben.

Nachdem die bisherigen Best Practices oft eine Managementperspektive mit verschiedenen Branchenschwerpunkten eingenommen hat, greift das folgende Kapitel den physischen, intelligenten Produktkern auf. Ein Teil der Intelligenz muss dezentral über die Produkte mit eingebracht werden. Aufgrund der absoluten Menge der Produkte liegt hier ein Schwarm mit sensorischen und kommunikativen Fähigkeiten, ein „vernetzter Sensorschwarm“, vor. Der korrespondierende Begriff „smart dust“ (intelligenter Staub) spiegelt die Menge und Größe der Systeme wider. Niedrige zulässige

Kosten und indirekt auch die damit verbundenen Berechnungsfähigkeiten und ein geringer Energiebedarf sind hier Schlüsselfaktoren. Der zweckgerechte Einsatz derartiger Technologie bedarf umfassender Planung, spezialisierter Algorithmen und sorgfältig ausgewählter Komponenten hinsichtlich der Leistungsfähigkeit und des Energiebedarfs.

Das Kapitel leitet in wissenschaftlicher Weise erforderliche Teilaspekte her, gibt aber auch konkrete Anwendungs- und Applikationshinweise zur Umsetzung dieser Aspekte und Methoden.

■ 14.6 Literatur

[Fra 13] Fraunhofer Institute for Solar Energy Systems: Levelized Cost of Electricity – Renewable Energy technologies. Studie 11/2013. URL: *https://www.ise.fraunhofer.de/content/dam/ise/en/documents/publications/studies/Fraunhofer-ISE_LCOE_Renewable_Energy_technologies.pdf* (Zugriff am 15. 2. 2017).

15 Sensornetze und Schwarmintelligenz in industriellen Anwendungen

Volker Skwarek

Abstract

In diesem Kapitel wird nach einer Einleitung in die verteilte Sensorik für Industrie-4.0-Anwendungen zunächst ein kurzer Überblick über den Stand der Technik bei der Erforschung von drahtlosen Niedrigenergienetzwerken gegeben. Daraus ergeben sich Anforderungen für den Energiehaushalt, die hergeleitet und durch exemplarische Berechnungen untermauert werden. Im nächsten Schritt werden daraus Ansätze für verteilte Algorithmen in Sensorschwärmen abgeleitet und demonstriert, mit deren Hilfe sich Funktionen und Fähigkeiten zwischen Schwarmteilnehmern weitergeben lassen. Schwarmortung und digitale Produktsicherheit werden als konkrete Anwendungsfälle für Schwarmsensorik vorgestellt. Zum Abschluss wird ein Ausblick auf weitere Anwendungen und naheliegende Forschungsschritte gegeben.

■ 15.1 Einleitung

Der Sammelbegriff Industrie 4.0 für die Digitalisierung der Produktionsumgebung ist in seinen Ausprägungen nicht klar abgegrenzt. Im Gabler Wirtschaftslexikon heißt es hierzu: „Industrie 4.0 ist ein Marketingbegriff, der auch in der Wissenschaftskommunikation verwendet wird, und steht für ein ‚Zukunftsprojekt' der deutschen Bundesregierung. Die sog. vierte industrielle Revolution zeichnet sich durch Individualisierung bzw. Hybridisierung der Produkte und die Integration von Kunden und Geschäftspartnern in die Geschäftsprozesse aus." [Ben 16]

Konkreter wird es in dem offiziellen Strategiepapier der Bundesregierung zu dem oben genannten Projekt: „Über die intelligente Fabrik hinaus werden Produktions- und Logistikprozesse künftig unternehmensübergreifend vernetzt, um den Materialfluss zu optimieren, um mögliche Fehler frühzeitig zu erkennen und um hochflexibel auf veränderte Kundenwünsche und Marktbedingungen reagieren zu können." [BMWi]

Hieraus wird deutlich, dass es sich bei der Industrie-4.0-Initiative um eine ganzheitliche, sowohl horizontale als auch vertikale Digitalisierung über den Produktionslebenszyklus und über die gesamte Kette der Produkterstellung hinweg handelt. Innerhalb dieser Kette werden oft Systeme von „Big Data" erwähnt. Es werden also komplexe Informationsverarbeitungs- und Steuerungssysteme konzipiert, die in der Lage sind, eine Vielzahl von Daten aus unterschiedlichen Informationsquellen zu sammeln, zu verifizieren, zu fusionieren und zu analysieren, um daraus beispielsweise mit Verfahren der künstlichen Intelligenz neue Steuerungs- und Prozessinformationen zu gewinnen.

Dieses Kapitel betrachtet die Industrie-4.0-Aktivitäten genau aus der umgekehrten Perspektive: der Datenproduzenten – der Sensoren. Industrie 4.0 basiert auf idealerweise allgegenwärtigen Informationen, auf deren Basis die Prozessabsicherung erfolgen soll und kann. Im Sinne einer der Ur-Veröffentlichungen zum Internet of Things, die an der Universität von Berkeley entstand, handelt es sich dabei um intelligenten Staub (engl.: smart dust) [Kah 99: 1 f.]. Dieser Staub bildet auf Basis minimalistischer Sensorknoten mit maximalen Restriktionen in Bezug auf Größe, Energievorrat und Funktionsumfang große Sensornetzwerke.

Industrie 4.0 geht von flexiblen, dynamischen Produktionsansätzen aus, die durch vernetzte Systeme bedarfsabhängig gesteuert werden können. Für die Steuerung ist eine ubiquitäre Zustands- und Datenerfassung der schon produzierten oder noch zu produzierenden Güter erforderlich. Folglich müssen nicht nur die Produktionssysteme, sondern auch die Produkte selbst zumindest in geringer Form intelligent und vernetzt sein.

Aus diesem Produktwissen – dem digitalen Gehirn der (Teil-)Produkte – lassen sich Eigenschaften ableiten, die für die nächsten Produktionsschritte wichtig sind.

Darüber hinaus ist es aber auch möglich, Sicherheitseigenschaften in die Produkte einzubauen, die eine unautorisierte Vervielfältigung oder zumindest die Produktnutzung unterbinden.

Neben dem Produktentstehungsprozess sind auch das Gütermanagement und die Güterausbringung wichtige Aspekte des industriellen Umfeldes: Für eine optimale Logistikkette ist es wichtig, die Güterposition überwachen zu können. Weiterhin wäre es insbesondere in der Verarbeitung empfindlicher Güter etwa in der Lebensmittelindustrie wünschenswert, wenn Produkte ihre Qualität selbst überwachen können.

Da es nur schwer möglich ist, die Vielzahl dieser Anforderungen vorwiegend über zentrale Systeme zu überwachen, muss ein Teil dieser Intelligenz dezentral durch die Produkte mit eingebracht werden. Aufgrund der absoluten Menge der Produkte liegt hier ein Schwarm mit sensorischen und kommunikativen Fähigkeiten, ein sogenannter vernetzter Sensorschwarm, vor. Der korrespondierende Begriff „Smart Dust“ (intelligenter Staub) spiegelt die Menge und Größe der Systeme wider und assoziiert damit auch deren niedrigen zulässigen Kosten und indirekt die damit verbundenen Berechnungsfähigkeiten und den Energiebedarf. Der zweckgerechte Einsatz derartiger Technologie bedarf umfassender Planung, spezialisierter, teilweise verteilter Algorithmen und sorgfältig ausgewählter Komponenten hinsichtlich der Leistungsfähigkeit und des Energiebedarfs.

In diesem Kapitel werden Rolle und Ausprägungen von Sensornetzen sowohl aus der Sicht der Forschung als auch der praktischen Implementierungsmöglichkeiten diskutiert. Dazu geht Kapitel 15.2 zunächst auf den Umgang mit energetischen Restriktionen der mobilen Sensoren als oberste Prämisse ein. Kapitel 15.3 erläutert Optimierungspotenziale durch Schwärme und Schwarmintelligenz. In den Kapiteln 15.4 und 15.5 werden mit digitalem Gedächtnis, Produktabsicherung und Ortung wesentliche Anwendungspotenziale von Sensorknoten vorgestellt, bevor Kapitel 15.6 mit einem Ausblick schließt.

■ 15.2 Bedeutung der Energieoptimierung

Die Verfügbarkeit und der Einsatz von Energie stellen die Kernrestriktion mobiler, drahtloser Sensorknoten dar. Deren Größe und Gewicht, die durch die Mobilitätsanforderungen vorgegeben sind, bestimmen im Wesentlichen Aktivitätszeit, -umfang und Sensorlebensdauer. Insbesondere bei der Lebensdauer sind zwei verschiedene Zeitangaben zu unterscheiden: Die **Betriebszeit**, die bis zum nächsten Ladevorgang definiert ist, und die **Gesamtlebensdauer**, bestimmt durch die Systemalterung – im Wesentlichen durch den Energiespeicher.

Die Energiespeicher selbst haben hinsichtlich der Energie- und Leistungsdichte im letzten Jahrzehnt keine signifikanten Fortschritte erzielt. Der Stand der Technik für mobile Anwendungen basiert noch immer auf Lithium-Technologien und entsprechende Fortschritte wurden lediglich in Detailaspekten wie Lebensdauer, Selbstentladung oder Gesamtsystemgröße durch optimiertes Elektrodendesign erreicht. Gerade bei der Gesamtsystemgröße und dem -gewicht ist besonders zu beachten, dass nicht die theoretische Speicherdichte von Relevanz ist, sondern dass alle Maßnahmen zur Transportierbarkeit des Systems wie Elektrodenaufbau, sicheres, transportfähiges Gehäuse oder auch thermische Betriebsbedingungen in Betracht gezogen werden müssen. Somit behält der klassische Lithium-Akku weiterhin seine Bedeutung (s. Bild 15.1).

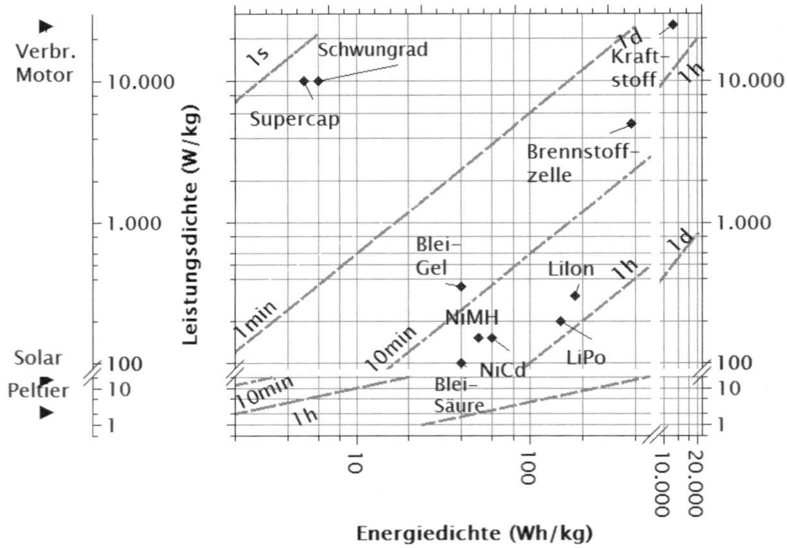

Bild 15.1 Ragone-Diagramm mit Leistungsdichten, Energiedichten und Betriebsdauern bei maximaler Belastung für unterschiedliche Energiequellen. Links: Aus verfügbaren Daten im Vergleich dargestellte Leistungsdichte mobiler Generatoren

Aufgrund dieser deutlichen Begrenzung der Energieverfügbarkeit muss somit der Dreiklang aus Verfügbarkeit, Bedarf und Regeneration optimiert werden. In den folgenden Unterkapiteln werden diese Teilaspekte exemplarisch behandelt und neben Methoden der Energierückgewinnung auch ein Architekturkonzept zur Energiebedarfsoptimierung diskutiert.

15.2.1 Energiegewinnung durch Harvesting

Idealerweise verfügt ein Sensorknoten immer über ausreichend viel Energie, um die erforderlichen Aufgaben erfüllen zu können. Dabei sind drei Szenarien denkbar:

- Es ist jederzeit ausreichend viel Energie vorhanden, sodass keine speziellen Maßnahmen am Endsystem umzusetzen sind.
- Der Sensor verfügt über ein dynamisches Energiemanagement, in dem er im Rahmen einer Mindestaufgabenerfüllung je nach Energieverfügbarkeit sein Aktivitätslevel selbst steuert. Hierzu ist in der Regel ein internes Prädiktionsmodell erforderlich, das vorhersagt, in welchem Umfang welche zukünftige Messaufgabe wieviel Energie erfordert und wann der nächste Nachladevorgang erfolgt.
- Der Sensor führt so lange seine Messaufgabe aus, bis der Energievorrat erschöpft ist, lädt dann die Energiespeicher nach und setzt anschließend die Messaufgabe fort. Ein prädiktives Energie-Aktivitätsmanagement wird hier in der Regel nicht eingesetzt.

Ein sehr wichtiger Aspekt aller drei oben genannten Szenarien besteht darin, wie und wie viel Energie nachgeführt wird. Um hier bei dezentralen, weit verteilten Sensor-Aktor-Systemen auf eine drahtgebundene Energieversorgung verzichten zu können, wird mittlerweile sehr intensiv erforscht, wie Umgebungsenergie durch sogenanntes Harvesting gewonnen werden kann. Es handelt sich dabei um ein sehr aktuelles und umfassendes Forschungsgebiet, das hier nicht einmal übersichtsweise dargestellt werden kann. Diese ist aber beispielsweise in der Literatur [Kann 08] oder im Internet [Sch] zu finden. Eine schematische Übersicht über Harvesting, also die Energiegewinnung aus der Umgebungsenergie, gibt Bild 15.2.

Für die Auswahl eines geeigneten Verfahrens gibt es keine Empfehlungen, sondern es sind immer individuelle Designkriterien aus Energiemenge, Leistung – also der maximal entnehmbaren Momentanenergie –, Energiedichte – also dem erforderlichen Volumen – und Bauraum zu betrachten. Beispielsweise kann für eine Dauerenergieversorgung eines Sensors in einem Strömungskanal der Bauraum nahezu unerheblich sein, sodass hier auf ein Turbinenrad zurückgegriffen werden kann, während für dieselbe Applikation an anderer Stelle aufgrund der Bauhöhe und der Lichtverhältnisse auf eine Solarzelle zurückgegriffen werden muss.

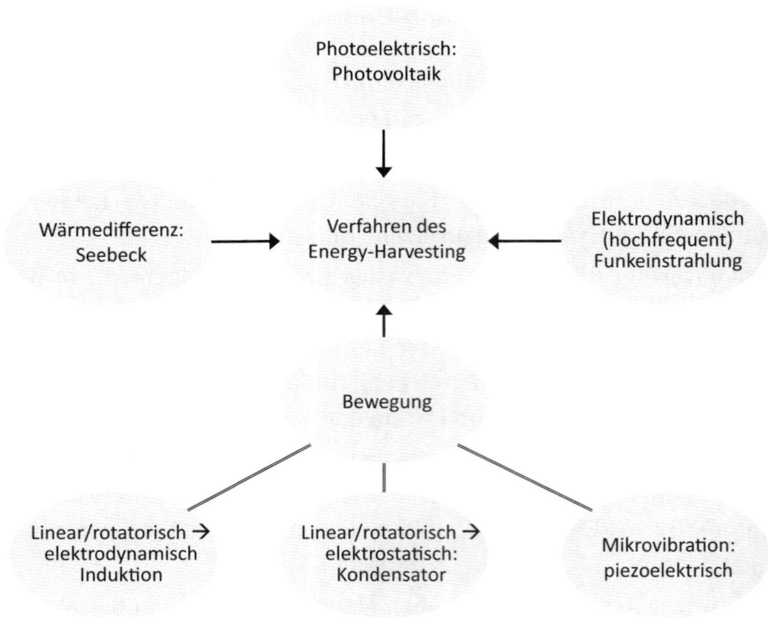

Bild 15.2 Verfahren des Energy-Harvesting in der Mikroelektronik

15.2.2 Energiearchitekturmodell zur Bedarfsoptimierung

Im Sensorknoten wird der Energiebedarf an vielen Stellen derart beeinflusst, dass eine punktuelle Optimierung möglicherweise nicht nur von geringer Effizienz, sondern vollständig wirkungslos oder sogar kontraindiziert sein kann, wenn sie nicht strukturell ganzheitlich konzipiert ist.

Beispielsweise stellt die Speicherkonzeption eine energetische Herausforderung dar: So werden bei üblichen Niedrigenergiecontrollern in der energetisch geringsten Betriebsart die Inhalte der Registerspeicher und des statischen flüchtigen Speichers (SRAM), also des schnellsten, in der Regel prozessornahsten RAM verloren [ST 15: 14; Tex]. In diesen Speichern befinden sich aber alle wesentlichen Betriebsinformationen einschließlich der Verweise auf Rücksprungadressen in Unterprogrammen und ähnliches. Folglich ist es erforderlich, diese Informationen vor Eintritt in diese Betriebsart in einen nichtflüchtigen Speicher zu verschieben. Derartiger Speicher benötigt jedoch zum Beschreiben mehr Energie als flüchtiger Speicher, sodass Schreib-Schlaf-Leseintervalle optimiert werden müssen, um eine Energieersparnis und nicht sogar einen Mehrbedarf zu bewirken.

Beim Lese- bzw. Schreib-Zyklus für ein ferroelektrisches RAM, das den Speicherinhalt auch im spannungslosen Zustand hält, tritt laut Hersteller Texas Instruments [Tex] ein Stromfluss von 100 μA/MHz für ein 16-Bit-Wort auf. Bei einer geläufigen

32-Bit-Architektur liegen beispielsweise 20 Register vor, deren Werte in einen nichtflüchtigen Speicher verschoben werden müssen, sodass dies hochgerechnet einem mittleren Stromfluss von 4 mA entspräche. Aus einem mittleren operativen Strombedarf von ca. 200 µA gegenüber einem Ruhestrombedarf von ca. 5 bis 10 µA folgt, dass ein Schlafmodus mindestens 20 Sekunden dauern muss, um durch die eingesparten Lese-Schreib-Zyklen im Schlafmodus gegenüber dem Schreiben des FRAM-Speichers Energie zu sparen.

Derartige Auslegungsaspekte müssen auf allen Ebenen des Systementwurfs erfolgen, um nachhaltig zu einer Energieersparnis bei einem Controller, dem Kernelement eines Sensorknotens, zu führen. Um diese Auslegung zu systematisieren, wird in [Skw 16] eine Architektur hergeleitet und erläutert, um den Energiebedarf eines Systems besser planen und abschätzen zu können (s. Bild 15.3).

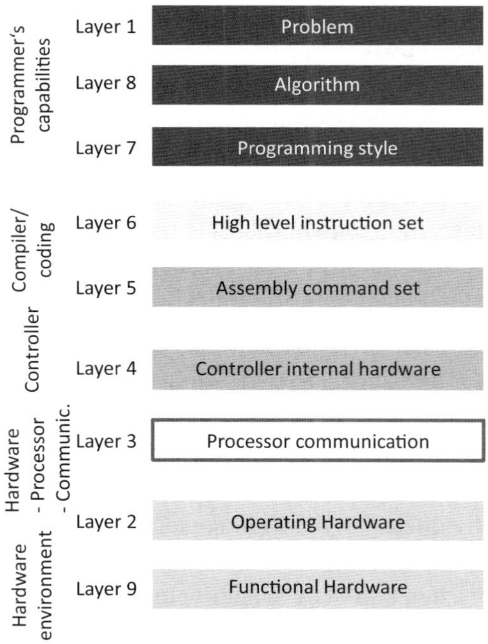

Bild 15.3 Energiearchitekturmodell zur Optimierung des Energiebedarfs

In dieser Architektur wird die Gesamtkonfiguration systematisch ausgelegt, ausgehend von der passenden Problemstellung (Layer 9) über den Entwickler betreffende Aspekte (Layer 7–9), die Compilereinstellungen (Layer 6), den ausgewählten Controller (Layer 4–6), die eingesetzten Kommunikationsverfahren (Layer 3) bis hin zur operativen Umgebungshardware (Layer 1 und 2).

15.3 Die Rolle von Schwärmen, Schwarmintelligenz und digitalem Gedächtnis

Industrie-4.0-Anwendungen gehen von einem hohen Vernetzungsgrad ihrer Systemteilnehmer aus - bis hin zum Smart Dust, bei dem potenziell jeder einzelne Sensor über einen Netzanschluss verfügt. In der Regel wird hier von koordinierten, synchronen Systemen mit einer oder mehreren zentralen Koordinationsinstanzen ausgegangen: eine Maschine, die über Sensorinformationen einen Antrieb steuert, ein Leitstand, der einen Maschinenverbund überwacht und koordiniert, oder ein zentrales Warenwirtschaftssystem, das Materialflüsse in einer Produktionsanlage steuert.

Letztlich besteht aber auch ein sehr hohes Potenzial, die Vielzahl von Teilnehmern untereinander direkt zu vernetzen. Dadurch wird eine weitere Klassifikation, nämlich die des Schwarmes, möglich.

Es existieren zahlreiche Schwarmdefinitionen. Biologisch ist ein Schwarm „ein großer, einheitlich formierter, dreidimensional mobiler Verband (meist anonymer Verband) flugfähiger oder Wasser bewohnender Tiere, z. B. von Vögeln, Fischen (Schwarmfische), Insekten oder Krebsen“ [Lex 99]. Eine technisch systematisierende Definition lautet: „The group of robots is not just a group. It has some special characteristics, which are found in swarms of insects, that is, decentralised control, lack of synchronisation, simple and (quasi) identical members“ [Ben 05: 1].

Hier sei der Einfachheit halber unter Schwarm angelehnt an Beni ein (Sensor-Aktuator-)Kollektiv aus mikroskopischen Individuen verstanden, die durch ähnliche oder übertragbare Fähigkeiten über Kommunikation zwischen Schwarmteilnehmern ganzheitlich, aber nicht zwingend synchron zu agieren vermögen. Die wichtigste Erkenntnis über Schwarmsysteme besteht darin, dass keine zentrale Instanz existiert, die die Individuen der Systeme steuert. Es wird lediglich ein zentraler Auftrag von extern in den Schwarm eingespeist und dieser koordiniert die Auftragsbearbeitung zwischen den Schwarmteilnehmern (s. Bild 15.4).

Ein Schwarm stellt somit ein eigenständig koordiniertes, untereinander kommunizierendes, vernetztes, asynchrones System dar. Es existiert keine zentrale Koordinationseinheit, sondern Aktionen werden kollektiv durchgeführt.

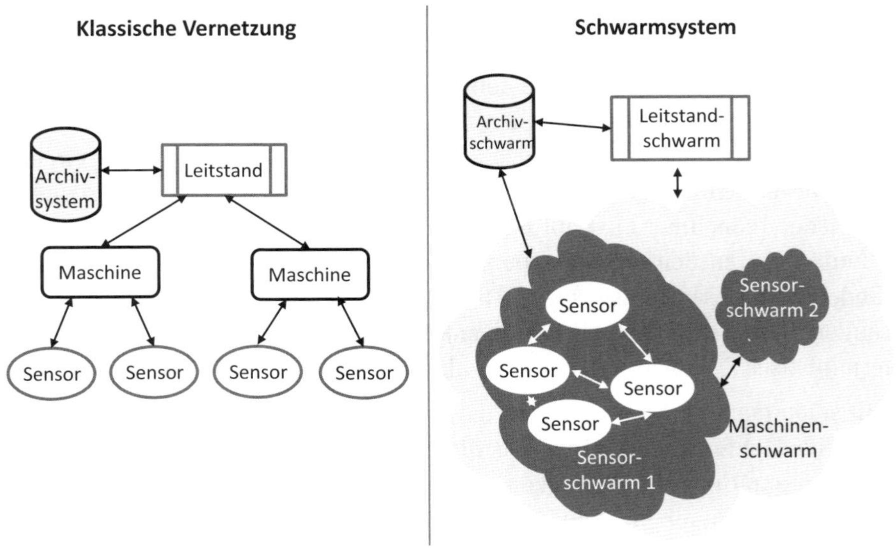

Bild 15.4 Gegenüberstellung eines klassisch vernetzten Systems mit einem Schwarm

Aktuelle Forschungs- und Anwendungsbeispiele im Industrie-4.0-Kontext sind:

- *Fahrerlose Transportsysteme*, die einen Transportauftrag kollektiv durch ein zentrales Dispositionssystem zugeteilt bekommen und diesen dann nach individuellen Kriterien wie Entfernungen zu den Auf- und Annahmepunkten, Transportfähigkeiten, Energiebudget usw. untereinander aufteilen.
- *Verpackungs- und Transportmaterial*, das mit einer intelligenten Briefmarke versehen ist und den Zustand sowie den Produktions- und Transportauftrag einzelner Güter speichern, kommunizieren und untereinander priorisieren kann.
- *Container*, die nicht nur elektronisch ihren Standort, Umschlagplatz, Ziel- und Inhalt kommunizieren, sondern den Inhalt auch hinsichtlich Qualität und Manipulation überwachen. Sollte eine Auffälligkeit aufgetreten sein, wird diese in den Containerschwarm hineinkommuniziert. Dadurch wird sichergestellt bzw. die Wahrscheinlichkeit erhöht, dass diese Auffälligkeit zur Zentrale zurückkommuniziert wird.

In diesem Kontext sind viele Anwendungen denkbar, die auf einem einfachen Schwarmprinzip basieren. Hier ließe sich grundsätzlich diskutieren, ob es sich bei diesen Aktivitäten um eine Ausprägung künstlicher Intelligenz mit dynamischer, priorisierender und lernender Entscheidungsfindung oder nur um einen komplexen Zustandsautomaten handelt, der lediglich komplexe, aber festgelegte Regeln abarbeitet. Da insbesondere der Begriff der Intelligenz noch immer nicht wissenschaftlich klar definiert ist, wird hier auf eine Definition angelehnt an [Ben 05: 4] zurückgegriffen: Ein intelligentes System weist ein nicht eindeutig vorhersagbares Verhalten auf, ohne dabei zufällig zu agieren.

Dabei soll die Diskussion hier auf kognitive Systeme eingeschränkt werden, bei denen das unvorhersagbare Verhalten auf die Wahrnehmung der Systemteilnehmer zurückgeführt wird: Das heißt, die Teilnehmer selbst agieren nach fest vorgegebenen, einfachen und in ihrem Verhalten sogar stark vorhersagbaren Algorithmen. Lediglich die Wahrnehmung jedes einzelnen Teilnehmers ist anders, da nur ein eingeschränkter Ausschnitt der gesamten Schwarmrealität wahrgenommen werden kann. Indem jeder Teilnehmer aber auf Basis der eigenen Wahrnehmung, des Verhaltens der unmittelbaren Schwarmumgebung sowie des lokal verfügbaren, sich ständig veränderndem Gesamtwissens des Schwarms agiert, liegt makroskopisch über den gesamten Schwarm verteilt ein intelligentes System vor, das sich zwar retrospektiv deterministisch – also erklärbar –, aber nicht eindeutig vorhersagbar verhält.

Damit seien noch zwei weitere wichtige Begriffe eingeführt: das digitale Gedächtnis und das Schwarmgedächtnis. Das **digitale Gedächtnis** stellt auf semantischer Ebene die Kenntnisse und Fähigkeiten jedes einzelnen Schwarmelementes dar. In Programmierterminologie sind dies die Methoden und Eigenschaften eines konkreten Objektes. Das **Schwarmgedächtnis** hingegen ist keine konkrete Implementierung, sondern stellt die Summe aller in der Schwarmkommunikation befindlichen Informationen dar, die zwischen den Teilnehmern ausgetauscht werden. Dadurch, dass der Informationsaustausch in der Regel drahtlos erfolgt und somit über eine limitierte Reichweite verfügt, können durchaus lokale Widersprüche der Informationen vorliegen, wenn aus Zeitgründen noch keine ausreichende Konsolidierung zwischen den Schwarmbereichen durchgeführt werden konnte. Das Schwarmgedächtnis selbst ist nur temporär und volatil und würde, so es nicht durch eine externe Instanz aufgezeichnet wird, bei einem deaktivierten Schwarm sofort vergessen werden. Dadurch, dass dieses Gedächtnis über die zeitlich vergangene Interaktion zwischen den Teilnehmern aufgebaut wurde, kann es auch nicht rekonstruiert werden.

15.4 Sensoren als Kopierschutz: Produktwissen und -absicherung im digitalen Gedächtnis

15.4.1 Grundanwendungen des digitalen Schwarmgedächtnisses

Das digitale Gedächtnis, unabhängig davon, ob es sich dabei um ein Einzelgedächtnis oder ein Schwarmgedächtnis handelt, kann an vielen Stellen im Produktentstehungsprozess für unterschiedlichste Zwecke eingesetzt werden. Im einfachsten Fall kann einem einzelnen Produkt beispielsweise eine Identifikation hinzugefügt werden, um dieses im gesamten Lebenszyklus an allen erforderlichen Stellen wie in der Produktion, dem Service oder auch dem Rückbau nachvollziehbar zu machen. Dabei wird in der Regel über zentrale Systeme die digitale Akte bzw. der digitale Lebenslauf dieses Produktes gepflegt, das sich anhand der Identifikation kenntlich macht. Das digitale Gedächtnis des Produktes reduziert sich somit auf einen digitalen Ausweis, der aktuell über Radio Frequency Identification (RFID) technisch umgesetzt wird. Das eigentliche digitale Gedächtnis wird in einem zentralisierten System vorgehalten. In einem solchen digitalen Ausweis als Minimalform des digitalen Gedächtnisses könnten beispielsweise eine produktindividuelle Konfiguration von Fertigungsanlagen oder ein Zustellpfad hinterlegt sein.

Interessante, darüber hinausgehende Anwendungen ergeben sich, wenn das digitale Gedächtnis dynamisch wird. So wird es dann möglich, dass ein Produkt aus und über dessen Umgebung lernt. Dabei soll „lernen" noch keinen menschähnlichen, intelligenten Informationszugewinn bezeichnen, sondern vielmehr das Abspeichern algorithmisch gewonnener Informationen über das Umfeld. Es könnten beispielsweise in einen Container große RFID-Antennen integriert werden und so alle darin befindlichen Produkte, die selbst auch über RFID-Systeme verfügen, regelmäßig auf deren Existenz hin überwacht werden. Der Container hätte dann ein digitales Gedächtnis über seinen Inhalt.

In schrittweisen Erweiterungen werden nun Zusatznutzen hinzugefügt: Wertvolle Produkte könnten mit einem einfachen Bewegungssensor ausgestattet werden und so bei Bewegung selbst ein RFID-Signal an den Container aussenden und eine Manipulation anzeigen. Verderbliche Güter könnten regelmäßig die Eigentemperatur messen und bei signifikanten Änderungen den Transportcontainer informieren oder sogar einen Alarm auslösen. Dies wäre dann die erste Stufe der Schwarmintelligenz, die hier aber der Abgrenzung wegen noch als **Smart Sensor Network** bezeichnet werden soll: mittlerweile nimmt nicht mehr nur die zentrale Instanz die Informationen auf, bewertet und verarbeitet sie, sondern bekommt Zustände auch durch die Teilsysteme – hier: Produkte – aktiv mitgeteilt. Da die Produkte aber noch nicht untereinander kommunizieren, sondern die Informationen nur für höhere Instanzen bereitstellen, liegt hier noch kein Schwarm im engeren Sinne vor.

Ein Schwarm entsteht aus dem beschriebenen System dann, wenn die einzelnen Schwarmteilnehmer – Produkte – die Informationen anderer Teilnehmer aufnehmen, weitergeben und ggf. sogar verarbeiten. In einem solchen Szenario würden beispielsweise nicht alle Produkte in dem Container über alle Sensoren verfügen, sondern Sensorwerte miteinander austauschen bzw. verarbeiten und so daraus lokale Gesamtbilder einer Situation entstehen lassen. Ein solcher Schwarm könnte beispielsweise so strukturiert sein, dass die Produkte in Richtung der Containertüren über mehr Bewegungssensoren verfügen, weil eine Bewegung aus dieser Richtung bei einer Manipulation am wahrscheinlichsten ist. Temperatursensoren wären über den Schwarm näherungsweise gleich verteilt. Dadurch, dass die Sensoren im Containerinneren derzeit über die wenigsten Sensoren verfügen, könnten hier beispielsweise noch weitere Produktqualitätssensoren zur allgemeinen Qualitätsüberwachung während des Transportes verbaut werden.

Alle Schwarmteilnehmer könnten nun asynchron zueinander Informationen aufnehmen, verarbeiten, empfangen, weiterverarbeiten und senden. Durch diesen kontinuierlich ablaufenden Prozess würden permanent alle Teilnehmer ein vollständiges Bild über den gesamten Zustand aller Produkte im gesamten Container erhalten. Hierbei handelt es sich dann um das (digitale) Schwarmgedächtnis. Jedes einzelne Produkt hingegen würde nur die relevanten Teilinformationen im eigenen digitalen Gedächtnis ablegen.

In der weitesten Ausbaustufe steuert das digitale Gedächtnis durch darin abgelegte Fähigkeiten aktiv das Gesamtsystem: Innerhalb der objektorientierten Modellierung umfassen Objekte neben dem Wissen – objektorientiert: Eigenschaften – auch Fähigkeiten – objektorientiert: Methoden. Diese Methoden müssen aber nicht zwingend das Objekt an sich betreffen, sondern können auch für die Weitergabe an und Verwendung durch andere Objekte darin abgelegt sein. Beispielsweise wäre es möglich, dass ein medizinisches Beatmungsgerät unter Verwendung bestimmter definierter Schläuche und Filter besondere Beatmungsmodi aktivieren könnte. Wenn diese Fähigkeit des bestimmten Beatmungsmodus vornehmlich algorithmisch geprägt wäre, könnte sie durch Software gesteuert werden. Eine solche Software könnte im Beatmungsgerät selbst implementiert sein. Dann besteht aber die Gefahr, dass dieser Modus durch Softwaremanipulation unberechtigt aktiviert werden könnte. Wenn ein solcher Algorithmus stattdessen erst durch ein oder mehrere Zubehörteile in Gänze an das Gerät übertragen würde, dann erhält das Gesamtsystem dessen Fähigkeiten erst durch einzelne Schwarmteilnehmer oder sogar erst durch das Zusammensetzen von Teilinformationen aus dem gesamten Schwarm.

15.4.2 Blockchains und das digitale Gedächtnis zur Produktabsicherung

Im Kontext der Digitalisierung von Produkterzeugungsprozessen nimmt die bedarfsabhängige, gegebenenfalls dezentrale Produkterstellung einen immer höheren Stellenwert ein. Gerade bei Systemen mit geringer Stückzahl befinden sich qualitativ hochwertige 3D-Druckprozesse in der Erforschung, die sogar für Flugzeugersatzteile angewendet werden sollen. Folglich liegt die wesentliche Wertschöpfung in der digitalisierbaren und aber somit auch einfach kopierbaren Produktbeschreibung. Die eigentliche Fertigung könnte dann weltweit erfolgen, womit es auch mangels entsprechender Kontrollmöglichkeiten einfacher möglich wäre, unlegitimierte Kopien zu erzeugen. Um dies zu verhindern, befinden sich Identifikationstechnologien wie beispielsweise RFID im Einsatz, die in die regulären Produkte integriert werden.

Derzeit lassen sich solche Identitäten aber noch sehr einfach kopieren und somit stehlen, wodurch erneut illegitime Kopien möglich werden.

Aus der Forschung bekannt ist hier der Einsatz von Blockchain-Technologien: In geschützte Chips, sogenannte Kryptochips, werden Identitäten integriert. Der Aufwand, sie zu kopieren, ist für bisher bekannte Technologien damit zu hoch. Es ist lediglich möglich, über freigegebene Soft- und Hardwareschnittstellen auf diese Systeme zuzugreifen. Informationen werden somit - streng genommen - nicht mehr *ausgelesen*, sondern auf Anfrage *geliefert*.

Um allerdings die Erzeugung, Implementierung und Weitergabe solcher Verfahren zu und zwischen Produkten, im Folgenden auch Knoten und Teilnehmer genannt, gesichert zu legitimieren, werden sogenannte Blockchain-Prozesse verwendet: Beginnend von einer Basisautorität, hier Zentrale genannt, werden alle weiteren Fortschreibungen der Produktidentität und des Produktwissens dezentral durch gegenseitiges Verschlüsseln unter den Knoten vorgenommen und innerhalb des dezentralen Systems selbst geschützt. Hierdurch entsteht ein digitales Produktgedächtnis, das eindeutig einer Identität zuzuordnen ist und nicht unlegitimiert bzw. unnachvollziehbar übertragen werden kann (s. Bild 15.5).

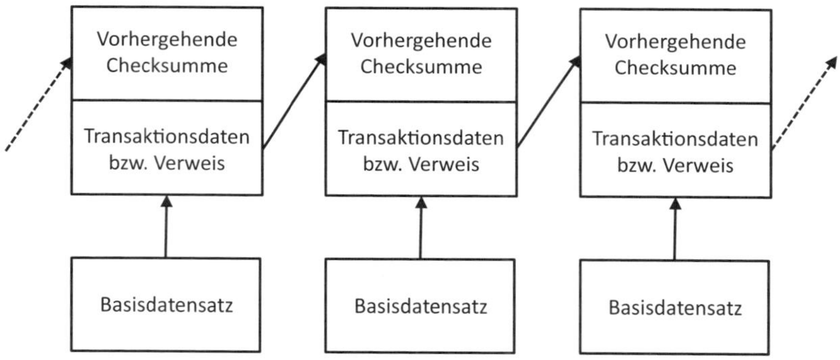

Bild 15.5 Prinzipieller Aufbau einer Blockchain

Es wird deutlich, dass innerhalb einer Blockchain der Vorgängerdatensatz über eine Prüfsumme immer zum Teil des Nachfolgedatensatzes wird. Ein nachträgliches Ändern des Vorgängerdatensatzes würde also zu einer Manipulation der Prüfsumme führen, die dann nicht mehr mit derjenigen übereinstimmen würde, die im Nachfolgedatensatz abgelegt ist. Die Manipulation würde so transparent werden.

Eine interessante Erweiterung der Blockchain bestünde darin, dass Nachfolgeelemente nicht die Prüfsumme des Vorgängers in sich trügen, sondern selbst mit der Checksumme des Vorgängers verschlüsselt wären. Würde ein Vorgänger also manipuliert werden, könnte das Nachfolgeobjekt nicht mehr entschlüsselt werden und wäre somit nicht mehr anwendbar (Bild 15.6).

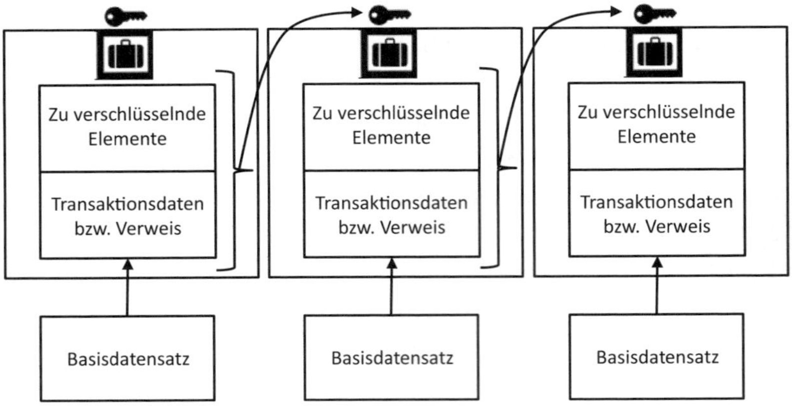

Bild 15.6 Verschlüsselte Blockchain

Nach diesem Konzept können vollständige Algorithmen verschlüsselt an einen neuen Empfänger weitergegeben werden, ohne dass dieser das Wissen nutzen könnte, solange der Sender des Wissens nicht selbst als Schlüssel zu dem Wissen vorhanden ist. Unter Verwendung der oben genannten Kryptochips wäre es auch unmöglich, den ursprünglichen Funktionsträger, der nun noch als Schlüssel dient, vollständig zu kopieren, da der Speicherbereich nicht vollständig extern zugänglich ist. Dieser Knoten müsste also entweder selbst über die Fähigkeit verfügen, sich zu kopieren und seinen eigenen Checksumme-relevanten Speicherinhalt auszulesen, oder er müsste durch die Ursprungsinstanz nochmals neu erstellt werden. Eine unberechtigte Wissens- oder Funktionsweitergabe ist somit nicht möglich, sodass durch die Blockchains ein Lizenzmanagement umgesetzt wird.

Die Rolle des Ursprungsknotens einer solchen dezentralen Blockchain besteht darin, als einmalige Autorisierung allen Elementen, die in dieser Blockchain mitwirken sollen, einen geheimen Ver- und Entschlüsselungsalgorithmus zu übertragen oder sogar nur einen geheimen Schlüssel zur Verwendung in diesem Algorithmus mitzuteilen. Somit ist es nur Teilnehmern möglich, Algorithmen so untereinander auszutauschen, dass sie von anderen Systempartnern überhaupt grundsätzlich entschlüsselbar sind, wenn diese alle einmal vom Basisknoten der Blockchain dazu berechtigt wurden. Ein einfaches Kopieren eines Knotens ist also nicht möglich, da dann entweder der notwendige Entschlüsselungsalgorithmus oder zumindest der Zugangsschlüssel zu diesem Algorithmus nicht vorliegt. Damit wäre dann die Entschlüsselung an sich nicht möglich, selbst wenn die gewünschten Fähigkeiten an sich – verschlüsselt – mitkopiert worden wären.

Dezentrale, autarke Objekte des IoT können so Teile oder Gesamtheiten ihrer Blockchain-Identität einschließlich deren Fähigkeiten an andere Teilnehmer zeitlich begrenzt oder dauerhaft abgeben, um ihr digitales Produktgedächtnis auf andere Objekte zu übertragen. Diese Weitergabe an sich bedarf keiner Legitimation einer zentralen Instanz, außer dass alle Teilnehmer als berechtigte Schwarmteilnehmer zumindest im Entstehungsprozess einmalig durch eine zentrale Instanz authentifiziert oder legitimiert worden sein müssen.

15.5 Innenraumortung durch Schwarmunterstützung

Neben der Produktabsicherung stellt auch die Ortung eine wichtige Anwendung der Kombination von digitalem Individualgedächtnis und Schwarmgedächtnis dar. Durch den Einsatz von Schwärmen lässt sich die Genauigkeit der Positionsbestimmung herkömmlicher Verfahren deutlich steigern. Am Beispiel einer Innenraumortung basierend auf Bluetooth in Verbindung mit Schwarmkommunikation sei im Folgenden gezeigt, wie eigentlich für eine präzise Ortung untaugliche Verfahren durch den Einsatz im Schwarm nicht nur die eigene Positionsbestimmung (Ego-Position) verbessern, sondern sogar Zusatzinformationen über die Umgebung liefern. Wesentliche Beiträge hierzu wurden in [Bor 16] und [Mon 16] erarbeitet.

15.5.1 Grundlagen der Innenraumortung

Auch wenn es eine Vielzahl an Ortungsmethoden gibt – gute Zusammenfassungen finden sich in [Ji 04: Abschn. 2.2] und [Liu 07] –, so basieren die üblichen heute eingesetzten Verfahren auf Lateration: Mehrere stationäre, georeferenzierte Fixpunkte – auch Baken genannt – werden als Informationsbasis verwendet. In elektronischen Ortungsverfahren handelt es sich dabei in der Regel um Sender, die beispielsweise per Funk ihre Identifikationsnummer und Position aussenden. Auf der Basis von abgeleiteten Informationen wie Signalfeldstärke oder Laufzeit lassen sich dann Entfernungen des räumlich unbekannten Objektes zu den Fixpunkten ermitteln, die schließlich über die Schnittpunktbildung der Entfernungsumkreise zur Ego-Position führen. Um ein eindeutiges Messergebnis in der Ebene zu erhalten, sind mindestens drei Fixpunkte erforderlich.

Aufgrund von Messabweichungen entstehen zwischen den Entfernungskreisen keine eindeutigen Schnittpunkte, sondern vielmehr Schnittflächen. Diese werden üblicherweise dadurch minimiert, dass als Basis ein überbestimmtes System aus mehr als nur drei Baken verwendet wird. Diese Überbestimmung führt dann durch den Einsatz von unterschiedlichen Teilmengen der Baken zu mehreren Ego-Positionen. Mit verschiedenen Bewertungsverfahren – in der Regel eine Kleinste-Fehlerquadrate-Methode – lässt sich die vermeintlich echte Ego-Position dann optimiert bestimmen.

Der Nachteil dieser Verfahren besteht darin, dass sie durch die iterative Anwendung von Quadrierung und Radizierung sehr rechen- und vor allem energieintensiv und somit für Niedrigenergieverfahren eher ungeeignet sind.

Eine deutliche Aufwandsreduktion wird hier durch die Verwendung des sogenannten Min-Max-Verfahrens [Gol 10: 72; Lan 03: 504] erzielt (s. Bild 15.7). Dabei werden die Umkreise durch die Tangentialquadrate parallel zu den x- und y-Achsen ersetzt. Die Eckkoordinaten oben rechts und unten links werden dann in jeweils getrennten Listen abgelegt. Die Koordinaten oben rechts stellen die größten Werte – also die Max-Liste – und unten links die kleinsten Werte – die Min-Liste – dar. Aus diesen Listen werden jeweils separiert nach x- und y-Werten das kleinste Wertepaar der Max-Liste und das größte Wertepaar der Min-Liste entnommen. Daraus ergibt sich schließlich ein neues Quadrat der wahrscheinlichen Ego-Position (in Bild 15.7 farblich hervorgehoben).

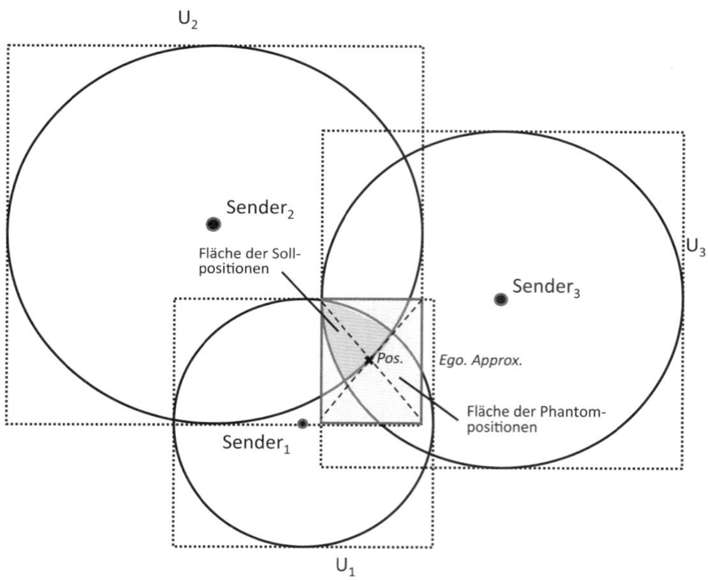

Bild 15.7 Ermittlung der Ego-Position aus Laterations- und Min-Max-Verfahren [Gol 10: 72; Lan 03: 504]

Es fällt auf, dass sich durch diese Approximation auch eine neue – falsche – Aufenthaltswahrscheinlichkeit ergibt, die nach einem streng mathematischen Triangulationsvorgehen über Kreise nicht möglich wäre. Diese Position wird Phantomposition genannt und stellt einen nicht kompensierbaren Verfahrensfehler dar.

Je nach verwendetem Verfahren und Randbedingungen wie Temperatur oder Luftfeuchtigkeit sowie Positionierung der Baken lässt sich hier beispielsweise über die Verwendung von Bluetooth Low-Energy eine 3σ Abweichung zwischen 0,3 m und

1,5 m erreichen [Bor 16: Kap. 6]. Durch zusätzliche Störeffekte wie Abschattung oder Reflexion vergrößert sich der Effekt entsprechend.

15.5.2 Ortungsverbesserung durch Schwarmkommunikation

Diese abweichenden Positionsbestimmungen lassen sich durch die Kommunikation zwischen den Schwarmteilnehmern korrigieren. Durch den Informationsaustausch untereinander wirkt jeder Schwarmteilnehmer den anderen Teilnehmern gegenüber erneut wie eine Bake, die die eigene Position mitteilt. Dadurch, dass nun die Ego-Position bekannt ist und eine weitere, neue Bake in Form eines anderen Schwarmteilnehmers zur Ortung bereitsteht, kann jetzt eine Entfernung untereinander sowohl aus den Positionsdifferenzen berechnet als auch über die Feldstärke gemessen bzw. approximiert werden. Eine Mehrfachwiederholung dieses Vorganges zwischen unterschiedlichen Schwarmteilnehmern führt schließlich zu einer sehr starken Konvergenz in Richtung der echten Ego-Position. Der große Vorteil dieses Verfahrens besteht neben der sehr einfachen Berechnungsmethode darin, dass ein Schwarmteilnehmer anhand der Applikation, des Auftrages oder auch aufgrund des Energiebudgets selbst entscheiden kann, nach wie vielen Ortungsiterationen die Positionsverbesserung genügt (s. Bild 15.8).

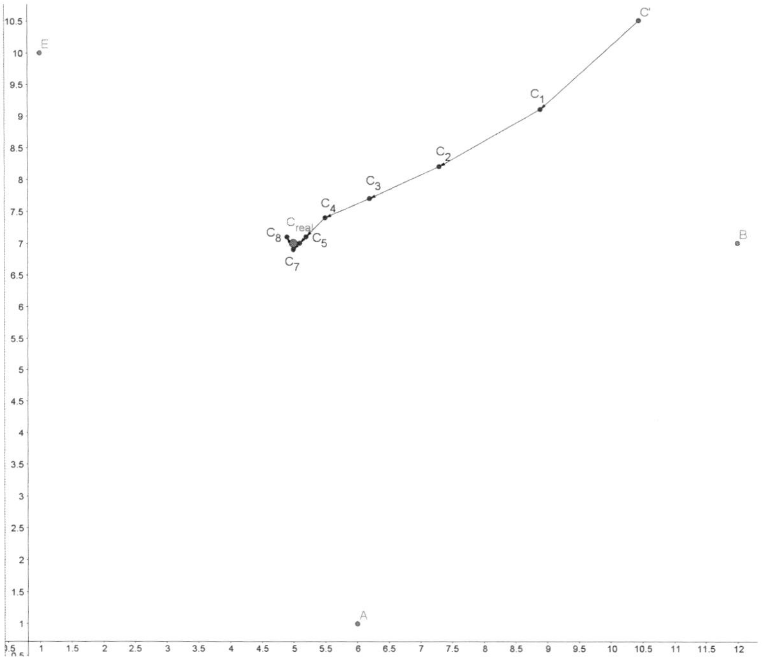

Bild 15.8 Konvergenz eines real an Position (5;7) liegenden Punktes C, der aufgrund von Ortungsfehlern zunächst an Position (10,5;10,5) geortet wurde, durch Ortungsiterationen

Neben dieser eigentlichen Positionsverbesserung lassen sich durch das Schwarmkommunikationsverfahren, das ausführlich in [Skw 16a] beschrieben wird, noch zusätzliche vorteilhafte Informationen entnehmen und verarbeiten:

- Die Positionen und geschätzten Entfernungen zu anderen Nachbarknoten. Wenn der Empfänger der Nachricht diese Nachbarknoten auch direkt empfangen kann, liegen nur drei Positionsinformationen vor, die sich auswerten lassen: Die übermittelten, berechneten Positionen, die gemessene Position über die Feldstärkemessung und die indirekte Position über die Kommunikation mit einem weiteren Knoten. So lassen sich zusätzliche Optimierungsverfahren entwickeln.
- Indem alle Schwarmteilnehmer solche Informationen versenden, lassen sich sukzessive Schwarmkarten erstellen. Unter der Prämisse, dass zwei miteinander kommunizierende Knoten nicht alle dieselben Teilmengen des Schwarmes sehen, erhalten sie so Informationen durch den jeweils anderen Knoten, anhand derer sie den jeweils unsichtbaren Teil des Schwarmes rekonstruieren können. Indem diese Karten als Teil der Nachricht mitkommuniziert werden, wird die Summe der digitalen Einzelgedächtnisse zu einem übergeordneten Schwarmgedächtnis, das beispielsweise ein dritter, externer Teilnehmer ggf. sogar ohne eigene Ortungsfähigkeiten zu einer Gesamtkarte zusammensetzen könnte. Ein Beispiel für eine ortungsoptimierende Minimalkommunikation ist im Bild 15.9 dargestellt. Dabei wird eine Karte kommuniziert, in der
  - der Ego-Knoten die eigene ID und Koordinaten,
  - die IDs und Koordinaten der unmittelbar sichtbaren Nachbarknoten mit Koordinatenkorrekturvorschlag gemäß eigenen Berechnungen und
  - die IDs und Koordinaten aller nicht sichtbaren anderen Schwarmteilnehmer inklusive der erforderlichen zwischengeschalteten Schwarmpartner zur Weiterübertragung der Informationen (Hoppzahl)

mit übertragen werden.

Ego-Knoten	ID	x/y-Koordinate				
Liste direkter Nachbarknoten	ID	x/y-Koordinate	x/y-Korrekturvorschlag	...		
Liste indirekter Knoten	ID	x/y-Koordinate	Hoppzahl	...		

Bild 15.9 Übertragungsprotokoll einer Schwarmkarte als Teil des Schwarmgedächtnisses

- Durch die iterativen Abläufe aus Eigenpositionsermittlung, Ortungsverbesserung durch Umgebungsvergleich sowie Plausibilisierung über direkte und indirekte Ortung wie oben beschrieben lassen sich noch Zusatzinformationen über

Raumgeometrien, Hindernisse, Verschattungen und Reflexionen gewinnen. Beispiel: Bei einer Nachbarschaft mit vier Knoten, die alle durch den Ego-Knoten direkt empfangen werden können, könnten zu einem der vier Knoten permanente Ortungsabweichungen auftreten. Diese Ortungsabweichungen müssten durch eine eigene Positionskorrektur vermindert werden, was aber den Positionsfehler zu den anderen Knoten deutlich vergrößern würde. Auch die Kommunikation mit den anderen Knoten bestätigt die ausreichend genaue Berechnung der eigenen Position sowie die Ego-Position des einen abweichenden Knotens. Dies wäre ein Hinweis darauf, dass alle Positionen ausreichend korrekt berechnet wurden und lediglich ein Hindernis zwischen Ego-Knoten und abweichendem Knoten zu einer Feldstärkedämpfung führt. Dadurch ist eine direkte Ortung zwischen diesen beiden Knoten nicht möglich – aber der Schluss auf Anomalie im Raum kann zwischen den Knoten in der Karte markiert werden.

Somit lassen sich durch die Verwendung und Auswertung von Schwarmkommunikation sowohl Berechnungsverfahren vereinfachen und in ihrer Genauigkeit durch die individuellen Teilnehmer steuern als auch Zusatzinformationen gewinnen, die über herkömmliche Positionsberechnungen nicht möglich gewesen wären. Die Kombination aus individuellem Gedächtnis und Schwarmgedächtnis sowie der Austausch von Gedächtniskomponenten führen so zu einem deutlichen Mehrgewinn eines Schwarmes gegenüber Einzelteilnehmern.

15.6 Zusammenfassung

In diesem Kapitel wurde gezeigt, dass das Internet of Things bzw. dessen Anwendung im Bereich Industrie 4.0 in einer Ausbaustufe der stark dezentralisierten Vernetzung autarke Sensorknoten erfordert. Durch diese – auch energetische – Autarkie müssen solche Knoten als Niedrigenergiesysteme in einer ganzheitlichen Energiebedarfsbetrachtung beispielsweise gemäß der Niedrigenergieentwurfsarchitektur ausgelegt werden. Hierdurch ist es dann möglich, viele Knoten nicht nur als statisches Netzwerk, sondern auch als mobilen Schwarm zu implementieren.

Ein solcher Schwarm kann dann durch eine spezielle Speicherstruktur – auch digitales Gedächtnis genannt – Teile seiner Informationen und seiner Fähigkeiten weitergeben. Die Summe aus allen Individualgedächtnissen, die durch die Kommunikation zwischen den Schwarmteilnehmern nach außen hin sichtbar werden, wird Schwarmgedächtnis genannt. Dieses Schwarmgedächtnis ist ein temporärer Zustand, der nicht im Schwarm gespeichert wird und sich in unterschiedlichen räumlichen Teilen des Schwarmes sogar widersprechen kann. Energieverlust würde auch zum sofortigen Verlust des Schwarmgedächtnisses führen, das unter realen Umständen in dieser Art auch nicht exakt reproduziert werden kann.

Die Mischung aus Individual- und Schwarmgedächtnis führt dann zu erweiterten Möglichkeiten wie beispielsweise der Fähigkeitsübertragung zwischen Schwarmteilnehmern und somit zu Produktsicherheitseigenschaften oder Kopierschutz.

Letztlich ergibt sich aber auch die Schwarmortung als eine Auswertung von wenigen Zusatzinformationen, die durch die Kommunikation zwischen Schwarmteilnehmern entstehen. Durch mehrfache Iteration lässt sich so eine konvergierende Verbesserung der Eigenpositionsabweichung erreichen, die ohne Schwarmkommunikation nur mit deutlichem Mehraufwand seitens der Berechnung und somit einem weit erhöhten Energiebedarf möglich wäre.

Nachdem in den Best Practices insbesondere einzelne Schwerpunkte zu Umsetzungen gesetzt wurden und der Faktor Mensch mit den beiden Aspekten Führung und Wissensmanagement der menschlichen Aktivierung sowie Erhaltung und Vervielfachung von Wissen im Mittelpunkt stand, wird im abschließenden Kapitel „Lessons Learned und Vorgehensweise zum Aufbau von Smart Services" wieder eine ganzheitliche Meta-Betrachtungsweise eingenommen. Strukturiert nach neun Gestaltungsbereichen wird eine Outside-in-Systematik zur Entwicklung von Smart Services im IoT-Umfeld vorgestellt und zum Smart Services Engineering überführt.

Wesentliche Erfolgsfaktoren, Werkzeuge, Erfahrungen, Hinweise und Quick-Wins der Unternehmenspraxis. werden wieder zusammengeführt und eingeordnet. Eine Gesamtbetrachtung rundet das Kapitel ab.

15.7 Literatur

[Ben 05] Beni, Gerardo: From Swarm Intelligence to Swarm Robotics, in: Şahin, Erol u. a. (Hrsg.): Swarm Robotics. Revised Selected Papers. Berlin, Heidelberg, S. 1 - 9.

[Ben 16] Bendel, Oliver: Stichwort Industrie 4.0, in: Springer Gabler Verlag (Hrsg.), Gabler Wirtschaftslexikon. URL:*http://wirtschaftslexikon.gabler.de/Archiv/-2080945382/industrie-4-0-v2.html* (Zugriff am 15.2.2017).

[BMWi] Bundesministerium für Wirtschaft und Energie, Referat Öffentlichkeitsarbeit: Industrie 4.0. Online-Artikel (o. J.) URL *http://bmwi.de/DE/Themen/Industrie/industrie-4-0.html* (Zugriff am 4.12.2016).

[Bor 16] Bornholdt, Lorenz: Konzeption, Berechnung und Implementierung eines Bluetooth-Low-Energy Indoor Ortungssystems. Hamburg, Hochschule für angewandte Wissenschaften Hamburg, Bachelor Thesis, 2016.

[Gol 10] Goldoni, Emanuele u. a.: Experimental Analysis of RSSI-based Indoor Localization with IEEE 802.15. 4, in: Wireless Conference (EW), European: IEEE (2010), S. 71 - 77.

[Ji 04] Ji, Xiang: Localization Algorithms for Wireless Sensor Network Systems. Philadelphia, The Pennsylvania State University, Dissertation, 2004.

[Kah 99] Kahn, Joseph M. u. a.: Next Century Challenges. Mobile Networking for Smart Dust, in: Proceedings of the 5th annual ACM/IEEE International Conference on Mobile Computing and Networking. New York 1999, S. 271 - 278.

[Kan 08] Kanoun, Olfa; Wallaschek, Jörg (Hrsg.): Energy Harvesting. Grundlagen und Praxis energieautarker Systeme. Renningen 2008.

[Lan 03] Langendoen, Koen; Reijers, Niels: Distributed Localization in Wireless Sensor Networks. A Quantitative Comparison, in: Computer Networks 43 (2003) 4, S. 499 - 518.

[Lex 99] Lexikon der Biologie: Stichwort Schwarm. Heidelberg 1999.

[Liu 07] Liu, Hui u. a.: Survey of Wireless Indoor Positioning Techniques and Systems, in: IEEE Transactions on Systems, Man and Cybernetics, Part C (Applications and Reviews) 37 (2007) 6, S. 1067 - 1080.

[Mon 16] Monecke, Milko: Entwurf eines Kommunikationsprotokolls für ein Niedrigstenergie-Schwarmortungsverfahren. Hamburg, Hochschule für angewandte Wissenschaften Hamburg, Bachelor Thesis, 2016

[Sch] Schwanger, Jürgen: Energy Harvesting. Online-Artikel (o. J.). URL *http://www.harvesting-energy.de/* (Zugriff am 6. 1. 2017).

[Skw 16] Skwarek, Volker u. a.: IoT und Sensornetzwerke. Entwurf und Programmierung von Niedrigstenergiesystemen anhand einer Metaarchitektur, in: Informatik. Lecture Notes in Informatic 259 (2016), S. 1917 - 1926.

[Skw 16a] Skwarek, Volker; Monecke, Milko: Niedrigstenergie-Ortungsverfahren nach dem Prinzip der Schwarmintelligenz. Vortrag auf dem VDE-IoT-Kongress Mannheim 2016.

[ST 15] ST Microelectronics: STM32F030x4,STM32F030x6, STM32F030x8, STM32F030xC. Datasheet 2015. URL: *http://www.st.com/content/ccc/resource/technical/document/datasheet/a4/5d/0b/0e/87/c4/4d/71/DM00088500.pdf/files/DM00088500.pdf/jcr:content/translations/en.DM00088500.pdf* (Zugriff 15. 2. 2017).

[Tex] Texas Instruments: MCUs mit nichtflüchtigem Speicher - MSP430FRxx-FRAM - Was ist FRAM - Ultra-Low-Power - *TI.com*. Online-Artikel (o. J.). URL: *http://www.ti.com/lsds/ti_de/microcontrollers_16-bit_32-bit/msp/ultra-low_power/msp430frxx_fram/what_is_fram.page#extended-reading* (Zugriff am 11. 12. 2016).

[Tex a] Texas Instruments: MSP430 Ultra-Low-Power MCUs. In: Texas Instruments (Hrsg.) (2003). URL: *http://www.ti.com/product/MSP430F423A*

TEIL F

Lessons Learned: Die erfolgreiche Umsetzung

16 Lessons Learned und Vorgehensweise zum Aufbau von Smart Services

Arndt Borgmeier, Christina Buchholz und Alexander Grohmann

Abstract

Nachdem bereits viele Aspekte der digitalen Transformation dargestellt wurden, erscheint es sinnvoll, sich an einer systematischen Vorgehensweise hinsichtlich Ablauf und Arbeitsschwerpunkten bei der Entwicklung von Smart Services zu orientieren. Dabei sind die folgenden Empfehlungen als Beispiele und nicht als Vorschrift für eine sequentielle Vorgehensweise zu verstehen. Um die Komplexität zu reduzieren, empfiehlt sich eine einfache, sinnfällige Darstellung, die aktuell auch bei der Moderation von Veränderungsprozessen stark in den Vordergrund gestellt wird. Bei der Begleitung von Firmen und aus Workshops haben sich die in den Unterkapiteln dargestellten Arbeitsbereiche als erfolgversprechendes Strukturierungsinstrument erwiesen. Sie stellen eine Weiterentwicklung der von der Community an Anwendern adressierten Arbeitsbereichen zu Remote Services (Teleservice) dar [Bor 03: 108–111]. *Die neun Gestaltungs- oder Arbeitsbereiche werden in den folgenden Ausführungen beschrieben, mit bewährten Werkzeugen (Tools) und mit praktischen Erfahrungen und Hinweisen unterlegt, um eine systematische Entwicklung von Smart Services im IoT zu unterstützen. Innerhalb jedes dieser Arbeitsfelder wiederum geben die Projektmanagement-Instrumente, von agil bis klassisch anpassbar, Orientierung.*

Schließlich fasst das letzte Unterkapitel wesentliche Erfolgsfaktoren aus dem Buch zusammen und gibt einen Ausblick zu zukünftigen Arbeitsbereichen.

16.1 Ökosysteme und Stakeholder

Das Verständnis für Anwendungsfelder bei Kunden und wesentlichen (potenziellen) Partnern aufzubauen ist eine essenzielle Basis für die digitale Transformation. Charakteristisch ist die oft bereichs- und firmenübergreifende Kooperation. Dabei sind diese nicht nur als Stakeholder zu erfassen, sondern ganzheitlich in Form von Ökosystemen, die geeignet - oft grafisch gestützt - dargestellt werden können. Innerhalb dieser Ökosysteme können Wertbeiträge generiert und umgesetzt werden.

Hilfreiche Ansätze, dieses „Ecosystem Strategy Framework" zu strukturieren empfehlen die drei Hauptstoßrichtungen Evaluate - Envision - Effect [Mir 14]. Diese bewerten die zugrunde liegenden Bedingungen, bauen und beschreiben die Vision sowie die Hebel zur Wertschöpfung in diesem Gestaltungsbereich.

Diese Vorgehensweise wird durch die Instrumente der klassischen Umfeld- und Markt- bzw. Wettbewerbsanalysen ergänzt. Neben dem Branchenwettbewerb erlangen hier Porters Five Forces [Por 80] als Strukturierungskriterien sogar eine gesteigerte Bedeutung, insbesondere hinsichtlich der digital gestaltbaren Kanäle.

Je nach bestehenden Voraussetzungen können Entwicklungsstufen oder Reifegrade unterschieden werden, welche Schwerpunkte der Weiterentwicklung für die Unternehmen indizieren.

Als Tools nutzen führende Unternehmen hierzu neben „klassischen" strategischen Instrumenten z. B. Ecosystem Mappings, Systemmodellierungen, Rollenanalysen, Kundenexploration und Feldanalysen beim Kunden sowie Wertnetzdarstellungen.

16.2 Geschäftsmodell und Value Proposition Design

Nachdem Anwendungsfelder, relevante Systemelemente und deren Beziehungen, Interaktion und Rollen zueinander erfasst, verstanden und geeignet dargestellt sind, erscheint es wesentlich, mögliche Geschäftsmodelle und zugrunde liegende Nutzenversprechen klar herauszuarbeiten. Oft werden dazu workshopartige, bereichsübergreifende Gruppenarbeitsformen angewandt. Ein Erfolgsfaktor aus Sicht der Autoren ist die geeignete Einbindung von Kunden und Partnern.

In der Unternehmenspraxis erscheint den Autoren als Lessons Learned die Herausarbeitung der kundenspezifischen Wertbeiträge oft als besondere Herausforderung: Typischerweise kann dies auf ein unvollständiges Verständnis der Ökosysteme hindeuten. Oft sind auch die Stakeholder bzw. Kundensegmente, die sehr unterschiedlich ausfallen können, nicht vollständig oder spezifisch genug dargestellt.

Die vertrieblich bei Hardware oft genutzte Merkmal-Vorteil-Nutzen-Transformation zum Kunden hin erscheint somit sozusagen rückwärts mit dem Startpunkt Anwendungssystem/Ökosystem gestaltbar.

Der „Rohstoff der Zukunft", Daten, die oft im Ökosystem quasi kostenlos verfügbar sind und teils automatisch anfallen, werden dabei oft gesammelt und zu Informationen aufgearbeitet, welche die Basis für Dienstleistungen sind. Daher sind Remote Services oft wesentliche Kernbausteine bzw. Beiträge von Smart Services.

Ansatzpunkt ist oft eine sogenannte Convenience (hier: Bequemlichkeit/Vereinfachung) für mindestens eines der Systemelemente (Mensch oder auch CPS/Maschine). Diese kann z. B. im Sinne des klassischen Optimierungsdreiecks (Qualität, Zeit, Kosten) interpretiert werden. Sofern Leistungen

- qualitativ besser (auch: risikoloser),
- schneller (auch: bequemer oder einfacher) oder
- kostengünstiger (auch: einfacher)

werden, sind Wertbeiträge zu erwarten und oft auch über Berechnungen von Zeiteinsparungen (Use Cases) quantifizierbar.

Dabei „funktioniert" die Entwicklung des Dienstleistungswertes direkt in positiver Weise (Gains) wie auch indirekt in negativer Denkweise im Sinne von Opportunitätsbetrachtungen (Was spare ich ein?) oder der Befreiung von Problemen (Pains).

Auch Überlegungen hinsichtlich Anfallen und Aufteilung des Nutzens, insbesondere, bei wem welche Anteile davon anfallen können bzw. sollen – beim Servicegeber oder beim Servicenehmer –, sind hilfreich. In Ergänzung zu physischen Produkten ist diese Aufteilung der (wirtschaftlichen) Vorteile („Aufteilung des Kuchens") bei Dienstleistungen hinsichtlich der langfristigen Gestaltung der Geschäftsbeziehung von besonderer Bedeutung.

Eine zeitlich stabile Verteilung und immaterielle Werte wie Vertrauen in Partner (Vertrauensaufbau und Signalisierung) sind Aspekte, die dabei stärker in den Fokus rücken. Dies zeigt sich u. a. in der Ausgestaltung, dem Risikomanagement und einer Aufwertung der Bedeutung und Komplexität vor Vertragsbeziehungen, auf die noch eingegangen wird.

Für die Integration ausgewählter Kunden außerhalb des durchschnittlichen Verhaltens und durchschnittlicher Kundenzufriedenheit bieten sich neben führenden Anwendern (Lead Users: [Hip 09: 113–132]) insbesondere auch unzufriedene oder abspringende Kunden an. Letztere sind aufgrund der klaren Artikulation von Kritik und Unzufriedenheit in der Praxis oft schwer zur Kooperation zu motivieren und erscheinen vielen Unternehmen als „unbequem". Allerdings sind nicht nur im Sinne der Kundenrückgewinnung oft positiv überraschende Erkenntnisse und Beziehungsverbesserungen Resultat der Einbindung. Ein Paradigmenwechsel von Produzenten- zu Nutzerinnovation spiegelt sich in der Rückbesinnung auf Kunden- und Partnerintegration wider.

Bildliche Darstellungen und gelungene Moderation führen hier oft zu einfachen Visualisierungen, zur sichtbaren Integration und gemeinsamem Verständnis der Thematik. Sie erweisen sich oft als Schlüsselfaktoren. Oft werden die Darstellungen in Form von sogenannten Canvases (Leinwanddarstellungen mit mehreren Feldern und grafischen Hilfselementen) angelegt (s. Bild 16.1. Dabei haben sich je nach Zielsetzung unterschiedliche Varianten der Mainstream-Darstellungsformen etabliert: Neben dem Business Model Canvas [Ost 10: 22–45] sind hier insbesondere der VDI-Industrie-4.0-Canvas [VDI 16: 20 f.], der Input- und Outputdimensionen von Partnern in Form von Wertbeitrag, Werttreibern, Verlässlichkeit und Integration von Partnern in den Vordergrund stellt, oder Entrepreneur-orientierten Darstellungen z. B. in Form des Lean Canvas [Bus], welcher unter anderem den „Unfair Advantage“ als Alleinstellung heraushebt, zu nennen.

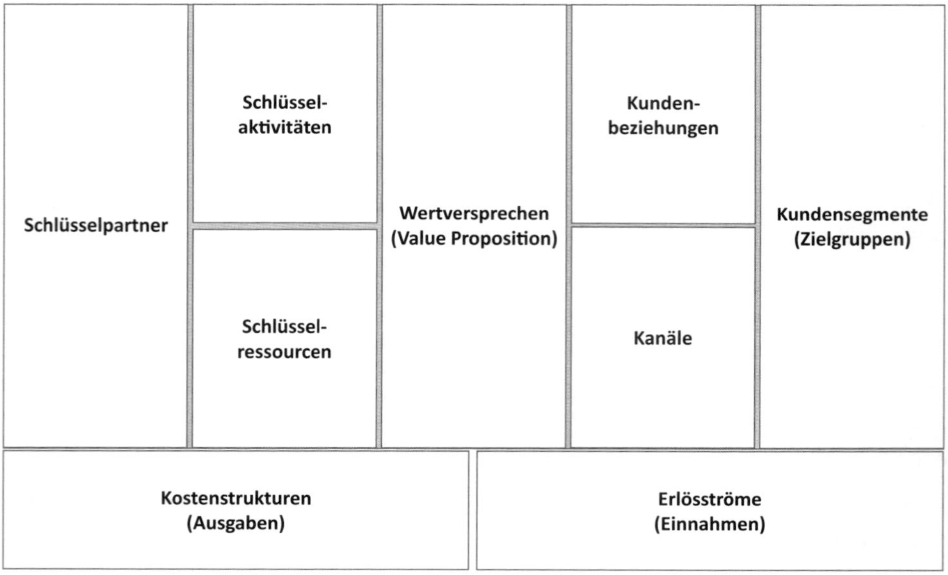

Bild 16.1 Business-Model Canvas in Anlehnung an Osterwalder und Pigneur (*https://strategyzer.com/canvas/business-model-canvas*)

Aus Sicht der Autoren haben sich sowohl Vorgehensweisen zu Digitalen Geschäftsmodellen [Hof 15: 136–319] u. a. mit Schwerpunkten auf Werten und Rollen als auch die systematische Konfrontation zur kreativen Findung meist von Hybridmodellen auf Basis existierender typischer Schemata [Gas 14] bewährt.

Sofern die sogenannte Value Proposition schwer herauszuarbeiten ist, hat sich speziell dafür das Schema des Value Proposition Design [Ost 14: 8 f.] etabliert, bei dem einzelnen Kundenprofilen detailliert Werte zugeordnet werden können.

Mit diesem gemeinsam visualisierten Verständnis des Geschäftsmodells möglicher Zielgruppen und möglicher Wertbeiträge sind wesentliche Rahmenbedingungen zur Produkt- und Leistungsentwicklung gegeben. Diese manifestieren sich insbesondere in Dienstleistungen (Smart Services), die in einem Service-Engineering-Entwicklungsvorgehen – wie physische Produkte auch – systematisch entwickelt werden können.

16.3 Service Engineering: Systematische Dienstleistungsentwicklung

Analog zur Entwicklung von physischen Produkten können nach Verständnis der Ökosysteme und möglicher Geschäftsmodelle nun gezielt Dienstleistungen entworfen werden. Dazu hat sich der Begriff „Service Engineering" im deutschen Sprachraum etabliert.

Denn die Dienstleistungen sind nach der Erfahrung der Autoren die „Wertkristallisation" im Internet der Dinge. Eher als schematische Betrachtungsweise hilfreich denn als mathematisch präziser Ansatz, könnte das folgende Bild dabei hilfreich sein [Fle 14: 9]:

Thing + Informationstechnik/Software/Vernetzung = Funktionen + Services

So könnte man eine mechanische Uhr mittels GPS-Technik, Drucksensoren oder Temperatursensoren und Vernetzung (linke Seite der Gleichung) technologisch zu werthaltigen Leistungen auf der rechten Seite der Gleichung befähigen. Dazu könnten z. B. zählen: die Wiedergabe der Pulsfrequenz, ein Kartendienst, medizinische Datenübertragung zu behandelnden Institutionen. Damit wird die Uhr „smart" und ermöglich vielfältige Services, die teils aus der neuartigen Verbindung unterschiedlicher, bisher oft unverbundener Daten (und Ökosysteme) profitieren. In diesem Fall könnte, wenn eine hohe Herzfrequenz festgestellt wird, eine entsprechende Nahrungsmittelempfehlung (hier: Riboflavine aus roten Früchten) gegeben werden, kombiniert mit dem Standort der nächsten Einkaufsmöglichkeit.

Diese neu entstehenden Dienstleistungen stellen oft die eigentlich neue Wertschöpfung aus dem „Produktionsfaktor der Zukunft", den Daten, dar. Somit erscheint es wesentlich, sich mit der Entwicklung von Dienstleistungen auf Produktebene zu beschäftigen. Diese lässt sich analog zu anderen Entwicklungsvorgehensweisen durchführen. Oft werden dazu Phasenmodelle empfohlen, welche die anstehenden Aufgabenbereiche systematisch beschreiben. Aus der eigenen Beratungspraxis der Autoren empfiehlt sich das Phasenmodell zum Service Engineering [Mei 06] (s. Bild 16.2).

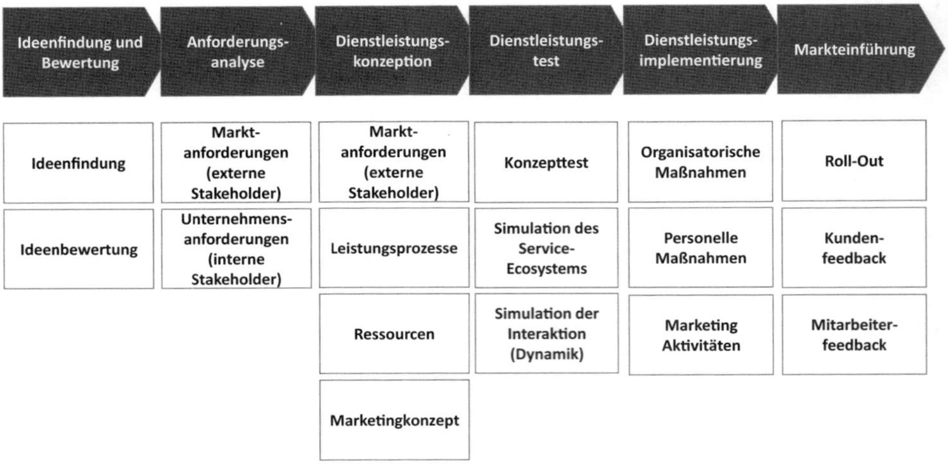

Bild 16.2 Dienstleistungsentwicklungsprozess in Anlehnung an Fraunhofer Institut IAO und Universität Stuttgart (Daniel Zähringer, unveröff. Präsentation 2006)

In der ersten Phase, „Ideenfindung und -bewertung“, ist die Machbarkeit mit Aspekten der Ökosystemstrategie, Marktpotenzial und Projektierungsaspekten zu erarbeiten. Ergebnis ist meist ein Grobkonzept der Services.

In der „Anforderungsanalyse“ werden neben den dargestellten Markt- und Unternehmensanforderungen oft schon erste Preiskalkulationen und sogenannte Use Cases dargestellt. Das Ergebnis wird oft analog zu einem Lastenheft dargestellt.

Die „Dienstleistungskonzeption“ konkretisiert dies in Sub-Konzepten weiter: Hier werden bei Industrie-4.0- bzw. IoT/ M2M-Projekten insbesondere informationstechnische Konzeptionen bedeutsam, welche Wertschöpfung ermöglichen. Dies lässt die technische Ausgestaltung als ein wesentliches Erfolgskriterium erscheinen. Statt als „Pflichtenheft“ werden die Ergebnisdokumente dieser Phase oft als „Vignette“ bezeichnet, die der Kundendiskussion und weiteren Tests zugrunde liegt.

Die „Dienstleistungstests“, die die Markteinführung vorbereiten, reduzieren das Misserfolgsrisiko. Hier ist die Akzeptanz, die u. a. durch die Human-Machine-Interaction-Schnittstelle (HMI) bestimmt wird, zu beachten. Auch Konzepte der „Virtual Reality“, der „Digital Twins“, der Simulation oder des „Servicetheaters“ als Inszenierung von Rollen und menschlicher Interaktion können hier unterstützen. Als Gates fungieren hier Freigaben.

Die „Dienstleistungsimplementierung“ oder „-realisierung“ greift idealerweise die Subkonzepte der Vor-Vorphase konkretisierend bis zu Freigaben auf. Die noch folgenden Gestaltungsbereiche der Autoren greifen wesentliche Bausteine davon noch auf.

Die letztliche „Markteinführung“ nach Produktabnahme und die Begleitung bzw. Weiterentwicklung bildet die Marktschnittstelle ergänzend ab. Sie ist auch Quelle der kontinuierlichen Qualitätsverbesserung im Service-Produktlebenszyklus und der zunehmend offenen, oft kundengetriebenen Innovation.

Lessons Learned: Wichtig für den Serviceerfolg ist es, alle Phasen bzw. Module nicht rein sequentiell, sondern eher wasserfallartig mit Rückkopplungen und teils parallel zu verstehen und zu bearbeiten. In unserem Zusammenhang entscheidend ist dazu die technische Machbarkeit, um die Daten zu Informationen und weiter zu Services zu transformieren.

16.4 Technische Ausgestaltung (Digital Enabling)

Zu technischen Aspekten bestehen im deutschsprachigen Raum vielfältige Orientierungen. Hier seien nochmals die Arbeiten der „Plattform Industrie 4.0“ hervorgehoben [Pla].

Die technische Ausgestaltung ermöglicht eine Differenzierung von Wettbewerbern, den Aufbau von Markteintritts- und Wechselbarrieren (dies begründet insbesondere auch die wirtschaftliche Ausnutzung sogenannter Lock-ins), welche den Kunden/Partner hinsichtlich seiner Wahlmöglichkeiten im Wettbewerb einschränkt (Quasi-Monopole), und senkt im Wesenskern maßgeblich die Transaktionskosten bei den beteiligten Systemelementen und Partnern.

Eine wirtschaftlichen Erfolg versprechende Herangehensweise initiiert die fünf Wertschöpfungsebenen [Fle 14: 8]:

A) Materielles Objekt

B) Sensoren/Aktoren

C) Konnektivität

D) Datenanalytik

E) (Digitale) Dienstleistung

Dabei ist jeder Bereich generell zunächst auch für sich technisch gestaltbar.

Begrifflich hat sich der „Daten-See“ (Data Lake) etabliert. Darin werden Produktdaten, Unternehmensdaten und externe Daten gesammelt, verbunden und der Datenanalyse zugeführt. Nach Analysestufen werden unterschieden [Por 16: 7]:

- Deskriptive Datenanalyse: beschreibt im Wesentlichen, was geschehen ist.
- Diagnostische Datenanalytik: sucht nach Ursachen, warum etwas geschah.

- Prädiktive Analytik: versucht, Folgen vorherzusagen.
- Präskriptive Datenanalyse hat zum Ziel, Handlungsempfehlungen zur Ergebnisverbesserung zu geben.

Dem liegen spezifische Datenstrukturen zugrunde, die sich als Schichtenmodelle u. a. wie im Bild 16.3 darstellen lassen.

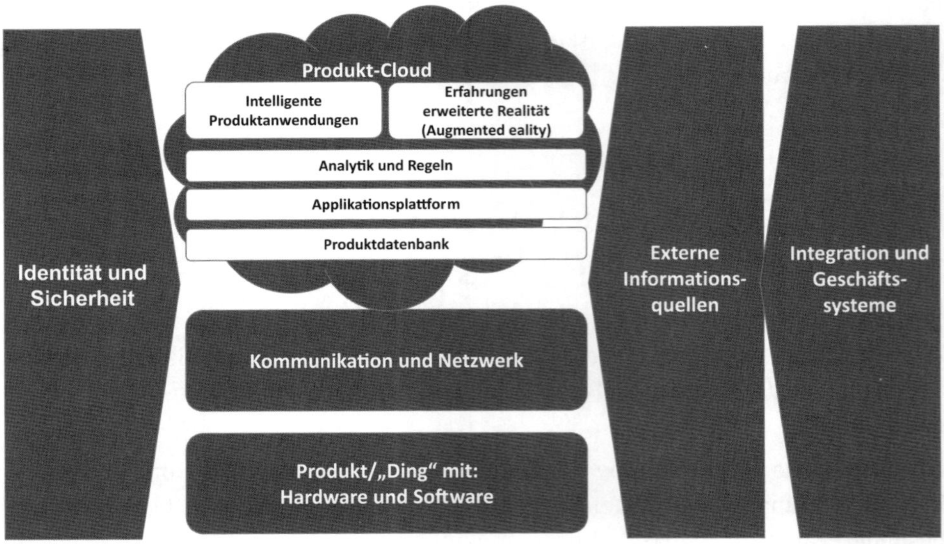

Bild 16.3 IoT-Strukturmodell in Anlehnung an Heppelman und Porter [Por 16: 3]

Die Anforderungen hinsichtlich Antwortzeiten und Echtzeitfähigkeit der beteiligten technischen Devices sind in der Regel hoch, um der Convenience-Maxime gerecht zu werden. Letztlich konkretisiert sich der Wert überwiegend in gestaltbaren und marktfähigen Dienstleistungen. Damit ist bereits die Basis für Dienstleistungsprodukte in Form von „Smart Reporting" gegeben.

Eine hilfreiche Empfehlung ist hier beispielsweise die technische Gestaltung der Verifizierbarkeit/Dokumentation/Traceability z. B. in Form eines digitalen Logbuchs, welche im Streitfalle auch rechtlich hilfreich werden kann.

16.5 Produkte/Services

Dienstleistungen sind „anders" - anders als physische Güter. Dies zeigt sich in vielfältiger Weise und in verschiedenartigen Ausprägungsformen. Besonders interessant erscheinen hierbei die Dienstleistungen, mit denen Lock-in-Effekte ermöglicht werden. Industriell besonders attraktiv und bevorzugtes Anwendungsfeld sind daher oft produktgebundene After-Sales- oder After-Market-Services (Remote Services).

Dienstleistungen sind im Wesentlichen immaterielle Leistungen, die Konsequenzen mit sich bringen. In diesem Zusammenhang hat eine vereinfachte Betrachtungsweise nach einem Black-Box-Ansatz Charme. Sie differenziert die folgenden zugleich existierenden Orientierungen:

a)	Input bzw. eingebrachte Ressourcen der Beteiligten
b)	Dienstleistungsprozesse als kooperative Wertgeneration
c)	Output im Sinne des erfassbaren Ergebnisses des vorhergehenden kooperativen Prozesses

Anhand des vermeintlich einfachen Vorgangs des „Haareschneidens“ lassen sich diese drei Ebenen verdeutlichen. Gleichzeitig zeigt sich eine unerwartete sprachliche Bedeutungsvielfalt:

a)	Ich gehe zum Friseur (ressourcenorientierte Betrachtung)
b)	Ich lasse mir die Haare schneiden (prozessorientierte Sichtweise)
c)	Ich möchte eine schicke Frisur (ergebnisorientierter Schwerpunkt)

Daher hilft in der Kommunikation und bei den Tools, z. B. in der bereits erwähnten Vignettenform, bei der Beschreibung von Dienstleistungen eine ganzheitliche Darstellung auf allen Ebenen.

Besonders die Integration externer Produktionsfaktoren wie Daten, Informationen oder Arbeitsleistung aus dem Bereich/Ökosystem des Servicenehmers ist einzigartig und verlangt eine überlegte, gezielte selektive Einbindung in den Leistungsprozess.

Zur vereinfachten Erfassung der „Natur“ von Dienstleistungen und der daraus folgenden Konsequenzen trägt Tabelle 16.1 bei, die Tendenzen aufzeigt.

Tabelle 16.1 IoT-Schichtenmodell

Kriterien	Sachgut	Dienstleistung
Leistung/Produkt	Materiell	Immateriell
Eigentumsübergang	Beim Kauf	Kein Eigentumsübergang
Wiederverkauf	Möglich	Nicht möglich, nur Wiederverkauf von Anrechten auf die Dienstleistung bzw. Informationen
Begutachtung vor Kauf	Möglich	Unmöglich, Erstellung erst nach Kauf
Quantifizierung des Wertes	Leicht möglich	Problematisch
Standardisierbarkeit	Hoch	Kaum möglich, „doppelte Individualität“
Lagerung	Möglich	Unmöglich, nur Trägersubstanzen (Medien) lagerbar

Kriterien	Sachgut	Dienstleistung
Abfolge Produktion/Konsum	Konsum nach Produktion	Konsum gleichzeitig mit Produktion
Transportierbarkeit	Möglich	Unmöglich, Informationstransport möglich
Herstellung des Produktes	Durch Verkäufer und/oder Zulieferer	Kunde (Leistungsnehmer) ist beteiligt durch externen Faktor, Faktor-Vorkombination bedingt möglich
Kontakt Hersteller und Abnehmer	Indirekter Kontakt möglich	Meist direkter, synchroner Kontakt
Exportierbarkeit	Möglich	Nur der Prozess der Leistungserstellung sowie die Potenzialfaktoren sind exportierbar
Mögliche Qualitätsmängel/ Fehlerquellen	Produktfehler	In der Regel Verhaltensfehler

Quelle: In Anlehnung an [Cor 88: 25; Bor 03: 33]

Dienstleistungen erfordern darüber hinaus Input des Servicenehmers aus seinem Ökosystem und/oder dessen Daten, Informationen, Rechte etc. (externe Produktionsfaktoren). Sie begründen damit einen Transaktions- und Co-Produktionsverbund zwischen Servicegeber und Servicenehmer bzw. deren Ressourcen. Entsprechend hilfreich ist es, Dienstleistungsprozesse nach Anteilen der servicegebenden bzw. servicenehmenden Partei zu erfassen und die Kooperation geeignet zu steuern. In diesem Rahmen bieten sich das Isoleistungslinienkonzept oder das Service-Blueprinting (s. Abschnitt 16.7.1) an.

Die **Isoleistungslinie** stellt die Faktorkombinationen dar, die zu einem vergleichbaren (Iso-)Ergebnis bei unterschiedlichen Aktivitätsniveaus (Arbeitsaufteilung) zwischen Servicegeber und Servicenehmer führen (s. Bild 16.4). Je nachdem, wie weit der Servicegeber oder der Servicenehmer bestimmte Aktivitäten oder Prozesse übernehmen können bzw. wollen, lassen sich verschiedene Aktivitätsgrade unterscheiden. Das Konzept der Arbeitsaufteilung innerhalb der Servicedyade ist hilfreich zur Kundensegmentierung bzw. Prozessautomation.

Ein Mindestaktivitätsniveau vom Servicegeber wird dabei vorausgesetzt. Sofern der Kunde mehr Aktivitäten übernimmt, spricht man von Externalisierung (Customer Self-Services). Sofern der Servicegeber mehr Leistungsanteile übernimmt, verfolgt er eine sogenannte Internalisierungsstrategie. Die Internalisierung ist dabei oft mit Automation bzw. dem Auftreten hinreichend hoher Fallzahlen pro installierter Basis verbunden. Im asymptotischen Kurvenverlauf (Grenzfall) ist der Kunde fast ausschließlich Empfänger der Serviceleistungen – ohne viel dafür zu tun müssen. Für den Fall, dass es dem Servicegeber in diesem Szenario durch Rückwärtsautomatisierung seiner Prozesse gelingt, die gesamte Prozesskette kostengünstiger zu gestalten, prägte IBM den Begriff des „E-Business“: „You have to do more for less (money).“

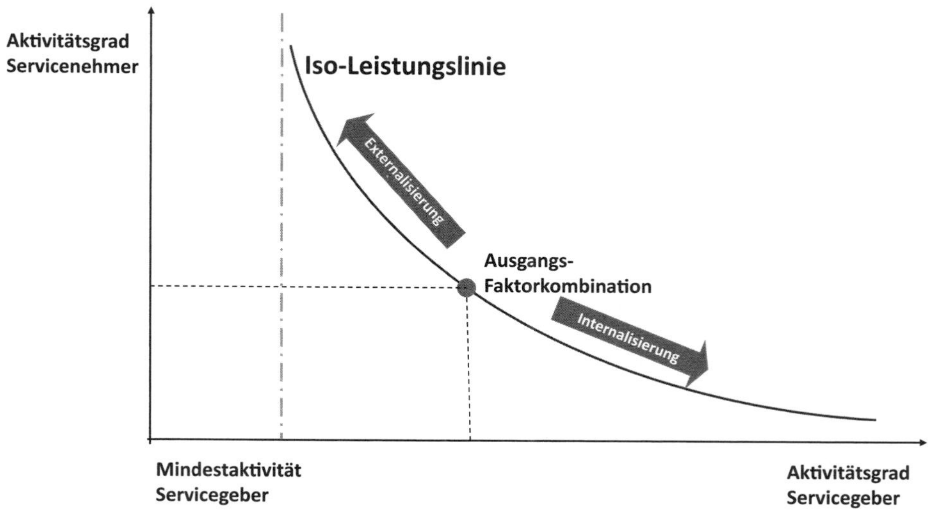

Bild 16.4 Iso-Leistungslinienkonzept (in Anlehnung an: [Mef 03: 53; Cor 00])

Kritisch ist dabei u.a. die nicht mehr vergleichbare Erlebnisdimension, die sich aus den unterschiedlichen Faktorkombinationen ergibt, einen wesentlichen Wert der Dienstleistung begründen kann und die der Vergleichbarkeit von unterschiedlichen Allokationen entgegenwirkt. Auch die reale Quantifizierung in Zeit oder Wertdimensionen ist mitunter nicht eindeutig leistbar.

Im Ergebnis ist das Konzept aber ein hilfreicher „Knoten", in bzw. aus dem methodisch in leistungsstarke Werkzeuge wie Kundensegmentierung, Prozessanalysen und Prozessaufteilungen, Wertgestaltung, differenzierte Kostenbetrachtungen und Vignetten verzweigt werden kann. Nach Meinung der Autoren ist dabei zu vermuten, dass die Bewertung der Kunden-Eigenleistung oder Kundenarbeit selbst seitens der Servicenehmer oft erheblich unterschätzt wird, was erfolgreiche Geschäftsmodelle teils ausnutzen (IKEA-Prinzip).

Ein weiteres Gestaltungselement ist die Preisgestaltung, die bei Dienstleistungen aufgrund der fehlenden Inspektionsmöglichkeit der Servicenehmer stark auf Qualitätsvermutungen beruht. Entsprechend wichtig ist daher die Vermarktung, auf die nun eingegangen werden soll.

16.6 Vermarktung der Smart Services

Neben der unmissverständlichen Darstellung und Erläuterung der Dienstleistung als Produkt in der Vignette verdient dieser Gestaltungsbereich viel Aufmerksamkeit. Letztlich sichert er die Akzeptanz der Serviceleistung.

Zunächst sei in diesem Zusammenhang auf moderne Konzepte des Marketing-Mixes verwiesen. So liefert das 7 P-Model mit den Submixes

- Personnel (Personalpolitik),
- Processes (Prozesspolitik) und
- Physical Evidence/Environment/Facilities (Ausstattungspolitik)

drei zu gestaltende Bereiche im Dienstleistungsmarketing, die den tradierten 4 P-Ansatz der Amercian Marketing Association weiterführen [Mag 86: 45].

Jeder Submix liefert diverse Ansatzpunkte: Dass qualifiziertes Personal als Ressource und Steuerungsinstrument wesentlich ist, erscheint offensichtlich. Auf die Prozesspolitik und auf die Ausstattungspolitik auch unter dem Aspekt der Leistungsfähigkeits-Signalisierung wird im folgenden Gestaltungsbereich Organisation noch mit eigenem Instrumentarium eingegangen.

Für die überwiegend immateriellen oder virtuellen Services werden das sogenannte Signalisierungsverhalten (Signalling) und die Informationspolitik des Servicegebers entscheidend. Die Vermittlung von Vertrauen auf eine stabile Servicedyade aus Servicegeber und Servicenehmer und die spieltheoretische Simulation von auch unerwarteten oder ungewollten Verhaltensvarianten und Reaktionen erscheinen dazu als innovative Ansätze. Insbesondere sogenannte opportunistische Verhaltensweisen aus Arglist oder Eigennutz sind zu vermeiden bzw. geeignet abzufangen. Dabei stellt die eingeschränkte Beobachtbarkeit des Verhaltens des Servicepartners einen aufgewerteten Problembereich dar. Der „Kampf um die Internalisierung der Quasirente“, einer Art Rendite des gebundenen Kapitals, insbesondere bei Remote-Leistungen mangels Beobachtbarkeit der Aktivitäten des Servicepartners stellt dabei eine oft aus bisherigen Geschäftsmodellen unbekannte, neue Dimension dar [Will 85]. Details dazu stellt der Autor ausführlich an anderer Stelle dar [Bor 03: 115–147].

Nach Erfahrungen der Autoren liegen insbesondere in den erstmaligen Preisfestlegungen von Smart Services ein wesentlicher Erfolgsfaktor. Weitere Aspekte der Dienstleistungsvermarktung sind die Sichtbarmachung bzw. „Rematerialisierung von Service-(Teil-)Leistungsergebnissen“ von oft der Beobachtung nur reduziert zugänglichen Leistungsprozessen oder die Inszenierung des „Moment of Truth“ (MOT) [Car 88].

Es kann vorkommen, dass Leistungen quasi umsonst, „free“, angeboten werden bzw. indirekt durch andere Mechanismen, Dritte oder zeitlich später bezahlt werden [And 10]. In einigen Geschäftsmodellen wird dies heute schon praktiziert.

B2B-Plattformen lassen sich in Reichweiten- und Tradingportale unterscheiden [Par]. Als neue Begrifflichkeit hat sich die „Plattform“ auch als gehebelt und beschleunigend wirkender Antriebsmotor für Nutzengeneration und Leistungsabsatz zugleich (Endlosschleife) etabliert. Zur Überwindung der kritischen Masse und für das schnelle (Hoch-)Skalieren haben sich z. B. Marktschaffungs- und Gewöhnungsstrategien als erfolgreich erwiesen, die Kunden oft kostengünstig an die Vorzüge der Smart Services gewöhnen und damit die „Endlosschleife als Nutzen-Hebel“ starten, wodurch sie schließlich aus linearen in exponentielle Nutzendimensionen vorstoßen.

16.7 Organisation der Leistungserbringung

Entwicklung und Vermarktung von Smart Services müssen weise geplant und umgesetzt werden. Daher ist der Gestaltungsbereich Organisation hier besonders wichtig. Er lässt sich in ablauforganisatorische und aufbauorganisatorische Vorgänge unterteilen.

16.7.1 Ablauforganisatorische Werkzeuge und Erfahrungen

Ablauforganisatorisch ist die Darstellung der Prozesse z. B. in Verbindung mit dem sogenannten Service-Blueprinting möglich. Anders als in der traditionellen Darstellungsform von Prozessen als Ablauf (Flow Charts) wird hier die Interaktion zwischen Servicegeber und Servicenehmer in Form von Stages (Bühnen) strukturiert [Sho 81; Sey 09]. Dabei werden anstelle der Begrenzungen in Form der oft verwandten Swimlanes verschiedene andere „Linien“ genutzt, welche differenzieren, wer (Servicegeber oder Servicenehmer) welche Aktivitäten beobachten oder wahrnehmen kann: Kunden-Interaktionslinie, Sichtbarkeitslinie, Interne Interaktionslinie, Implementierungslinie begrenzen Kundenprozesse von Onstage-Prozessen beider Partner, Backstage-Prozessen des Servicegebers sowie Supportprozessen und Facility-Prozessen, die insbesondere servicegeberseitig zu optimieren sind (s. Bild 16.5). Onstage-Prozesse liefern dabei besondere Chancen zur Inszenierung und Gestaltung im Sinne des Marketings wie z. B. des Moments der Wahrheit (Moment of Truth).

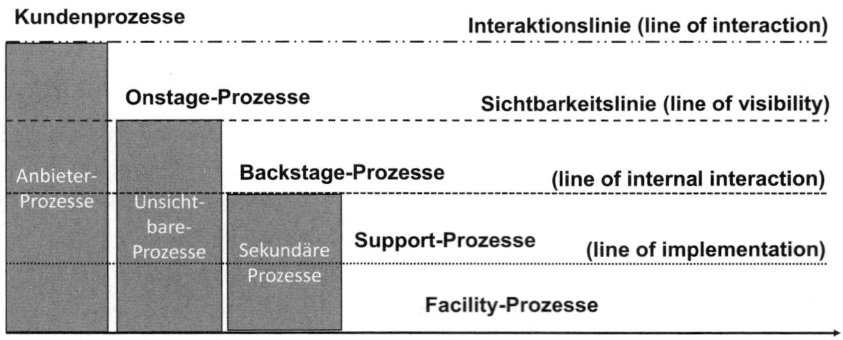

Bild 16.5 Strukturebenen eines Service-Blueprints (in Anlehnung an [Wei 00: 581])

Neben der Entwicklung kommt der Optimierung existierender Services dabei besondere Bedeutung zu: So können in den Prozess-Ablaufdiagrammen ergänzend z. B. Fehler, Zeiten, Hilfsmittel u. a. eingefügt werden, welche die Prozesse auch visuell eingängig vertiefend darstellen können. Auch hier ist Visualisierung sehr hilfreich.

Nach der Analyse können die Prozesse variiert bzw. optimiert werden. Dies ist je nach Fragestellung in grober aber auch in hochgranularer Auflösung möglich.

Die Interaktionsanforderungen an Smart-Service- bzw. IoT-Produkte sind hoch. So werden Echtzeitinteraktion 24/7 mit hoher Bereitschaft und Follow-the-Sun-Routing und Bearbeitung in der Unternehmenspraxis oft beachtet.

16.7.2 Aufbauorganisatorische Neuausrichtung

Aufbauorganisatorisch werden sich unternehmerische Funktionseinheiten zugunsten von bereichsübergreifenden intra- und interorganisationalen Strukturen verändern. Michael E. Porter schlägt dazu u. a. neue bereichsübergreifende Funktionen zur Datenorganisation, zur Entwicklung der Produktion und zum Kundenerfolgs- bzw. Kundenbeziehungsmanagement vor (s. Bild 16.6).

Dies bedeutet für die aufbauorganisatorisch – zeitlich teils über Jahrzehnte – relativ stabilen Unternehmensstrukturen von produzierenden Unternehmen gravierende Veränderungen. Diese indizieren ein überlegtes Veränderungsmanagement und einschneidende Neuerungen innerhalb der Unternehmen (intraorganisational).

Aber auch interorganisational ist die Zusammenarbeit mit organisationsexternen Parteien zu gestalten. Dies stellt hohe Anforderungen an Vertragsgestaltung, Sicherheitsaspekte und Risikomanagement, die nun kombiniert dargestellt werden sollen.

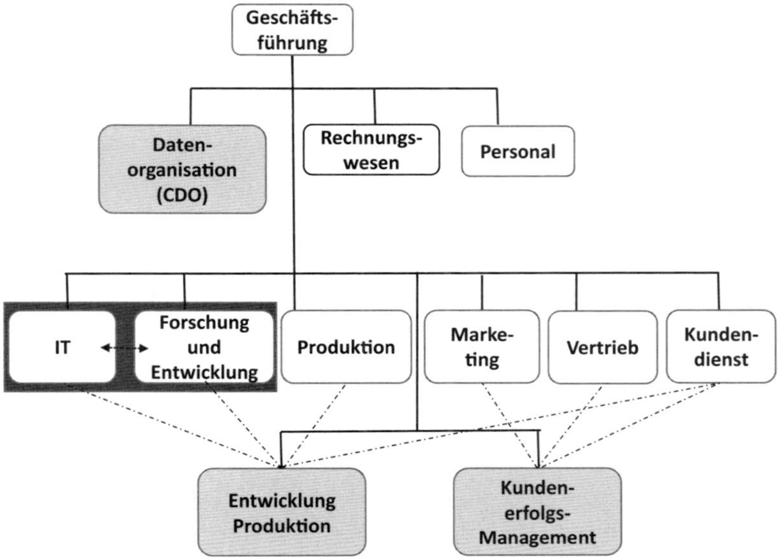

Bild 16.6 Entwurf eines veränderten Aufbauorganisationsmodells für Produktionsunternehmen (in Anlehnung an [Por 16: 35])

■ 16.8 Risikomanagement/Datensicherheit/ Vertragsgestaltung

Das Thema Risikomanagement, Datensicherheit und Vertragsgestaltung bildet einen zunehmend bedeutenden Gestaltungsbereich.

Hinsichtlich des Risikomanagements gibt es zwei große Herausforderungen. Die eine ist die quantitative Komplexität der Leistungen und der Partner-/Systemelemente, die andere die qualitativ schwer zu beobachtenden, oft virtuellen und wegen fehlender Beobachtbarkeit oft auch schwer zentral zu steuernden Aktivitäten räumlich getrennter (Tele-) Systemelemente. Diese beiden Herausforderungen sind kaum in knapper Darstellung fassbar.

Auch der Themenbereich IT-Sicherheit [BMWi 16] und Fragestellungen, wem von Maschinen generierte Daten bzw. Informationen „gehören“ (Ownership) gehört in diesen Bereich. Die daraus ableitbaren Verfügungsrechte sowie die Frage, wie der Schutz personengebundener und/oder kundenbezogener Daten und Informationen erfolgen kann, stehen noch weitgehend am Anfang der Entwicklung.

Entsprechend stellt eine belastbare vertragliche Fassung der Service-Kooperation die Beteiligten regelmäßig vor anspruchsvolle Aufgaben. Erfreulicherweise stehen bereits erste Musterverträge zur Verfügung [VDM 04], die jedoch nach den Erfahrungen der Autoren spezifisch anzupassen und zu ergänzen sind.

Quick-Wins und Gestaltungsaspekte sind dabei z. B.

- die Beschreibung der jeweiligen Aufgabenbereiche und Mitwirkungspflichten
- die Risikoaufteilung zwischen den Beteiligten
- Exkulpationsmöglichkeiten bei weitgehend nicht beeinflussbaren Ereignissen

Insbesondere das Service-Level-Management (SLM), die Steuerungs-KPIs und die Nutzung dritter Instanzen als Partner oder auch Schiedsgerichtsbarkeit sind aktuell diskutierte Lösungsansätze.

Letztlich jedoch erscheinen die Motivation und durchaus noch das menschliche Verhalten als Schlüsselfaktoren für erfolgreiche Services und den Erfolg im Internet der Dinge.

16.9 Faktor Mensch: Führung und Change Management

Den Menschen als ultimativen Nutzern und Gestaltern des IoT und der damit verbundenen Dienstleistungen kommt eine – vermutlich die – entscheidende Rolle zu. Zusätzlich zu den in den vorigen Kapiteln angesprochenen Aspekten zur Führung und zum Umgang mit Wissen sind noch die – oft schnell wechselnden – Rollen im IoT und Service-System-Verbund zu nennen. So sind Rollen und beschreibende „Sprachen" zur intermodalen Kommunikation zwischen CPS und Menschen und umgekehrt noch stark zu entwickeln.

Ebenso wird die CPS-Mensch-Interaktion Veränderungsprozesse in Gang bringen, die ein ausgeprägtes Veränderungsmanagement verlangen.

Gemeinsames Erarbeiten von Visionen, Innovationen und Lösungen sowie einfache Darstellungsweisen wurden bereits als Erfolgsfaktoren und Quick-Wins für Geschäftsmodelle identifiziert. „Ergänzend sind die Motivationsfähigkeit und Veränderungsfähigkeit der Menschen gefragt" (Christina Buchholz). Auch vertieftes Wissen zu Akzeptanzaspekten ist aufzubauen.

Diesen Veränderungsprozess zu meistern und somit die Zukunft nachhaltig und auch menschengerecht zu gestalten, ist vermutlich eine der entscheidenden und dringlichsten gesellschaftlichen Aufgaben im Kontext des IoT und intelligenter Dienstleistungen.

16.10 Vorgehensweise zum Auf- und Ausbau von Smart Services

Neben dieser ethisch-moralischen Verpflichtung stehen viele Unternehmen aufgrund der Komplexität von vielfältigen, trendigen Begriffen und schnelllebigen Entwicklungen vor der Aufgabe, die Herausforderung Smart Services und Internet der Dinge aktiv zu gestalten. Folglich sollen die zusammenfassenden Erläuterungen zum Vorgehen in Tabelle 16.2 einen hilfreichen Rahmen liefern und stichwortartig verdichtet Hilfestellungen geben.

Tabelle 16.2 Zusammenfassende Darstellung wesentlicher Gestaltungshinweise

Gestaltungsbereich	Teilaufgaben und Leitfragen	Erfolgsfaktoren, Hinweise, Tools
Ökosystemanalyse mit Kunden-/Partneridentifikation, Anwendungsfeldanalysen (Application)	In welchen Ökosystemen werden meine Leistungen wie genutzt? Welche wesentlichen Systemelemente sind identifizierbar? Wie wirken diese zusammen? Sind besondere Rollen feststellbar? Welche besonderen Probleme/Schwierigkeiten treten dabei auf? Wie könnten diese verringert werden? Welche besonderen Werte/Vorteile/Nutzen sind anstrebenswert? Wie könnten diese „gehoben" werden?	Ökosystemdarstellungen (Mappings) und Rollenanalysen? Pain-/Gain-Analysen (Value-Proposition-Design) Lead-User-Kooperation Feldbeobachtung, Befragungen, gemeinsame Entwicklungen
Business Model and Value Proposition Design	Verständnis des Geschäftsmodells und wesentlicher Bausteine [Stä 01: 41 f.]: Für welche Kundengruppen wird welches Wertangebot mit welchen Schlüsselpartnern aufgebaut? Wie erfolgt die Architektur der Wertschöpfung? Welche Kundenbeziehungen können mit welchen Kanälen unterstützt werden (Interfacing Customer)? Welche Schlüsselaktivitäten bzw. Schlüsselressourcen (Ressourcen) benötigen wir dazu? Profit-Modell: Wie verdienen wir letztlich damit Geld (Einnahmequellen vs. Kostenstrukturen)?	Workshops und Sprints zu: Business Model Generation Grafische Darstellungsformen z. B. als Canvas-Varianten Value Proposition Design Kreativitätstechniken
Service Engineering/ Dienstleistungsentwicklung	Service Engineering Vorgehensmodelle: Wie kann eine „Verdienstleistung" bzw. Virtualisierung meiner Leistungen erfolgen? Wie gehe ich Innovationen offen an und integriere Kunden und deren Ressourcen in mein Vorgehen?	Mehrphasige Konzepte zur Dienstleistungsentwicklung Service-Produktionsmodell (erweiterte Black Box) Projektmanagement Methodenraum

Gestaltungsbereich	Teilaufgaben und Leitfragen	Erfolgsfaktoren, Hinweise, Tools
Technik/Digital Enabling	Enabling in verschiedenen Ausprägungen/Dimensionen Welche technischen Systeme (Hardware/Software) prägen die Landkarte unserer Ökosysteme? Wie interagieren diese? Wie sind unsere Möglichkeiten und Herausforderungen an Konnektivität?	Z. B. Konnektivität im IoT (auch Abgrenzung von Wettbewerbern, Aufbau von Markteintrittsbarrieren, Transaktionskostensenkung) „Technische Kanalgestaltung“
Produkt/Service	Wie erreichen wir „Convenience“, Transaktionskostensenkungen? Welche Zielgruppen können und wollen welche Beiträge bzw. Aktivitäten im gemeinsamen Service-Wertsystem erbringen? Wie lassen sich Aktivitäten von Systemelementen sichtbar/beobachtbar und damit zu „Wertkristallisationskeimen“ machen?	Erweiterte Black-Box-Betrachtungsweise Vignettentechnik Isoleistungslinien-Modelle Szenario-Rechnungen zu Nicht-Linearitäten Customer-Integration
Vermarktung der Smart Services	Wie sieht unsere Preispolitik dafür aus? Welche Marktschaffungsstrategien und Skalierungsansätze verfolgt mein Ökosystemumfeld? Wie erreichen wir die „Endlosschleife“, „exponentielle Nutzengenerierung“ oder „Platforming“?	Differenzierte Preismodelle B2B-Plattformen Denken in Nichtlinearitäten „Frequenzerhöhung“ im Vertrieb [Ram 14]
Organisation der Leistungserbringung	*Ablauforganisatorisch:* Wie generiere ich die IoT Leistungen/Smart Services prozessual? Welche Mechanismen des Vertrauensaufbaus nutzen wir? *Aufbauorganisatorisch:* Wie erreiche ich eine bereichsübergreifende Wertschöpfung und Koordination z. B. zu Daten, Kunden etc.? Ist unser Team hinreichend qualifiziert und mit den neuen Kenntnissen ausgestattet? Welche externen Partner, Berater und Moderatoren werde ich integrieren? Benötige ich neue Institutionen/Profile/Stellen z. B. Chief X Officer mit x: CTO (Transformation) CDO (Digitalization); Customer Consulting Board [DeR 13] o. ä.? Wie erreiche ich Motivation und Beschleunigung im Veränderungsprozess?	Wertnetz und Wertschöpfungsdenken Service-Blueprinting Value-Network Mapping Rollenkonzepte Change Management Partnering: Managen der Partner Projektmanagement

Gestaltungsbereich	Teilaufgaben und Leitfragen	Erfolgsfaktoren, Hinweise, Tools
Risikomanagement/ Datensicherheit/ Vertragsgestaltung	Welche ungewollten/unerwarteten Verhaltensweisen bzw. opportunistisches Verhalten sind zu befürchten? Wie kann ich „unsichtbares“, oft entfernt stattfindendes Verhalten erfassen oder sichtbar machen? Welche Ratgeber und Prinzipien zur IT-Sicherheit nutze ich bereits? Wo liegen noch Defizite? Welche Vertragsmuster eignen sich besonders? Welche Anpassungen sind darin erforderlich? Welche Service Levels lassen sich beschreiben und mit welchen Messgrößen (KPIs) steuern?	Transaktionskostentheorie Koordinationsformen Bewertung der Geschäftsbeziehungen Spieltheoretische Modellierung der Partnerschaften Ratgeber/Checklisten zu IT-Sicherheit Adaption von Musterverträgen Vertrauensanalysen/Vertrauensaufbau
Faktor Mensch: Führung und Change-Management	Wie reduziere ich die Komplexität der Thematik? Wie reduziere ich die Unsicherheit bei den beteiligten Menschen? Welche Mitarbeiter eignen sich für derartige Projekte? Wie werde ich agil bzw. nehme Geschwindigkeit auf, ohne vorhandenes Wissen zu verlieren? Wie etabliere ich eine geeignete Führungskultur? Wie meistere ich den permanenten Veränderungsprozess?	VUCA-Welt Leadership-Development Envisioning Visualisierungstechniken Systemmodellierung Rollenkonzepte Change-Roadmapping Wissensmanagement Moderation/Coaching

Diese Liste ist nicht geschlossen und fallspezifisch anzupassen. Sie vermittelt Orientierung in der komplexen Thematik vor dem Abschluss mit den wesentlichen Ergebnissen.

■ 16.11 Wesentliche Gestaltungsbereiche und Fazit

In den bisherigen Ausführungen wurden insbesondere als neuartig und herausfordernd erscheinende Paradigmen und Ansätze zu Smart Services und zum Internet der Dinge vorgestellt und durch Beispiele und Best Practices unterschiedlicher Branchen verdeutlicht. Darin finden sich umfangreiche Ansätze zur Ausgestaltung dieser Leistungen im spezifischen Zusammenhang des eigenen Unternehmens.

Wir haben einen systematischen Überblick über „Landschaften“ und Stakeholder von Potenzialen, Aktiven und Initiativen aus dem deutschsprachigen Raum gegeben. Diese Beispiele zeigen, dass kostengünstige Telekommunikation es erlaubt, Systemelemente und Partner weltweit schnell und einfach zu verbinden, Produktions- und Transaktionskosten erheblich zu senken und somit Effizienz in praktisch alle Wertschöpfungsbereiche und Branchen zu bringen. Entsprechend groß sind die Chancen für Teleservices, wie wir sie verstehen.

Intelligente, vernetzte Produkte erlauben je nach Fortschrittsgrad sensorische Analyse/Beobachtung, Softwaresteuerung/Regelung, Optimierung und schließlich autonomes Verhalten.

Ausgehend von hoher Komplexität, Dynamik und neuen, oft nicht mehr linearen Möglichkeiten der Wertschöpfung durch Services im Internet der Dinge sind neue Denkweisen erforderlich, um die zunehmend entmaterialisierten Leistungen kooperativ zu gestalten. Neue Möglichkeiten eröffnet dabei die Virtualisierung, für die wir ebenfalls Beispiele genannt haben.

Dabei sind neben den Menschen qualitativ cyber-physikalische Systeme (Maschinen) getreten. Wechselnde Rollen in neuen, gemeinsamen Möglichkeiten und Geschäftsmodellen zu übernehmen und Schritte der Virtualisierung zu meistern sind ganz neuartige Dimensionen dieser Transformation. Noch hat der Mensch die Führung, sein Wissen und seine Kreativität dominieren den Wertschöpfungsprozess, der sich zunehmend auf Dienstleistungen verlagert.

So finden die gängigen Methoden der Service-Science wie Vignetten, Service Blueprinting, Isoleistungslinienkonzept etc. Eingang in die Darstellungen. Dabei wird hier eine outside-in Betrachtung verfolgt, die sich sehr am Denken in Ökosystemen und Agilität orientiert: Markt – Prozesse – Organisation, so die grundsätzliche Arbeitsreihenfolge. Hilfreiche Grundprinzipien und Ansätze z. B. des Systemdenkens, Lebenszyklusbetrachtungen und auch das Management von Vertrauen und Beziehungen zu Kunden und Partnern rücken damit ins Bewusstsein.

Die Unternehmensbeispiele und Erfahrungen schildern verständlich, mit unterschiedlicher Schwerpunktbildung, erfolgreiche Anwendungen und regen zu eigenen Entwicklungen an.

Es ist aber auch deutlich geworden: Wir sind gerade erst am Anfang der vielzitierten vierten industriellen Revolution, die wir aktiv gestalten können. Es gibt noch viel zu entwickeln und zu gestalten.

Somit wünschen wir Ihnen viel Erfolg bei Ihrem Weg in die hybride Zukunft mit Smart Services und dem Internet der Dinge und die daraus resultierende Dienstleistungsökonomie.

16.12 Literatur

[And 10] Anderson, Chris: Free. How Today's Smartest Businesses Profit by Giving Something for Nothing, London 2010.

[Bor 03] Borgmeier, Arndt: Teleservice im Maschinen- und Anlagenbau. Anwendung und Gestaltungsempfehlungen, Wiesbaden 2003.

[BMWi 16] Bundesministerium für Wirtschaft und Energie (Hrsg.): IT-Sicherheit für die Industrie 4.0. Produktion, Produkte, Dienste von morgen im Zeichen globalisierter Wertschöpfungsketten. Studie 1/2016. URL: *http://www.bmwi.de/Redaktion/DE/Publikationen/Studien/it-sicherheit-fuer-industrie-4-0.html* (Zugriff am 9.3.2017).

[Bus] Business Model Toolbox (Hrsg.): Lean Canvas. URL: . *http://bmtoolbox.net/tools/lean-canvas* (Zugriff am 9.3.2017).

[Car 88] Carlzon, Jan: Alles für den Kunden. Jan Carlzon revolutioniert ein Unternehmen, Frankfurt am Main u.a. 1988.

[Cor 88] Corsten, Hans: Betriebswirtschaftslehre der Dienstleistungsunternehmungen, 2. Aufl., München 1988.

[Cor 00] Corsten, Hans: Der Integrationsgrad des externen Faktors als Gestaltungsparameter von Dienstleistungsunternehmungen. Voraussetzungen und Möglichkeiten der Externalisierung und Internalisierung, in: Bruhn, Manfred, Stauss, Bern (Hrsg): Dienstleistungsqualität. Konzepte - Methoden - Erfahrungen, 3. Aufl., Wiesbaden 2000, S. 145-168.

[DeR 13] De Ruyck, Tom, De Wulf, Christof (Hrsg.): The Customer Consulting Board. Customers Shaping Your Business, Gent 2013.

[Fle 14] Fleisch, Elgar u.a.: Business Models and the Internet of Things. White Paper 8/2014. URL: *http://www.iot-lab.ch/wp-content/uploads/2014/11/EN_Bosch-Lab-White-Paper-GM-im-IOT-1_3.pdf* (Zugriff am 4.1.2017).

[Gas 14] Gassmann, Oliver u.a.: The Business Model Navigator. 55 Models That Will Revolutionise Your Business, Harlow 2014.

[Hip 09] Hippel, Eric u.a.: Lead User Project Handbook. A Practical Guide for Lead User Project Teams. Studie 10/2009. URL: *https://evhippel.files.wordpress.com/2013/08/lead-user-project-handbook-full-version.pdf* (Zugriff am 5.1.2017).

[Hof 15] Hoffmeister, Christian: Digitale Geschäftsmodelle, München 2015.

[Mag 86] Magrath, A.: When Marketing Services, 4Ps Are Not Enough, in: Business Horizons 29 (1986) 3, S. 44-50.

[Mef 03] Meffert, H., Bruhn, Manfred: Dienstleistungsmarketing: Grundlagen, Konzepte, Methoden; mit Fallbeispielen, 4. Aufl., Wiesbaden 2003.

[Mei 06] Thomas Meiren: Service Engineering im Trend. Ergebnisse einer Studie unter technischen Dienstleistern, Stuttgart 2006. URL: *http://wiki.iao.fraunhofer.de/images/studien/service-engineering-im-trend.pdf*

[Mir 14] Miraglia, Stefano: Ecosystems Research 2014. Whitepaper. URL: *http://cambridgeservicealliance.eng.cam.ac.uk/Research/EcosystemsResearch2014.pdf* (Zugriff am 9.3.2017).

[Ost 10] Osterwalder, Alexander, Pigneur, Yves: Business Model Generation. A Handbook for Visionaries, Game Changers, and Challengers, Hoboken 2010.

[Ost 14] Osterwalder, Alexander, Pigneur, Yves: Value Proposition Design, Hoboken, New Jersey 2014.

[Par] Park 7: DirectIndustry und Cox: B2B-Plattformen und Portale im Überblick. Blog-Eintrag. URL: *http://www.park-sieben.com/directindustry-b2b-plattformen-fur-unternehmen-im-vergleich* (Zugriff am 7.1.2017).

[Pla] Plattform Industrie 4.0: Webauftritt. URL: *http://www.plattform-i40.de/I40/Navigation/DE/Home/home.html* (Zugriff am 5.1.2017).

[Por 80] Porter, Michael E.: Competitive Strategy. Techniques for Analyzing Industries and Competitors. With a New Introduction, New York 1980.

[Por 16] Porter, Michael E., Heppelmann, Jim: How Smart. Connected Products are Transforming Competition and Companies. Präsentation im Rahmen der Konferenz „Industry of Things World USA" am 25. Februar 2016.

[Ram 14] Ramfelt, Lena u. a.: Gear Up. Test Your Business Model Potential and Plan Your Path to Success, Chichester 2014.

[Sey 09] Seyring, Maik u. a.: Service Blueprinting. Handbook. Studie 2009. URL: *http://www.vgu.edu.vn/fileadmin/pictures/studies/MBA/Handbook_Service_Blueprinting.pdf* (Zugriff am 9.3.2017).

[Sho 81] Shostack, G. Lynn: How to Design a Service, in: Donnelly, James H., George, W.R. (Hrsg.), Marketing of Services, Chicago 1981, S. 221 – 229.

[Stä 01] Stähler, Patrick: Geschäftsmodelle in der digitalen Ökonomie. Merkmale, Strategien und Auswirkungen, Köln/Lohmar 2001.

[VDI 16] VDI/VDE-Gesellschaft Mess- und Automatisierungstechnik (Hrsg.): Statusreport Digitale Chancen und Bedrohungen – Geschäftsmodelle für Industrie 4.0. Studie 5/2016. URL: *https://www.vdi.de/fileadmin/user_upload/2016-08-10_VDI-GMA_Statusreport-Digitale-Chancen_Geschaeftsmodelle-fuer-I40.pdf* (Zugriff am 9.3.2017).

[VDM 04] Verband Deutscher Maschinen- und Anlagenbau VDMA e. V. (Hrsg.): Teleservice-Vertrag. Leitfaden für die Investitionsgüterindustrie – deutsch, Frankfurt am Main 2004.

[Wei 00] Weiber, Rolf; Jacob, Frank: Kundenbezogene Informationsgewinnung, in: Kleinaltenkamp, Michael; Plinke, Wulff (Hrsg.): Technischer Vertrieb. Grundlagen des Business-to-Business Marketing, Berlin 2000, S. 523 – 612.

[Wil 85] Williamson, Oliver E.: The Economic Institutions of Capitalism. Firms, Markets, Relational Contracting, New York 1985.

ANHANG

Abkürzungsverzeichnis

BDI	Bund deutscher Ingenieure
BHKW	Blockheizkraftwerk
BMWi	Bundesministerium für Wirtschaft und Energie
BoL	Beginning of Life
B2B	Business to Business
B2C	Business to Consumer
CPS	Cyber-physische Systeme
CVU/DVR	Central Video Unit
DdS	Data- driven Services
DGB	Deutscher Gewerkschafts Bund
DIHK	Deutscher Industrie- und Handelskammertag
EASA	Europäische Agentur für Flugsicherheit
EoL	End of Life
ERP	Enterprise-Resource-Planning
Fintechs	Finanztechnologien
FIR	Forschungsinstitut für Rationalisierung, RWTH Aachen
ICT	Information and Communications Technology
IHK	Industrie- und Handelskammer
IKT	Informations- und Kommunikationstechnologien
IoT	Internet of Things
IT	Informationstechnik
KMU	Kleine und Mittelständische Unternehmen
KPI	Key Performance Indicator
KVP	Kontinuierlicher Verbesserungsprozess

MoL	Middle of Life
MOT	Moment of Truth
M2M	Machine to Machine
PV	Photovoltaikanlage
PoC	Proof of Concept
PwC	PricewaterhouseCoopers
RFID	Radio Frequency Identification
SLM	Service-Level-Management
SVAS	Surveillance Video Analysis Software
UX	User Experience (Anwendererlebnis)
VBP	Value Based Pricing
VDA	Verband der Automobilindustrie
VDMA	Verband Deutscher Maschinen- und Anlagenbau
VUCA	Volatility, Uncertainty, Complexity, Ambiguity
WAP	Wireless Access Point
WWW	World Wide Web
ZPI	Zero Point Indicator

Community

Die Herausgeber

Prof. Dr. Arndt Borgmeier
Hochschule Aalen

Arndt Borgmeier ist Initiator und Studiengangleiter des Master-Studiengangs „Leadership Industrial Sales and Technology“ der Hochschule Aalen. Seine interdisziplinären Schwerpunkte in Forschung und Lehre sind u.a. Geschäftsmodell- und Service-Innovation, technischer Vertrieb, B2B-Marketing, Management komplexer Leistungen, Industrie 4.0/IoT/M2M, Service Engineering, Leadership und digitale Transformation.

Der Diplom-Wirtschaftsingenieur ist zudem durch mehr als zehnjährige Aufbauarbeit und umfangreiche Projekterfahrungen als Branchenexperte u.a. für Industrie, Energiewirtschaft und Consulting/Dienstleistungen bekannt geworden. Er wirkt als Projektleiter, Berater, Trainer, Moderator/Coach und gefragter Vordenker und gilt insbesondere als Kenner von Remote Services. So ist z.B. sein Beitrag „Teleservice im Maschinen- und Anlagenbau: Anwendung und Gestaltungsempfehlungen“ als erste interdisziplinäre Service-Dissertation von der Stiftung Deutsche Industrieforschung ausgezeichnet worden.

Er gründete und leitet das Steinbeis Transferzentrum „Institute of Technology, Marketing and Sales Management“ (ITMS) an der Hochschule Aalen.

www.hs-aalen.de

www.smartserviceworld.de

Dr.-tech. (CUT) Alexander Grohmann

Digital Enabler GmbH

Alexander Grohmann ist geschäftsführender Gesellschafter von Digital Enabler und beschäftigt sich mit den Themen Digitalisierung, Geschäftsmodellentwicklung und Service Engineering. Er ist Mitglied des Vorstandes sowie Leiter des Arbeitskreises Technischer Vertrieb im Württembergischen Ingenieurverein (VDI) und liest digitale Transformation im Masterstudiengang an der Hochschule Aalen. Daneben hält er Vorträge, publiziert in Fachjournalen und leitet Seminare zum großen Themenfeld Digitalisierung.

Zuvor studierte er als Stipendiat des Deutschen Stiftungszentrums International Sales und Industrial Management in Deutschland, China und Südafrika, wo er in den Jahren 2009–2012 zum Doctor of Technology promovierte. Zudem arbeitete er mehrere Jahre als wissenschaftlicher Mitarbeiter an der Hochschule Aalen ebenso wie als Projekteiter in den Steinbeis-Transferzentren mit Fokus auf die herstellende Industrie. Schließlich wurde er bei der Alfred Kärcher GmbH & Co KG in Winnenden Assistent des stv. Vorsitzenden der Geschäftsführung und baute im Anschluss daran das Kompetenzzentrum Digital Products auf.

www.digital-enabler.com

Dipl.-Kfm. Stefan F. Gross

Gross ErfolgsColleg, München

Stefan F. Gross, Leiter des Gross ErfolgsColleg, München, ist Managementberater, Bestsellerautor und einer der renommiertesten Managementdozenten Deutschlands. Seit über 25 Jahren berät er Unternehmen auf den Gebieten Führung & Leadership, Customer Relations und Service. Schwerpunkte sind Führungskräfte- und Mitarbeiterentwicklung sowie Kundenbindungs-Projekte im B2B-Bereich.

Er ist u. a. Schöpfer der Konzeption „Beziehungsintelligenz®“. Sein gleichnamiges Buch stand zwei Jahre auf den Bestsellerlisten (in der Schweiz auf Platz 1) und wurde in acht Sprachen übersetzt.

Seine akademische Ausbildung absolvierte Stefan F. Gross an der Ludwig-Maximilians-Universität München, wo er Betriebswirtschaft, Volkswirtschaft und Recht studierte, mit dem Abschluss als Diplom-Kaufmann. An der Hochschule Aalen lehrt er im Masterstudiengang die Fächer „Leadership Excellence“ sowie „Führungskommunikation und Führungspsychologie“.

Er ist Gründer des Führungskultur-Monitor© Institut für Führungsforschung und Beratung. Mission ist die Förderung einer zukunftsfähigen Führungskultur, speziell im Zusammenhang mit der digitalen Transformation.

www.gross-erfolgscolleg.de

www.fuehrungskultur-monitor.de

Die Autoren

Dipl.-Ing Peter Barkowsky

symmedia GmbH

Nach dem Studium war Peter Barkowsky beim Aufbau des Multimedia-Softwareentwicklers Q-Team Dr. Knabe beteiligt, bei dem er seit 1992 in der Geschäftsführung tätig war. 1997 gründete er zusammen mit sieben Industrieunternehmen die symmedia GmbH. Bis heute leitet er als geschäftsführender Gesellschafter das marktführende Unternehmen im Bereich der Entwicklung von Industrie-4.0-Lösungen für den Maschinen- und Anlagenbau.

Dipl.-Kffr. Christina Buchholz

Selbstständige Unternehmensberaterin, Lehrbeauftragte

Diplom-Kauffrau Christina Buchholz graduierte an der Universität Münster mit Schwerpunkten in Marketing. Bereits im Management-Nachwuchs-Programm der DB Cargo AG (Güterverkehr/Logistikgruppe Deutsche Bahn AG) setzte sie Akzente im „Effizienz- und Projektmanagement“ im Bereich Unternehmensentwicklung bzw. „Strategie Transport und Logistik“ Güterverkehr DB AG.

Sie avancierte zur Teamleiterin „Strateg. Grundsatzfragen“, entwickelte Marktstrategien und gestaltete Geschäftsprozesse, u. a. Werkstätten-Services. Sie steuerte bundesweit den Bereich KVP im Güterverkehr der Deutschen Bahn, entwickelte die Methodik und Workshops weiter. Als Train the Trainer schulte sie Moderatoren und prägte als Unternehmensberaterin das konzernweite permanente OptimierungsProgramm (POP).

Die gefragte Lehrbeauftragte (u. a. Logistik, Marketing, Projektmanagement) unterstützt als selbstständige Unternehmensberaterin Neuausrichtungen von Unternehmen.

Diana Conrad

Deutsche Telekom AG

Diana Conrad ist als Projektmanagerin verantwortlich für die Budgetsteuerung, die Mittelbeschaffung sowie die Koordination des Planungsprozesses für die M2M Unit innerhalb der Deutschen Telekom AG. Darüber hinaus liegt ihr Fokus auf komplexen Sonderprojekten mit Finanzhintergrund.

Diana Conrad studierte BWL/Interkulturelles Management an der Friedrich-Schiller-Universität in Jena und an der Université Paris 12. Während ihres Studiums sammelte sie diverse Erfahrungen, unter anderem in der Managementberatung in Philadelphia sowie im Auditing von Ernst & Young.

Nach ihrem Studium startete sie bei der Deutschen Telekom AG im internationalen Management Development Program mit Schwerpunkt Finance, wodurch sie neben einem Arbeitseinsatz in der Treasury Abteilung, ebenfalls in der Konzernstrategie sowie für den CFO bei der T-Systems do Brasil in São Paulo arbeitete. Nachdem sie anschließend als Senior Referentin im Marketingcontrolling tätig war, wechselte sie zum Fachvertrieb im Innovationsbereich ConnectedCar, um anschließend als Projektmanagerin für die M2M Unit in der Group Innovation zu arbeiten.

Dipl.-Psych. Christine Erlach

NARRATA Consult

Mit gleichermaßen theoretischem wie praktischem Know-how ist Christine Erlach seit Jahren eine der führenden Expertinnen für narrative Methoden im Managementbereich. Durch ihre Expertise hilft sie Unternehmen, Erfahrungswissen und verborgenes unternehmenskulturelles Wissen handhabbar zu machen.

Christine Erlach hat sich seit 1998 auf die Erfassung und Weitergabe von schwer fassbarem Expertenwissen und unternehmenskulturellem Wissen spezialisiert. Sie setzt narrative Methoden ein, um implizites Erfahrungswissen greifbar zu machen, und begleitet Unternehmen beim Wissenstransfer in Großprojekten, beim Fach- und Führungskräftewechsel sowie bei Cultural-Change-Programmen.

Sie ist Vorstand des wissenschaftlichen Institutes für narrative Methoden INAM e.V. und Gründerin des wissenschaftlichen Beraternetzwerks NARRATA Consult, *www.narrata.de*

Dr. Ing. Mike Freitag

Fraunhofer IAO

Nach seiner Dissertation zum Thema „Konfigurierbares Vorgehensmodell für die exportorientierte Entwicklung von technischen Dienstleistungen" leitete Mike Freitag europäische Forschungsprojekte zu den Themen „Internationalisierung von Dienstleistungen", „Service Lifecycle Management" und „Digitale Transformation vom produktions- zum serviceorientierten Unternehmen". Dabei unterstützte er Unternehmen in mehr als 30 Projekten bei der Strategieauswahl und der Entwicklung von Dienstleistungen, in Baden-Württemberg insbesondere auch kleine und mittelständische Unternehmen. Auf dieser Grundlage entwickelte er das Benchmarking-Tool „Innoscore Service" für produzierende Unternehmen. Darüber hinaus gibt Mike Freitag Vorlesungen zum Thema Service Engineering und Service Operations Management und ist Autor von mehr als 50 Publikationen.

Prof. Dr. Claus W. Gerberich

Gerberich Consulting AG, Ennetbürgen, Schweiz

Claus W. Gerberich verfügt über langjährige Praxiserfahrung als Vorstand bzw. Geschäftsführer internationaler Unternehmen wie der adidas AG, der Schöller Lebensmittel GmbH, der BASF AG und der Gerberich Maschinenfabrik GmbH. Claus W. Gerberich lehrt zudem als Dozent an der European Business School Oestrich-Winkel, der Erasmus Universität Rotterdam, der University of North Carolina und anderen renommierten Universitäten.

Dr. Axel Glanz

Innovationen Institut

Axel Glanz hat in Frankfurt, Marburg und Santo Domingo Volks- und Betriebswirtschaft studiert und ist Gründer des Innovationen Institutes. Er ist Honorardozent für Marketing, Innovationsmanagement und Automobilindustrie am EC Europa Campus und der Frankfurt School of Finance and Management.

Er berät die Industrie bei der Digitalisierung und Vernetzung von Produkten und der Entwicklung innovativer Services und ist Experte für vernetzte Autos sowie neuer Fahrzeugkonzepte. Gleichzeitig ist er Geschäftsführer der Contact2Car GmbH, die in Kooperation mit einigen Konzernen aus der Automobilindustrie einen Car-2-Car Kommunikationsdienst betreibt.

Oliver Hämmerle

Fraunhofer IAO

Oliver Hämmerle absolvierte sein Bachelorstudium der Wirtschaftswissenschaften mit Schwerpunktsetzung im Bereich des Dienstleistungsmanagements an der Universität Hohenheim. Seit 2012 arbeitet er am Fraunhofer Institut für Arbeitswirtschaft und Organisation in Stuttgart als wissenschaftliche Hilfskraft im Bereich Dienstleistungsentwicklung. Aktuell absolviert Oliver Hämmerle einen Masterstudiengang im Sustainability Management an der Bergischen Universität Wuppertal.

Prof. Dr. Ralf-Christian Härting

Hochschule Aalen

Ralf-Christian Härting ist seit 2004 Professor für Wirtschaftsinformatik an der Hochschule Aalen. Er leitet das Competence Center für betriebliche Informationssysteme, das sich zu aktuellen Forschungsthemen u.a. in den Bereichen Digitalisierung und IoT engagiert.

Nach Abschluss des Studiums und der Promotion an der Technischen Universität in München war er viele Jahre in der Medienindustrie tätig, zuletzt als kaufmännischer Geschäftsführer bei einem international erfolgreichen Label der Bertelsmann Music Group. Neben seiner akademischen Laufbahn unterstützt er Unternehmen bei Themen wie Business Intelligence, Digital Marketing oder Vertriebscontrolling. Er ist zudem Gründer und Beirat eines Unternehmens der Online-Medienbranche.

Dr.-Ing. Carl Hans

Fraunhofer IAO

Carl Hans absolvierte ein Studium zum Diplom-Informatiker. Im Rahmen diverser nationaler wie auch europäischer Forschungs- und Entwicklungsprojekte arbeitete er an IT-basierten Lösungen für die Produktion und Logistik. Er promovierte mit einer Arbeit über die Simulation und Optimierung verteilter Produktions- und Logistiksysteme und beschäftigte sich darüber hinaus u. a. mit Themen aus den Bereichen IoT (Internet of Things), CPS (cyber-physische Systeme), Industrie 4.0 und Testsysteme in der Luftfahrt. Im europäischen Forschungsprojekt PSYMBIOSYS unterstützt Carl Hans die Firma FTI Engineering Network GmbH bei der Konzeption und Umsetzung von Smart Services für den Bereich kamerabasierter Systeme zur Kabinenüberwachung.

M.Sc. Tobias Harland

FIR RWTH Aachen

Von 2008 bis 2014 studierte Tobias Harland Wirtschaftsingenieurwesen an der RWTH Aachen. Seit 2014 ist er Projektmanager am FIR e. V. an der RWTH Aachen im Bereich Dienstleistungsmanagement.

Tobias Harland leitete das Forschungsprojekt LePASS – Lean-Performance-Assessment für industrielle Services. In der Praxis führte er das Konsortial-Benchmarking „Service Innovation" durch, mit dem Ziel, Best Practices bei der Entwicklung von Dienstleistungen zu ermitteln. Darüber hinaus ist er an der Entwicklung und der industriellen Anwendung des „acatech Industrie 4.0 Maturity Index" beteiligt. In Beratungsmandaten berät Tobias Harland Dienstleistungsorganisationen und produzierende Unternehmen in Fragestellungen zur Professionalisierung des Servicegeschäfts und zur Digitalisierung des Services bzw. zu Smart Services.

Nathalie Haußmann

Studentin Hochschule Aalen

Nathalie Haussmann ist 1996 in Stuttgart geboren, in der Kleinstadt Rudersberg aufgewachsen und studiert Vertriebsingenieurswesen an der Hochschule Aalen. Die Studienwahl hat sie auf Basis ihrer Erfahrungen aus mehreren Praktika bei internationalen Unternehmen getroffen. Nach einem sechsmonatigen Auslandspraktikum im Customer Service bei einem international agierenden Automobilunternehmen in Japan ist sie nun wieder zurück an der Hochschule, um ihren Bachelor abzuschließen. Nach dem Abschluss strebt sie einen Masterstudiengang im Bereich Technologiemanagement an. Zu ihren großen Leidenschaften zählen unter anderem historische Dokumentationen sowie das Schwimmen. In ihrer Freizeit engagiert sie sich ehrenamtlich für Flüchtlinge als Deutschlehrerin und ist im DLRG als Rettungsschwimmtrainerin tätig.

M.Sc. Marco Husmann

FIR RWTH Aachen

Marco Husmann studierte Betriebswirtschaft mit dem Schwerpunkt Supply Chain Management und Logistik an der Universität Bremen, der Free State University in Südafrika und der RWTH Aachen. Seit 2014 ist er als wissenschaftlicher Mitarbeiter und Projektleiter am FIR e. V. an der RWTH im Bereich Dienstleistungsmanagement beschäftigt. Seit 2016 verantwortet er das Competence Center Services.

Als Teil der Fachgruppe Service Engineering widmet er sich der systematischen Entwicklung und Gestaltung von Dienstleistungen und Geschäftsmodellen. Zudem verantwortet er verschiedene Studien und Benchmarkings im Bereich Service Innovation und Smart Services, um aktuelle Trends und Entwicklungen aus der Praxis zu identifizieren. Industrieseitig beschäftigt er sich mit der strategischen Entwicklung des Servicegeschäfts im Anlagen und Maschinenbau und betreut als Projektleiter die Entwicklung von industriellen Service-Level-Agreements.

Sinem Ilhan

Studentin Hochschule Aalen

Sinem Ilhan startete ihre berufliche Karriere mit einer Ausbildung zur Medizinischen Fachangestellten und schloss anschließend das technische Abitur auf zweitem Bildungsweg ab. Im Rahmen ihres ingenieurwissenschaftlichen Studiums absolvierte sie von September 2016 bis März 2017 ein Praktikum in Großbritannien bei der Firma Rolls-Royce Power Systems. In ihrer Freizeit engagiert sie sich in verschiedenen Hochschulgremien und in Verbindung mit dem Deutschen Roten Kreuz für Kinder und Jugendliche mit sozial schwachem Umfeld.

Michael Jungmann

Digital Enabler GmbH

Michael Jungmann hat sich bereits während seines Informatikstudiums an der TU Ilmenau mit dem Thema Telematik befasst. Als Geschäftsführer von Digital Enabler liegt sein Fokus nun auf dem nutzenbringenden Einsatz von Technologie. Dabei beschäftigt er sich mit dem Zusammenspiel aus Kundenanforderungen, Businesszielen und geeigneten Software- und Lösungsarchitekturen. Davor war Michael Jungmann bereits bei mehreren Unternehmen im IoT-Umfeld als Gründer und Geschäftsführer aktiv und besitzt damit mehr als 20 Jahre Erfahrung in der kundenfokussierten Umsetzung, dem Management hoch skalierter, internationaler IoT-Projekte sowie in der Softwareentwicklung von verteilten Systemen. In seiner Freizeit unterstützt er als Coach studentische IoT-Projekte.

Dr.-Ing. Phillipp Jussen

FIR RWTH Aachen

Von 2004 bis 2011 studierte Philipp Jussen Wirtschaftsingenieurwesen an der RWTH Aachen mit den Schwerpunkten Produktionstechnik und Finanzdienstleistungen. Im Jahr 2011 wurde er Projektmanager am FIR e.V. an der RWTH Aachen im Bereich Dienstleistungsmanagement. Seit 2013 leitete er die Fachgruppe Lean Services und seit 2015 den Bereich Dienstleistungsmanagement.

Als Projektleiter des Forschungsprojekts OSE – Overall Service Efficiency erforscht er Kennzahlensysteme zur Messung und Bewertung von Verschwendung in der Auftragsabwicklung. Philipp Jussen war für mehrere Projekte im Bereich der Reorganisation und Restrukturierung von Instandhaltungs- und Servicebereichen in Unternehmen verantwortlich. Am RWTH Aachen Campus ist er mitverantwortlich für das Center Smart Services.

Prof. Dr.-Ing. Achim Kampker

FIR RWTH Aachen

Achim Kampker absolvierte sein Studium des Maschinenbaus an der RWTH Aachen und promovierte im Jahr 2004als wissenschaftlicher Mitarbeiter am Lehrstuhl für Produktionssystematik des WZL an der RWTH Aachen.

Herr Kampker ist seit April 2009 Universitätsprofessor für das Fach Produktionsmanagement in der Fakultät für Maschinenwesen der RWTH. Von 2009 bis 2013 leitete er den Lehrstuhl für Produktionsmanagement am Werkzeugmaschinenlabor WZL. Seit Januar 2014 ist er Leiter des neu gegründeten Lehrstuhls Production Engineering of E-Mobility Components (PEM) der RWTH Aachen. Zudem ist Achim Kampker Geschäftsführer der StreetScooter GmbH, Geschäftsbereichsleiter Elektromobilität bei Deutsche Post DHL Group sowie Direktor des FIR e.V. an der RWTH Aachen.

Johannes Kaumanns

Deutsche Telekom AG

Johannes Kaumanns ist als Vice President M2M Strategy & Business Development zuständig für die Erarbeitung, Weiterentwicklung und Koordination der konzernweiten M2M-Strategie sowie für die Operationalisierung, die Koordination und das Monitoring entsprechender Umsetzungsmaßnahmen. Neben der Konzeption und Realisierung globaler Go-to-Market-Strategien liegt der Fokus auf der Verbesserung und Sicherstellung der segmentübergreifenden Zusammenarbeit.

Betriebswirtschaftslehre studierte Johannes Kaumanns an der Westfälischen Wilhelms Universität in Münster und der Swedish School of Economics (Hanken) in Helsinki. Nach seinem Studium sammelte er erste Berufserfahrung bei der iWORLDGroup Ltd., einem M-Commerce-Inkubator auf Malta.

Im Jahr 2003 startete er beim Österreichischen Incumbent Telekom Austria AG im Financial Controlling der re-integrierten Online Tochter „Jet2Web", bevor er die Stabsstelle des Marketingbereiches übernahm. Im Jahr 2010 wechselte er nach Bonn zur Deutschen Telekom AG, wo er zunächst auf Gruppenebene die Verantwortung für das funktionale Controlling Marketing & Sales im Group Controlling übernahm. Im Jahr 2013 trat er die Leitung von Group Controlling DBU & New Business an. Seit Dezember 2015 ist er als VP M2M Strategy & Business Development bei der Group Innovation tätig.

M.Sc. Katharina Lantzke

symmedia AG

Katharina Lantzke war im Service Marketing und Vertrieb eines internationalen Maschinenbauers tätig, bevor sie Ende 2014 zum symmedia Team wechselte, um hier die Erfahrungen aus der Maschinenbaupraxis einzubringen. Heute ist sie für den Vertriebsinnendienst, das Marketing und die Öffentlichkeitsarbeit zuständig und erarbeitet zusammen mit symmedia-Kunden spannende Anwenderberichte rund um das Thema Smart Service und Industrie 4.0.

Frank Reichenbach

The Advisory House GmbH

Frank Reichenbach ist Associate Partner bei The Advisory House GmbH mit Sitz in München. Er studierte Internationale Betriebswirtschaftslehre in Tübingen und Mérida/Venezuela und verfügt über mehr als neun Jahre Erfahrung im internationalen Beratungsumfeld.

Seine inhaltlichen Schwerpunkte sind dabei v. a. Smart Energy/dezentrales Energiemanagement, Energietechnologien, erneuerbare Energien und Telekommunikation. Vor dem Hintergrund der Digitalisierung der Energiewende stehen dabei die Entwicklung von innovativen Wachstums- und Vertriebsstrategien für Energieversorger und Technologieunternehmen im Fokus seiner Tätigkeit.

Andreas Schmitt

The Advisory House GmbH

Andreas Schmitt ist Manager bei The Advisory House GmbH mit Sitz in Düsseldorf. Er studierte Wirtschaftsingenieurwesen Maschinenbau an der RWTH Aachen und KTH Stockholm und verfügt über mehrjährige Beratungserfahrung in der Energiewirtschaft.

Seine inhaltlichen Schwerpunkte sind dabei v. a. Energiehandel, Energievertrieb sowie dezentrale Energiesysteme für Industriekunden. Im Zuge der Digitalisierung der Energiewirtschaft liegt der Fokus seiner Tätigkeit in der Entwicklung neuer Geschäftsmodelle für Energieversorger.

Dipl.-Kfm. Jochen Schneider

The Advisory House GmbH

Jochen Schneider ist Partner, Leiter des Münchner Büros von The Advisory House GmbH und verantwortet den Bereich Smart Energy. Er ist Diplom-Kaufmann der Universität Bayreuth und hat zudem Fortbildungen als Trainer (z.B. Rhetorik, Verhandlungen) und Moderator (z.B. Konfliktmanagement).

Herr Schneider hat mehr als 18 Jahre Beratungserfahrung, u.a. als Mitarbeiter von internationalen Management-Beratungen und als Miteigentümer einer auf Wachstumsfragen spezialisierten Beratungsboutique. Seine inhaltliche Arbeit fokussiert sich auf die Themen Smart Energy/dezentrales Energiemanagement, neue Energietechnologien und erneuerbare Energien. Funktional hat sich Jochen Schneider auf Wachstumsstrategien, Geschäftsmodellentwicklung und Vertriebsfragen spezialisiert. Er berät Energieversorger wie auch internationale Technologiekonzerne.

Prof. Dr. Ludger Schneider-Störmann

Hochschule Aschaffenburg

Ludger Schneider-Störmann leitet den Studiengang „Internationales Technisches Vertriebsmanagement" an der Hochschule für angewandte Wissenschaften Aschaffenburg. Er blickt auf über zehn Jahre Erfahrung als Produktmanager und Key Account Manager für technische Komponenten und Systeme zurück.

Als Gründungspräsident der Academic Association of Sales Engineering (AASE) trägt er auch auf internationaler Ebene maßgeblich zur Gestaltung des Vertriebsingenieur-Berufsbildes bei. Seine Kompetenzen sind als stellvertretender Leiter des Fachbeirats „Vertriebsingenieur und Produktmanagement" im VDI gefragt. Dort initiierte er den Fachausschuss „Profile Sales Engineer". Als Autor wirkt er u.a. an der VDI-Richtlinie 4250 „Produktmanagement" mit und verfasste das Fachbuch „Technische Produkte verkaufen mit System".

Teresa Schweigart (LL.B.)

Gerberich Consulting AG, Ennetbürger, Schweiz

Parallel zur akademischen Ausbildung zum Bachelor of Laws (LL.B.) war Teresa Schweigart im Personalbereich eines mittelständischen Engineering-Dienstleisters tätig. Während des anschließenden Masterstudiums arbeitete sie in der Gerberich Consulting AG mit Prof. Gerberich an zahlreichen Seminaren und Projekten zukunftsträchtiger Themen wie Industrie 4.0, digitalen Geschäftsmodellen und Innovationsmanagement zusammen.

Prof. Dr.-Ing. Volker Skwarek

Hochschule für Angewandte Wissenschaften Hamburg

Volker Skwarek war über lange Jahre in leitenden Positionen der Elektronikforschung und -entwicklung der Automobilindustrie tätig. Mittlerweile forscht er als Professor der Technischen Informatik mit dem Schwerpunkt der Niedrigenergiesysteme und der autonomen, mobilen Sensornetze unter anderem für Industrie-4.0-Anwendungen. Ein wichtiges Teilgebiet dieser Forschung umfasst verteilte Algorithmen und Schwarmintelligenz im Bereich der Ortung und Funktionsabsicherung sowie dem Wissenstransfer zwischen den (Sensor-)Schwarmteilnehmern.

Prof. Dr.-Ing. Volker Stich

FIR RWTH Aachen

Volker Stich studierte an der RWTH Aachen und promovierte anschließend mit dem Themenschwerpunkt Betriebsorganisation im Bereich Logistik. Er war dann zehn Jahre für einen internationalen Automobilzulieferer im Bereich Fahrzeugverglasung tätig, entwickelte das internationale Logistikkonzept der Gruppe St. Gobain – Automotive und übernahm anschließend die Leitung der Werkslogistiken.

Seit 1997 ist er Geschäftsführer des FIR e. V. an der RWTH Aachen. Im Jahr 2010 wurde Volker Stich durch die Fakultät Maschinenbau der RWTH Aachen die Bezeichnung „Außerplanmäßiger Professor“ verliehen.

Dr. Friedrich Völker

Alfred Kärcher GmbH & Co. KG

Friedrich Völker leitet seit Oktober 2015 das Kompetenzzentrum „Digital Products“ bei der Alfred Kärcher GmbH & Co KG in Winnenden. Er verantwortet mit seinem Team IoT-Lösungen im B2B-Bereich. Bei Kärcher stieg Friedrich Völker Anfang 2013 als Assistent des Vorsitzenden der Geschäftsführung ein, nachdem er seine Promotion über strategische CSR-Investitionen bei Familienunternehmen an der Universität Stuttgart abgeschlossen hatte. Zuvor hat er in Deutschland an der European Business School und den USA an der Pepperdine University Betriebswirtschaftslehre mit Fokus auf Wirtschaftsrecht und Familienunternehmen studiert.

Roman Wambacher

Digital Enabler GmbH

Roman Wambacher hat sein Diplomstudium mit Schwerpunkt auf Embedded Systems an der Technischen Universität Graz absolviert. Seit 2011 hat Roman Wambacher mehrere heute erfolgreiche Unternehmen in der Industrie-4.0-Szene gegründet. Vor seiner Unternehmerzeit war er für knapp acht Jahre bei Liebherr in Bischofshofen tätig, zuletzt als Abteilungsleiter Entwicklung Steuerungstechnik und Elektronik. Neben seinem technischen Know-how hat sich Roman Wambacher, heute Geschäftsführer von Digital Enabler, auf die Entwicklung von Embedded Systems, IoT-Geschäftsmodellen nach wertbasierten Ansätzen sowie Projekt- und Lieferantenmanagement spezialisiert. Darüber hinaus engagiert er sich leidenschaftlich bei verschiedenen Hackathons im Bereich IoT.

Index

W

Z